导航技术系列教材

导航技术基础(第2版)

主　编　胡小平

副主编　吴美平　何晓峰　张礼廉

参　编　潘献飞　范　晨　毛　军

　　　　穆　华　李　涛　练军想

国防工業出版社

·北京·

内 容 简 介

导航技术在为现代战争提供核心支撑的同时，也越来越多地为民用领域的需求服务。近年，对导航原理的研究取得了长足的进步，相应地，可以运用的导航手段也越来越丰富。

本书的内容涵盖了惯性导航、无线电导航、卫星导航、特征匹配导航以及天文导航等方面的基本原理和典型应用，并对导航所用到的时间系统、空间坐标等数学基础也进行了较为细致的介绍。此外，本书还以车载"惯性/卫星"组合导航试验为案例，分析了组合导航系统的基本设计流程。本书侧重基础、内容精炼，可以作为高等院校相关专业本科生的教材，也可供导航领域的研究、设计人员参考。

图书在版编目(CIP)数据

导航技术基础/胡小平主编．—2版．—北京：国防工业出版社，2025.1重印

ISBN 978-7-118-12368-5

Ⅰ．①导…　Ⅱ．①胡…　Ⅲ．①导航-教材　Ⅳ．①TN96

中国版本图书馆CIP数据核字(2021)第179535号

※

国防工业出版社出版发行

(北京市海淀区紫竹院南路23号　邮政编码100048)

北京凌奇印刷有限责任公司印刷

新华书店经售

*

开本 710×1000　1/16　**印张** 15¾　**字数** 265千字

2025年1月第2版第2次印刷　**印数** 2001—3000册　**定价** 88.00元

(本书如有印装错误，我社负责调换)

国防书店：(010)88540777　　书店传真：(010)88540776

发行业务：(010)88540717　　发行传真：(010)88540762

《导航技术系列教材》丛书

编委会

主　编　胡小平

副主编　吴美平　吴文启

编　委　曹聚亮　潘献飞　唐康华　何晓峰　穆　华
张礼廉　蔡劭琨　范　晨　于瑞航　毛　军
冯国虎　王茂松　郭　妍　杨柏楠

总　序

导航技术是信息化社会和武器装备信息化的支撑技术之一。今天，导航技术的发展和应用，极大地拓展了人类的活动空间，推动了军事思想和作战样式的重大变革。在人类活动的各个领域，导航技术发挥着不可或缺的作用。导航技术的发展应用了现代科学技术众多领域的最新成果，是科学技术与国家基础工业紧密结合的产物，它的发展水平是一个国家科学技术水平、工业水平和综合国力的重要标志。

在中国，导航技术的发展历史几乎可以追溯到公元前2600年左右。根据史书记载，当年黄帝部落与蚩尤部落在涿鹿（现在的河北省）发生大战，黄帝的军队凭借指南车的引导，在大风雨中仍能辨别方向，最后取得了战争的胜利。这或许是有史可查的导航技术应用于军事活动的最早的成功案例。西汉《淮南子·齐俗训》中记载“夫乘舟而惑者，不知东西，见斗极则悟矣”，意思是说在大海中乘船可以利用北极星辨别方向。这表明在中国古代航海史上，人们很早就使用了天文导航方法。到了明代（公元1405—1435年），我国著名航海家郑和，曾率领多达60余艘船舶的船队，远达红海和亚丁湾。在郑和的航海图中就有标明星座名称的《过洋牵星图》，可见当时我国的导航技术已经发展到了比较高的水平。

导航技术发展到今天，从技术层面讲可谓百花齐放，拥有天文导航、惯性导航、无线电导航、卫星导航、特征匹配导航（如地磁匹配、重力匹配、图像匹配等）、多传感器组合导航、基于网络的协同导航、仿生导航等诸多技术分支；从应用层面看可谓不可或缺，其应用领域涉及了航空、航海、航天、陆地交通运输等人类活动的各个领域。随着导航技术的不断发展和应用领域的不断拓展，对导航技术专业人才的需求也在日益增长。

导航技术涉及数学、物理学、力学、天文学、光学、材料学，以及微电子技术、计算机技术、通信技术等诸多学科领域，技术内涵十分丰富，其发展日新月异。因此，对于导航技术领域的专业人才，要求掌握扎实的专业基础理论和系统的专门知识，具有很强的科技创新意识和实际工作能力。这对导航技术领域专业人才培养工作，当然也包括专业课程教材的编著工作，提出了新的更高的要求。

本系列教材力求将本科生的专业教学与研究生的专业教学统筹考虑，包括

《导航技术基础》《惯性传感器技术》《惯性导航系统技术》《卫星导航技术》《导航系统设计与综合试验》五本本科生教材,以及《自主导航技术》和《导航技术及其应用》两本研究生教材。其中,本科生教材侧重介绍导航技术的基本概念、基础理论与方法、常用导航系统的基本原理及其应用等方面的内容;研究生教材主要面向武器装备应用,重点介绍自主导航和组合导航的难点问题、关键技术、典型应用案例等方面的内容。为了兼顾系列教材的系统性与每本教材的独立性,研究生教材的部分内容与本科生教材稍有重复。

《导航技术基础》主要介绍导航技术涉及的基本概念与基础知识、惯性导航、无线电导航、特征匹配导航、天文导航、组合导航等内容。《惯性传感器技术》主要介绍转子陀螺仪、光学陀螺仪、振动陀螺仪、微机械陀螺仪、摆式加速度计等典型惯性传感器的工作原理、结构特点、精度测试与环境试验等内容。《惯性导航系统技术》重点介绍了捷联惯性导航系统的基本原理、导航方程、导航算法、误差分析、初始对准、误差标定与测试等内容。《卫星导航技术》主要介绍卫星导航基本原理、卫星导航信号与处理、卫星导航定位误差分析、卫星导航差分技术、卫星导航定姿技术、卫星导航对抗技术等内容。《导航系统设计与综合试验》为课程试验教材,突出技术与应用的结合,重点介绍典型惯性传感器和捷联惯性导航系统的概要设计、结构设计、电气系统设计、软件设计,以及惯性传感器误差补偿、系统标定与测试、综合试验方法等内容。《自主导航技术》比较系统地介绍了自主导航的主要理论方法与应用技术,并对惯性/多传感器组合导航系统在陆、海、空、天等领域的应用要求和特点进行了分析。《导航技术及其应用》是面向研究生案例课程教学的教材,主要介绍惯性导航、定位定向、卫星导航、特征匹配导航等导航技术在武器装备中的典型应用案例。

《导航技术系列教材》

编委会

2015 年 4 月

前　言

导航技术的发展源于人类社会早期的军事和生产活动对方位或位置识别的需求。随着社会的进步和生产力的提高，人类的活动空间不断拓展，已经从陆地走向浩瀚的大海，从近地空间升向无尽的太空。人类活动对导航不仅提出了越来越广泛的应用需求，而且提出了越来越高的技术要求，这是导航技术发展的巨大牵引力。近代数学、物理学、力学、天文学、光学、材料学，以及微电子技术、计算机技术、通信技术等科学技术的飞速发展，为导航技术的发展提供了无尽的推动力。从技术发展层面讲，导航技术已从早期的天文导航、惯性导航、无线电导航等主要手段，拓展到了今天的卫星导航、特征匹配导航（包括地磁匹配、重力匹配、图像匹配等）、激光导航、仿生导航、多传感器组合导航、基于计算机网络的协同导航等，可谓百花齐放。从应用层面看，导航技术无论是在军事领域，还是在人类活动的其他领域，都得到了越来越广泛的应用，发挥着不可或缺的作用。

导航技术涉及诸多学科领域，技术内涵十分丰富。作为导航技术专业的本科生教材，本书重点介绍导航技术涉及的一些基础知识和几种常用的导航系统的基本原理与方法。全书共分 9 章。第 1 章介绍导航的基本概念和导航技术的发展简况。第 2 章介绍导航技术用到的基础知识，包括球面三角形基本知识、地球的基本知识和时间系统与空间坐标等内容。第 3 章介绍惯性导航，包括航位推算方法、惯性导航系统组成、惯性仪表、惯性导航计算机、惯性导航系统的初始对准等内容。第 4 章介绍无线电导航，包括无线电导航的基本原理、无线电导航系统分类、无线电导航系统的主要技术指标、双曲线导航等内容。第 5 章介绍卫星导航，包括卫星导航定位原理、GPS 系统、北斗卫星导航系统等内容。第 6 章介绍特征匹配导航，包括地形匹配导航、图像匹配导航、地图匹配导航、地球位场匹配导航等内容。第 7 章介绍天文导航，包括航海天文导航和航天天文导航。

第8章介绍组合导航，包括卡尔曼滤波基本原理、组合导航系统结构、惯性/卫星组合导航等内容。第9章介绍新型导航技术，包括视觉导航、仿生智能导航、协同导航等内容。在第1版的基础上，根据读者反馈的建议，同时考虑到近十年导航技术的进步和发展，本书对前8章进行了修改完善，增加了第9章新型导航技术。

本书第1章、第4章和第7章由胡小平执笔，第2章由吴美平执笔，第3章由潘献飞和胡小平执笔，第5章由何晓峰、范晨执笔，第6章由张礼廉执笔，第8章由何晓峰执笔，第9章由范晨、毛军、穆华执笔，书中插图和公式校核等工作由张礼廉、毛军、屈豪、范颖等完成。全书由胡小平统稿。

在编写本书的过程中，得到国防科技大学导航技术实验室吴文启、曹聚亮等同事的大力帮助，国防工业出版社辛俊颖编辑对本书的出版给予了极大的支持和帮助，在此一并表示诚挚的感谢。

导航技术涉及多门学科前沿，理论与技术的发展也还在与时俱进，鉴于编著者水平所限，书中疏漏和错误之处在所难免，恳请读者批评指正。

编著者

2020年8月

目　录

中英文对照

A	
Autonomous Guidance and Navigation, AGN	自主制导和导航系统
Artificial Neural Network, ANN	人工神经网络
B	
BeiDou Navigation Satellite System, BDS	北斗卫星导航系统
Binary Offset Carrier, BOC	二进制偏移载波
Bi-Phase Shift Key（BPSK）Modulation	二进制相移键控
Binary Robust Independent Elementary Features, BRIEF	二进制鲁棒独立的基本特征
Binary Robust Invariant Scalable Keypoints, BRISK	二进制鲁棒尺度不变特征
Blobs	区域
C	
C/A code	粗捕获码
Chayka	"海鸥"系统
CW	顺时针
CCW	逆时针
Circular Error Probability, CEP	圆概率误差
Civil Moderate, CM	民用中等长度码
Civil Long, CL	民用长码
Civil NAVigattion, CNAV	民用导航

CSA	标准精度通道
CHA	高精度通道
Color Histograms	颜色直方图
Charge Couple Device,CCD	电荷耦合器件
Complementary Metal - Oxide - Semiconductor Transistor,CMOS	互补金属氧化物半导体
Continuous Attractor Networks,CANs	连续吸引子神经网络
Corners	角点
D	
Decca	台卡系统
Doppler	多普勒
DME	无线电测距器
DF	无线电测向仪
Digital Road Map,DRM	数字化道路地图
Deeply-Coupled Integration	深组合
E	
Earth-Centered Earth-Fixed (ECEF) frame	地心地固坐标系
Earth-Centered Inertial (ECI) frame	地心惯性坐标系
Extended Kalman Filter, EKF	扩展卡尔曼滤波器
Extremely-High Freq,EHF	极高频
Edges	边缘
F	
FEC	前向纠错编码
Feature Detector	特征检测器
G	
Galileo	伽利略卫星导航系统
Geometric Dilution of precision, GDOP	几何精度因子

Global Navigation Satellite Systems, GNSS	全球导航卫星系统
Global Positioning System, GPS, see also Global Navigation Satellite Systems	全球定位系统,见全球导航卫星系统
GLONASS, see also Global Navigation Satellite Systems	GLONASS,见全球导航卫星系统
GLONASS/INS Integration	GLONASS/INS 组合
GNSS/INS Integration	GNSS/INS 组合
GPS/INS Integration	GPS/INS 组合
Gabor Filter	加博尔滤波器
Goal-directed	目标导向
H	
Horizontal Dilution of Precision, HDOP	水平位置精度因子
High Freq	高频
I	
Inertial Frame, see also Earth-Centered Inertial Frame	惯性坐标系,见地心惯性坐标系
Inertial Navigation System, INS	惯性导航系统
Instrument Landing System, ILS	仪表着陆系统
Inertial Measurement Unit, IMU	惯性测量单元
International Geomagnatic Reference Field, IGRF	国际地磁参考场
J	
Junction Tree Inference	联合树推理
K	
Kalman Filter	卡尔曼滤波器
Knot	节
L	
Long Range Navigation(Loran)	长距离导航(罗兰)
Loosely-Coupled Integration	松耦合组合导航

Light Detection and Ranging, LIDAR	激光雷达
Lines	直线
Line Segment Detector, LSD	线段检测器
Line Band Descriptor, LBD	线带描述子
L1	L1 频段
L2	L2 频段
L3	L3 频段
L5	L5 频段
M	
M Code	M 码
Micro Electro Mechanical Systems, MEMS	微机电系统
Modified Binary Offset Carrier, MBOC	改进的二元载波偏移
Middle Freq, MF	中频
Mean Time to Failure, MTTF	平均无故障工作时间
Mean Time Between Failure, MTBF	平均故障间隔时间
Military NAVigation, MNAV	军用导航
Mean-Standard Deviation Line Descriptor, MSLD	均方差线描述子
Matching Suitability	适配性
Maximum A Posteriori, MAP	最大后验概率
N	
Navy Navigation Satellite System, NNSS	海军卫星导航系统
Navigation Satellite Timing and Ranging, NAVSTAR	授时与测距导航系统
O	
Oriented FAST and Rotated BRIEF, ORB	基于 BRIEF 算法的快速二值特征向量
Omnidirectional Model	全景模型

P	
P Code	精码
Position Dilution of Precision, PDOP	位置精度因子
Precise Positioning Service, PPS	精密定位服务
Part Per Million, ppm	百万分之一
Pesudo Range	伪距
Perspective Model	透视模型
Principal Components Analysis, PCA	主成份分析
Positioning, Navigation and Timing	导航定位与授时
Q	
QPSK	正交相移键控调制
R	
Radar	雷达
Root Mean Square, RMS	均方根
Radar Beacon	雷达信标
Recursive Minimum Mean－Square Estimation, RMMSE	递推最小均方差估计
S	
Standard Positioning Service, SPS	标准定位服务
Sagnac Effect	萨格奈克效应
Super－High Freq	超高频
GLONASS System of Differential Correction and Monitoring(SDCM)	GLONASS 差分校正与监测系统(差分增强系统)
SITAN	桑地亚惯性地形辅助导航系统
Scale－Invariant Feature Transform, SIFT	尺度不变特征转换
Speeded－up Robust Feature, SURF	快速鲁棒性特征
Spherical Model	球形模型

T	
Tactical Air Navigation, TACAN	战术航空导航(塔康)
Tightly-Coupled Integration	紧组合
Transit	子午仪
Time Dilution of Precision,TDOP	时钟精度因子
Time-Division Multiplex, TDM	时分复用
Time-Division Data Multiplexing, TDDM	时分数据多路复用
TERCOM	地形轮廓匹配系统
U	
Ultra-High Freq,UHF	特高频
V	
Vertical Dilution of Precision	垂向精度因子
Very Low Frequency,VLF	甚低频
VOR	VHF 全向信标伏尔
Visual Odometry,VO	视觉里程计
Visual Simultaneous Localization and Mapping, VSLAM	视觉定位与构图技术
W	
Wireless Local Area Network, WLAN	无线局域网络
World Geodetic System, WGS	世界测地系
World Magnetic Model,WMM	世界地磁模型

T	
Tactical Air Navigation, TACAN	战术航空导航(塔康)
Tightly-Coupled Integration	紧组合
Transit	子午仪
Time Dilution of Precision, TDOP	时间精度因子
Time-Division Multiplex, TDM	时分复用
Time Division Data Multiplexing, TDDM	时分数据多路复用
TERCOM	地形轮廓匹配系统
U	
Ultra-High Freq, UHF	特高频
V	
Vertical Dilution of Precision	垂向精度因子
Very Low Frequency, VLF	甚低频
VOR	VHF 全向信标体系
Visual Odometry, VO	视觉里程计
Visual Simultaneous Localization and Mapping, VSLAM	视觉定位与构图技术
W	
Wireless Local Area Network, WLAN	无线局域网络
World Geodetic System, WGS	世界测地系
World Magnetic Model, WMM	世界地磁模型

第1章 绪 论

导航技术的发展源于人类社会早期的军事和生产活动对方位或位置识别的需求。随着社会的进步和生产力的提高，人类的活动空间不断拓展，对导航提出了越来越高的技术要求，这是导航技术发展的巨大牵引力。近代科学技术的飞速发展，为导航技术的发展提供了无尽的推动力。本章简要介绍导航的基本概念和导航技术的发展历程。

1.1 导航的基本概念

什么是“导航”？全球导航卫星系统（Global Navigation Satellite Systems，GNSS），例如，美国的全球定位系统（Global Positioning System，GPS）、中国的北斗卫星导航系统（BeiDou Navigation Satellite System，BDS）是如何工作的？什么是惯性导航系统（Inertial Navigation System，INS）？什么是组合导航？这些基本概念是我们首先需要了解的。

1.1.1 什么是导航

目前，并没有关于导航的普遍认同的严格定义。《简明牛津辞典》（Concise Oxford Dictionary）[1]将导航定义为：“通过几何学、天文学、无线电技术等任何手段确定或规划船舶、飞机的位置及航迹的方法”。中国《惯性技术词典》将导航定义为：“通过测量并输出载体的运动速度和位置，引导载体按要求的速度和轨迹运动”。本书将导航定义为：“引导飞机、舰船、车辆和武器装备等运动载体或人员，安全准确地沿着所选定的路线到达目的地的过程”。

上述关于导航的定义并无本质区别，只是从不同的侧面表述了导航需要包含的要素。无论是哪种定义，有两点是一致的：其一，导航的对象是运动载体或人员（有时也统称为导航用户），完成导航任务需要及时确定导航对象的位置和速度，有时还需要确定运动载体的航向、加速度、姿态等其他运动参数（通常将这些运动参数统称为导航参数）；其二，导航系统对用户应具有引导作用。导航信息应包括导航参数和引导指令。按获得导航参数的技术措施不同，导航技术可分为惯性导航、天文导航、无线电导航、卫星导航等。如果将两种或多种技术措施综合利用,就称为组合导航。

从科学与技术的角度理解导航的定义,严格地说,导航包含了导航科学和导航技术两类问题。导航理论、导航传感器测量原理、导航系统误差机理等属于导航科学的范畴,而导航传感器和导航系统研制及其应用研究、航迹规划与保持等属于导航技术的范畴。科学与技术的进步是循序渐进和相互促进的,导航科学与导航技术的发展也是如此。因此,人们习惯将导航科学与技术统称为导航技术。针对不同的导航对象,导航技术也可称为制导技术(例如导弹)或领航技术(例如飞机、舰船)。

1.1.2 什么是定位

定位就是确定用户的空间位置,而不包括速度和姿态等其他运动参数。导航与定位这两个概念既有区别又有联系,前者是一个过程,需要回答用户"在哪里?向何处去?怎么去?"等问题,而后者是某个时刻的一个"事件",只需要回答用户"在哪里?"这个问题。在导航的过程中,需要及时确定用户的位置,但定位未必都是为了导航的需要。同样,按获得定位信息的技术手段不同,定位也可分为天文定位、无线电定位、卫星定位、声纳定位等。

1.1.3 导航系统

完成导航任务所需的仪器设备统称为导航系统。对用户而言,导航传感器和导航信息处理器(有时也称导航计算机)是导航系统的核心部分。导航传感器是用来测量与导航有关的物理特性的装置;导航信息处理器是完成数据采集、处理和解算,并输出导航信息的装置。在惯性导航系统中,加速度计和陀螺仪是导航传感器,分别用于测量载体的线运动和角运动,而在卫星导航系统中,用户接收机可以视为导航传感器,用于测量运动载体相对于卫星的距离或距离变化率。测量这些运动参数所利用的物理原理和技术手段各不相同,所采用的导航传感器也多种多样。根据不同的原理,可以构成各种类型的导航系统,例如:惯性导航系统、天文导航系统、卫星导航系统、无线电导航系统等。有些导航系统能提供全部的姿态(包括航向)、速度、位置、加速度和角速度,例如惯性导航系统,而有些导航系统仅能提供部分或个别的导航参数。有的导航系统全部安装在运动载体上,能够独立工作,例如,惯性导航系统和天文导航系统,也有一些导航系统,除用户部分外,还需要借助其他外部设施才能工作,例如,卫星导航系统和无线电导航系统。

1.1.4 自主导航与非自主导航

根据完成导航任务的自主性，通常将导航分为自主导航与非自主导航两大类。所谓自主导航，是指运动载体完全依靠自身所携带的设备，自主地完成导航任务，与外界不发生任何声、光、电等信息交互；否则，称为非自主导航。显然，自主导航具有隐蔽性好、工作不受外界条件(自然、非自然)影响等特点，具有重要的军事应用价值。但是，应该指出的是：自主导航至今没有严格和统一的定义。针对航天器自主导航问题，美国学者 Lemay 提出用下列四个特点来界定自主导航的概念：①自给或者独立；②实时；③无信号发射；④不依靠地面站。惯性导航和天文导航是典型的自主导航，无线电导航和声纳导航是典型的非自主导航。导航过程可以是有人参与的，也可以是自动实现的。

1.1.5 时间系统与坐标系

导航任务是在特定的时间和空间内完成的，因此，描述导航参数需要特定的时间系统和坐标系。时间系统，是用时间计量的起点和单位时间间隔的长度二者来定义的。在计算导航参数的过程中，时间是独立变量。但是，在采用不同的导航方法计算不同的物理量时，使用的时间系统往往是不同的。例如，惯性导航一般采用平太阳时，天文导航则经常使用恒星时、历书时和世界时等。各种时间系统之间有确定的转换公式，在后面的章节中会具体介绍。

坐标系的定义有两种方式：一种是用来描述物体运动的一个原点和一组轴系(如载体坐标系)；另一种是用来描述物体的位置和姿态。这两种定义方式可以互相转换。在如何定义这两种坐标系问题中，定义哪一个是载体系或参考系是任意的。也就是说，以坐标系 β 为参考坐标系、描述坐标系 α 的位置和朝向，与以坐标系 α 为参考坐标系、描述坐标系 β 的位置和朝向，二者是等效的，这就是相对运动原理。对所有的观察者来说，这个基本的物理法则都是一样的。例如，描述车相对于道路的位置，与道路相对于车的位置，表达了相同的信息。导航参数表示了运动载体坐标系和参考坐标系的相对关系。对近地导航而言，地球固联坐标系是常用的参考坐标系。

1.2 导航技术的发展

人类社会早期的军事活动，是利用地形地物作参照物或者观察太阳和星体来引导军队到达目的地。后来，为了克服天气和能见度的限制，发明了指南车、计里鼓、磁罗盘等导航装置。根据史书记载,大约在公元前2600年,黄帝部落与蚩尤部落在涿鹿(现在的河北省)发生大战,黄帝的军队凭借指南车的引导,在大风雨中仍能辨别方向,最后取得了战争的胜利。这或许是人类有史料记载以来将导航技术成功地应用于军事活动的第一个典型案例。今天,导航技术无论是在军事领域,还是在人类活动的其他各个领域,都得到了越来越广泛的应用,发挥着不可或缺的作用。下面简要介绍天文导航、无线电导航、惯性导航、卫星导航等几种常用的导航技术的发展历史。

1.2.1 古老而常青的天文导航

天文导航是通过观测天体来确定运动体所在位置和航向的一门技术。天文导航起源于中国,历史悠久,近代天文导航技术的发展始于18世纪。随着海上交通和贸易的发展,天文导航理论和技术逐步成熟,在无线电导航技术出现之前,人类的活动主要依赖于天文导航。近代天文导航技术最先用于航海,在航空飞行器问世后,又用于航空。在航海与航空天文导航的基础上,航天天文导航技术逐步成熟,走向实用。

天体是宇宙空间中各种星体的总称,天体包括自然天体(恒星、行星、卫星、彗星、流星等)和人造天体(人造地球卫星、人造行星等),自然天体按人类难以干预的恒定规律运动。人们通过长期的观测与计算,掌握了自然天体的运动规律,给出了按年度出版的反映自然天体运动规律的天文年历。天文年历中,给出太阳、月球、各大行星和大量基本恒星在一年内不同时刻、相对于不同参考系的精确位置。那些适合于观测的自然天体,构成了天文导航的信标。通过对信标观测所获得的数据进行处理,可以获得运动体的位置和航向。天文年历是天文导航的主要数据源,而六分仪、星敏感器、地球敏感器、天文罗盘等,是常用的天文导航装置。

中国古代航海史上,人们很早就知道通过观察天体来辨别方向。西汉《淮南子·齐俗训》中记载:“夫乘舟而惑者,不知东西,见斗极则悟矣。”意思是说,在大海中乘船可以利用北极星确定方向。远在2000多年前,我国就有船舶渡海与日本和东南亚诸国进行交往的记载,在当时的航海中已经使用了天文导航方法。到了明代(公元1403—1435年),我国著名航海家郑和曾率领多达60余艘船舶的船队,远达红海和亚丁湾。在郑和的航海图中就有标明星座名称的《过洋牵星图》。由此可见,当时我国的天文导航技术已经发展到了比较高的水平。在15世纪以前,欧洲的航海事业处于萌芽状态,随着资本主义掠夺海外殖民地的需要,海上交通和贸易逐渐得到发展,天文导航技术也随之发展起来,1730年出现了航海六分仪,1761年天文钟在海上试用成功,1837年美国人沙姆纳发明了等高线法,用来确定船舶的经纬度,1875年法国人圣·希勒尔提出了高度差定位原理,为近代天文导航奠定了理论与实践的基础。

天文导航精度高,并且导航精度与运动体的航行持续时间、航行距离、航行高度、航行速度、所处地理位置等均无关,同时也具有很强的自主性和隐蔽性。因此,天文导航在军事航海和航空中得到了广泛应用。但是,天文导航在使用过程中,会受到天体能见度的限制,因而只能间断性地进行定位定向。例如,在航海途中,一般要在早晚的晨昏时段对天体进行观测,因为此时既可观测到天体,又便于户外作业。航空虽不受此限制,但仍受到低空能见度的影响。在航空领域,天文导航主要用于高空远程轰炸机、大型运输机以及远程侦察机等。这些航空器作跨越海洋、通过极地、沙漠上空的飞行时,可以采用天文导航。

天文导航技术在航天活动中得到越来越广泛的应用。航天活动大致可分为两类:深空探测飞行和近地飞行。深空探测飞行的特点之一是飞行距离远,飞行速度大。以火星着陆飞行为例:地球与火星之间的距离在$(78\sim378)\times10^6$km的范围内,此时,电磁波往返一次的时间为4~21min,而飞行器又处于高速运动状态,这一特点使得由地面站进行遥测与遥控均十分困难。因此,希望航天器具有自主定位、导航与控制的能力。深空探测飞行的另一个特点是飞行器可作长时间的自由飞行,在此过程中,无法用惯性导航技术进行定位。深空探测飞行的特点之三是精度要求高,例如火星着陆飞行时,若在地球附近进入转移轨道时,速度误差为0.3m/s,方向误差为1′,如果不加以修正,则到达火星距离偏差可达20000km,约为火星直径的3倍。因此在飞行过程中必须进行航天器定位并对误差加以校正,才能完成飞行任务。深空探测飞行的特点之四是要求航天器携带的设备功耗要小、质量要轻、可靠性要高。由以上四类特点可知,天文导航技术特别适用于这一类型的飞行任务。例如,美国喷气推进试验室研制的自主制导和导航系统(AGN),在1982年用于木星飞行任务,采用了星体跟踪器进行天文导航。20世纪80年代初,美国空军为自主导航系统的轨道演示计划研制了空间六分仪,后来经过改进,用于深空探测飞行任务。目前,大多数近地飞行航天器,主要采用地基轨道确定技术进行定位。但是,对于执行特殊任务的近地飞行航天器来说,往往需要作自主轨道位置保持,或需要在星上完成对地观测数据的预处理,这就要求航天器具有自主定位能力。因此,天文导航在近地航天飞行中也有广阔的应用前景。例如,1975年美国空军在“林肯”试验卫星LES8/9上,用天文导航方法实现了地球静止卫星的东西向自主位置保持,虽然位置保持的精度有限,但此次试验证明了在星上应用天文导航技术的可行性。天文导航技术在“旅行者号”的探测任务中也发挥了重要的作用,在其与木星、土星尤其是天王星和海王星交会过程中都采用了天文导航技术。1998年美国发射的“深空一号”是第一颗真正实现了自主天文导航的探测器,它完全不依赖地面测控,仅利用拍摄的小行星和恒星图像,并通过先进的卡尔曼滤波技术实现了探测器自主导航和轨道修正。在中国的“神舟”系列载人飞船和“嫦娥”月球探测器中,天文导航技术均得到了成功应用。

1.2.2 应用广泛的无线电导航

无线电导航是利用无线电技术测量运动载体导航参数的一门技术。无线电导航系统主要由设在陆地的导航台和运动载体上的导航装置组成,两者通过无线电波相联系。导航台有时也设在舰船上或飞机上,甚至设在卫星上。无线电导航的发明具有划时代的意义。

在第一次世界大战期间,海上舰船首先使用了无线电通信装置。与此同时,在海岸上开始安装无线电信标台。信标台可以发射375kHz频率的连续无线电波,其天线的水平方向图为圆形,在所发射的连续波中,用莫尔斯电码作为不同信标台的识别信号。船上装有定向机,接收无线电波。定向机配有可旋转的环形天线,环形天线水平方向图为“8”字形。当船只在离岸一定距离以内时,可以用转动环形天线的方法,找出接收到的信号为零的方向,这个方向便是指向无线电信标台的方向。当船只能够测出两个或两个以上的信标台的方向时,便可以根据这些方向的交点,定出船舶位置。

航空导航无线电信标,首先在欧洲开始使用,然后再传到美国。它的工作原理与海上导航无线电信标十分类似。机载设备叫作无线电定向机(或无线电罗盘),测量出无线电信标台相对于飞机轴线的方位,作用范围与四航道信标类似。这是无线电导航技术发展的初级阶段,能够为离大陆不远的区域(几百千米)的航海和航空,提供可靠和精确的导航服务,对于上千千米的远海航行和洲际飞行,当时仍主要依靠一些古老的导航技术,例如天文导航。

无线电导航具有不受季节和能见度的限制、工作可靠、精度高、使用方便等优点,因此,很快就得到了广泛应用。第二次世界大战中,由于军事上的需要,无线电导航技术得到飞速发展,出现了许多新的无线电导航系统。在航海导航方面,主要发明了“罗兰-A”(Loran-A)系统。“罗兰-A”使用脉冲信号,脉冲载波频率大约为2MHz,作用范围400海里。在海岸上布设有一系列导航台,以一定重复周期、相互同步地发射脉冲信号。“罗兰-A”能连续准确地给出舰船位置,使用起来比航海无线电信标系统更具明显优势。它使用脉冲体制,与连续波相比是很大的进步。因此,作为重要的航海导航系统,“罗兰-A”一直使用到20世纪80年代才最终被“罗兰-C”取代。20世纪50年代末期,在“罗兰-A”系统的基础上,美国海岸警卫队研制成功了“罗兰-C”系统。它也是脉冲双曲线系统,脉冲载频为100kHz左右,作用距离达1000海里。与“罗兰-A”系统最大的不同在于,“罗兰-C”系统采用了脉冲包络和脉冲载频相位技术,可实现各导航台间的时间同步,方便用户接收机测量时间差,因此定位精度大大提高。当信噪比为1:3时,定位精度可达460m,重复精度为18~90m,定位数据更新率每分钟10~20次。此外,它还能用于传送授时信号,精度达到微秒级。“罗兰-C”系统是全球应用最广泛的无线电导航系统,到目前为止,在北大西洋和北太平洋沿岸、地中海、中国沿海、阿拉伯半岛、美国整个大陆和俄罗斯一些内陆区域,大约已建成了共计60多个导航台。

我国对“罗兰-C”系统的研制工作始于20世纪60年代。1979年,国家正式确定在我国建立“罗兰-C”系统,即“长河二号”工程。“长河二号”工程的目的是在我国建立一种能为国家独立控制的远程无线电导航系统,以满足各种用户的导航定位需求。“长河二号”工程设计有6个地面发射台、3个系统工作区监测站和3个链控制中心,分布在吉林、山东、上海、安徽、广东、广西6个省区。6个地面发射台相互链接,构成3个台链,其覆盖范围北起日本海,东至西太平洋,南达南沙诸岛,在我国沿海形成了比较完整的“罗兰-C”系统覆盖网。

第二次世界大战及战后一段时期,航空无线电导航得到飞速发展。1941年研制出仪表着陆系统,1946年被国际民航组织定为标准着陆引导设备(ILS)。仪表着陆系统由地面台和机载设备组成,地面台又包括航向信标和下滑信标,它们分别在水平方向和斜向方向上产生两个相互交叉的波束。利用波束交叉线,同时从方位和仰角方向引导飞机向接地点下滑,在下滑路径下方,间隔设置工作在75MHz的指点信标,为飞机指示从机体到接地点的距离。仪表着陆系统不仅为着陆中的飞机提供水平引导,同时也提供斜向(垂直)引导,而且精度很高,使飞机在云层很低、能见度很差的情况下也能完成着陆。仪表着陆系统的作用范围,在沿机场跑道着陆方向20海里以内。着陆是飞行过程中最危险的阶段,因此,仪表着陆系统对航空导航具有十分重要的意义。

为满足航空母舰舰载机的导航需要,1955年美国海军研制出“塔康”(TACAN)系统。“塔康”系统采用脉冲体制,能为200海里以内的飞机同时提供相对于基准台的方位和距离。不管航母如何运动,总能为空中的飞机提供相对于舰船的位置。因此该系统研制成功之后,立即受到美国海军的欢迎。后来,美国空军也普遍采用该系统,并在美国本土大量布置。这种系统对本场飞机的导航极为方便,在飞机转场时操作也极为简单,只要飞行员转到所去机场的航道上,就可利用该机场的“塔康”信标台进行导航,飞达附近的一个机场或其他机场。现在,由于“塔康”系统体积小,便于机动,也很快被北约及第三世界国家的空军采用。全球约有1500个“塔康”地面导航台,分别在陆地、航母舰队上工作,机载设备用户则更多。

我国从1961年年初开始对“塔康”系统进行研制,1970年初步完成第一代系统设备的试飞和定型,并提供地面设备和机载设备供空军试用。后来,又研制出几个型号的地面设备和机载设备,陆续装备我国的空军和海军航空兵。

1.2.3 军事特色鲜明的惯性导航

惯性导航是利用惯性仪器来测量运动载体的导航参数的一门技术。实现惯性导航必须具备以下要素:一是采用惯性原理(牛顿第二定律)设计的加速度计,测量运动载体的比力;二是由陀螺仪通过实体模拟或计算的方法,来建立测量加速度的参考坐标系;三是利用导航计算机,在已知出发点位置和速度的条件下,解算出运动载体当前的速度和位置。由此可见,惯性导航具有全自主、连续实时、隐蔽性好、不受外界干扰、不受地域和气象条件限制等特点。惯性导航的这些显著特点,展现出了它鲜明的军事应用价值。不到100年的发展历史,已经证明了惯性导航在武器装备发展中具有不可或缺的作用,因此,世界各军事强国无一例外地投巨资加以发展。

惯性导航技术的发展与人类不断增长的军事需求密切相关。1945年,德国第一次成功地将惯性导航技术应用于V-2火箭的制导与控制。虽然这种制导武器未能挽救法西斯德国的失败,但对战后火箭技术和惯性导航技术的进步,发挥了重要作用。第二次世界大战后,美国和苏联均在V-2火箭简易惯性制导系统的基础上,不惜投入巨大财力和人力,竞相发展惯性技术,研制出各种新兴的惯性导航系统和惯性制导系统,用以装备各类武器平台和导弹武器,极大地提高了国家的军事实力,增强了导弹武器的精确打击能力和远程打击能力。

20世纪50年代到70年代,是惯性导航技术高速发展的时期。在军事应用领域,惯性导航系统在武器装备领域得到成功应用,最具代表性的是在远程导弹武器中的应用。20世纪70年代末,美国洲际战略导弹纯惯性制导精度已经达到了0.2~0.4km(圆公算偏差)的水平,苏联也达到了0.4~0.8km的水平。除此之外,各种类型的惯性导航系统,已经成为精确打击武器、核潜艇、军用飞机、水面舰艇、陆地战车以及运载火箭、卫星、飞船、航天飞机等武器装备不可或缺的导航(制导)设备。与其他高新技术一样,惯性导航技术也是一种军民两用技术。

在民用方面,已经广泛应用于国民经济的各个领域,例如,商用飞机导航、远洋商船导航、高速列车运动状态监测、石油钻井、陆地和海洋资源勘探,甚至通信手机等。我国惯性导航技术的发展起步于20世纪50年代,经过几十年的努力,到现在已基本能够适应武器装备发展和国民经济建设的需求。但是,与世界先进国家相比,还有较大的差距,主要体现在高端惯性导航产品和低成本惯性导航产品两个方面。概括地说,高精度惯性导航系统技术是制约我国高端武器装备发展的瓶颈,民用高端惯性导航系统还没有完全摆脱依赖进口的局面,低成本惯性导航系统,远远不能满足我军武器装备建设和民用市场的迫切需求。

1.2.4 方兴未艾的卫星导航

卫星导航是以人造地球卫星作为导航台的星基无线电导航技术。它能为全球陆、海、空、天的各类用户提供全天候、24小时连续、高精度的三维位置、速度和精密时间信息。

1957年10月,世界上第一颗人造地球卫星发射成功。当时,美国约翰·霍普金斯大学应用物理试验室的研究人员在观测卫星发射的无线电信号时发现:卫星发射的无线电频率与地面观测站接收到的频率存在偏差(称为“多普勒频移”),这种偏差曲线与卫星运行轨道之间有着十分密切的关系。于是,他们便建立了一个地面站,对卫星进行长期跟踪观测,通过测量卫星发射的无线电信号中的多普勒频移曲线,来测定卫星轨道,试验很快获得成功。试验表明:在已知的地面接收点,精密地测量出卫星信号中的多普勒频移,就可以确定卫星的运行轨道。此后不久,研究人员提出了与此相反的设想,即:如果已经准确知道了卫星的运行轨道,那么只要在地面上用接收机测量出卫星信号中的多普勒频移,便可以确定出观测者在地球上的位置。基于这一设想,研究人员很快证实了利用卫星进行导航定位的可能性,并着手研制实用的卫星导航系统。1958年,美国海军启动了研制“海军卫星导航系统”(Navy Navigation Satellite System,NNSS)的计划,研制的目标主要是为“北极星”核潜艇提供全球导航,确定潜艇在海洋中任一地点的精确位置,保证潜射导弹准确命中目标。该系统在空间有6颗工作卫星,分布在6个轨道面内,卫星轨道为高度约1100km的近圆极地轨道,由于卫星运动和地球转动,卫星及信号可以相继被全世界海上用户看见和使用。导航接收机采用测量卫星信号多普勒频移的方法,可以使舰船或陆用设备的定位精度达到500m(单频)和25m(双频)。这样的定位精度对于海上导弹发射的意义十分重大。1964年,该系统正式投入军事应用。美国海军将发射的导航卫星取名为“子午仪”(Transit)导航卫星。因此,该系统亦称为“子午仪卫星导航系统”,1967 年,美国政府宣布开放该系统,允许非军事应用。

子午仪卫星导航系统是世界上第一个投入使用的卫星导航定位系统。它实现了全球导航定位,在核潜艇,导弹测量船,各种军用和民用舰船的全天候导航以及在大地测量、监测地球自转、高精度授时、海洋调查等诸多领域,得到了广泛的应用,显示了卫星导航系统的优越性。我国于 20 世纪 70 年代中期开始引进该系统的技术,用于舰船导航,先后进行了西沙群岛的大地测量基准联测,布测了全国卫星多普勒大地测量网以及西北地区石油地球物理勘探的卫星多普勒定位网,取得了显著的社会效益和经济效益。

在子午仪卫星导航系统的基础上,美国海军和空军分别提出了卫星导航系统的改进计划,美国国防部于 1973 年提出了新一代全球卫星导航系统体制与研制计划,即现在家喻户晓的 GPS。GPS 的全称为“授时与测距导航系统/全球定位系统”(NAVigation Satellite Timing and Ranging/NAVSTAR—Global Positioning System/GPS),简称“全球定位系统”。

近几十年,卫星导航定位系统飞速发展,目前已经投入使用的卫星导航定位系统有美国的全球定位系统(GPS)、俄罗斯的全球导航卫星系统(GLObal NAvigation Satellite System,GLONASS)、中国的北斗卫星导航系统(BDS)和欧洲的“伽利略”卫星导航系统(GALILEO)。20 世纪后期,中国开始探索适合国情的卫星导航系统发展道路,逐步形成了三步走发展战略:2000 年年底,建成北斗一号系统,向中国提供服务;2012 年年底,建成北斗二号系统,向亚太地区提供服务;2020 年,建成北斗三号系统,向全球提供服务。北斗三号系统由 24 颗中圆地球轨道、3 颗地球静止轨道和 3 颗倾斜地球同步轨道,共 30 颗卫星组成。2020 年 7 月 31 日中国宣布北斗三号全球卫星导航系统正式运行。

参考文献

[1] The Concise Oxford Dictionary,9th,ed.,Oxford,U.K.:Oxford University Press,1995.

[2] 中国惯性技术学会.惯性技术词典.北京:中国宇航出版社,2009.

第2章　导航基础知识

导航技术涉及近代数学、物理学、力学、天文学、光学、材料学以及微电子技术、计算机技术、通信技术等诸多学科领域，其基本知识的内容十分丰富，本章主要介绍球面三角形基本知识、地球的基本知识、时间系统与空间坐标等内容。

2.1　球面三角形基本知识

2.1.1　天球的概念

天球是球面天文学中的一个重要概念，球面天文学是天文学的一个分支，主要研究天体在天球上的视位置和视运动，因而也是研究天体（包括人造天体，如人造地球卫星等）运动规律的基础。

当我们站在地球上观测天空时，总有一种“天似穹庐，笼盖四野”的感觉，无论是白天的太阳还是夜晚的繁星或明月，我们分辨不出与它们之间的距离，似乎它们都位于天空这个巨大圆球的内壁上。并且，不管我们站在地面上任何位置，总感觉是站在这个圆球的中心。实际上，这个圆球并不存在，我们之所以会有这种感觉，是因为天体距离我们非常遥远，肉眼无法分辨出它们的远近，从而产生了一切天体都与我们等距离的错觉。同时，天体到观测者的距离与观测者在地球上移动的距离相比要大得多，因此不论在地球上任何地方观测，似乎总是在这个圆球的中心。

虽然人类早已知道各个天体并不在同一球面上，而且它们到地球上观测者的距离彼此相差很大，但由于在球面上引入一些假想的点和弧段以后，利用它们来确定天体的视位置比在空间处理视线方向之间的角度要简便得多，因此，天文学中保留了这个假想圆球，并引入了天球的概念：以空间任意一点为中心，以任意长为半径（或把半径看作数学上的无穷大）做成的圆球，称为天球。

天体在天球上的投影，即天球中心和天体的连线与天球相交的点，称为天体在天球上的位置，或称为天体的视位置。例如在图2-1-1中，天体A_1与A_2、B和C在天球上的位置分别为a、b和c。

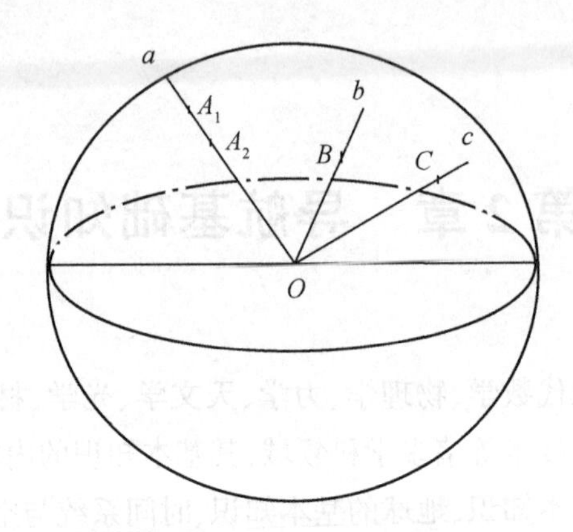

图 2-1-1 天体在天球上的位置

一般将天球中心设置在地面观测点上。有时为了研究问题方便,将天球中心设置在地球中心或太阳中心,相应的天球分别称为地心天球或日心天球。

球面天文学的基础是球面几何学,天球具有圆球的一切几何特性:

(1) 通过球心的任一平面,划分该球为两个半球,与球表面相交所得的圆称为大圆,大圆半径等于球的半径,而球心就是大圆的圆心。若该平面不通过球心,则与球表面相交所得的圆称为小圆,显然,小圆的圆心就不可能是球心,小圆半径小于球的半径。

(2) 通过球面上不在同一直径的两点只能做出一个大圆,它的较小弧段就是球面上所有连接这两点诸线中的最短线。

(3) 两个大圆必定相交,相交而成的角称为球面角,而交点是同一直径的两个端点,称为球面角的顶点,大圆弧本身称为球面角的边。在球面角的顶点分别作两个大圆弧的切线,球面角的大小就等于两条切线的夹角。

(4) 如图 2-1-2 所示,球面上任意一个圆 ABC(不论大圆或小圆),通过其圆心 O_1 作一条垂直于该圆平面的垂线,则该垂线必经过球心 O 并与球表面交于直径的两端点 P 和 P',两端点 P 和 P'称为圆 ABC 的极,极到该圆上任意一点的角距称为极距,显然,圆上任一点的极距都相等。

(5) 大圆的极距为一象限(等于90°),反之,如果球面上一点至其他两点(不是直径的两端点)的角距都是一象限,则前一点必为通过后两点的大圆的极。

(6) 大圆的极到该大圆上任意一点的大圆弧必与该大圆正交。

此外,天球还具有一个重要性质:所有互相平行的直线向同一方向延伸时,

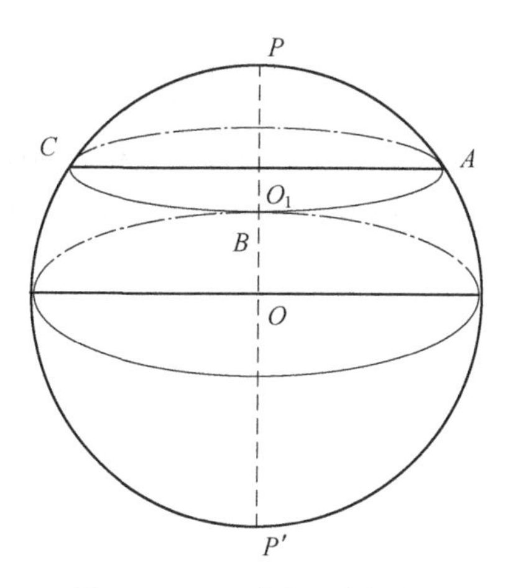

图 2-1-2　天球和天球的极

将与天球相交于一点。这与几何学中的平行线在无穷远处相交的概念是一致的。

2.1.2　球面三角形

1. 球面三角形的定义

将球面上的三个点用大圆弧连接起来所围成的图形称为球面三角形，这三个点称为球面三角形的顶点，三个大圆弧称为球面三角形的边，球面三角形的角就是三个大圆弧两两相交而成的球面角。

由于连接两点的大圆弧有两个不同弧段，将球面上 A、B、C 三个点用三段大圆弧连接起来围成的图形方式一般有 8 种，如图 2-1-3 所示阴影部分和无阴影部分。因此，在一般情况下，由三个点规定的球面三角形共有 8 个，其中一个球面三角形的三个边都小于半个圆周，将这样的球面三角形称为简单球面三角形，如图 2-1-3(a) 中的阴影部分所示，简单球面三角形是以后经常用到的球面三角形。

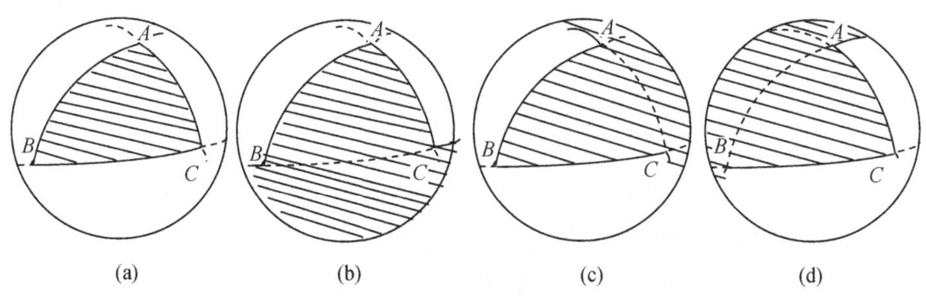

图 2-1-3　八个球面三角形

如图2-1-4所示,组成简单球面三角形的三个大圆弧所在平面构成一个三面角,其顶点为球心O,而其棱是由球心O到球面三角形三个顶点A、B、C的半径。三面角$O\text{-}ABC$的每一个平面角都可以用其相对的球面三角形的边来度量,而两个平面之间的夹角,即二面角等于其相应的球面三角形的球面角。

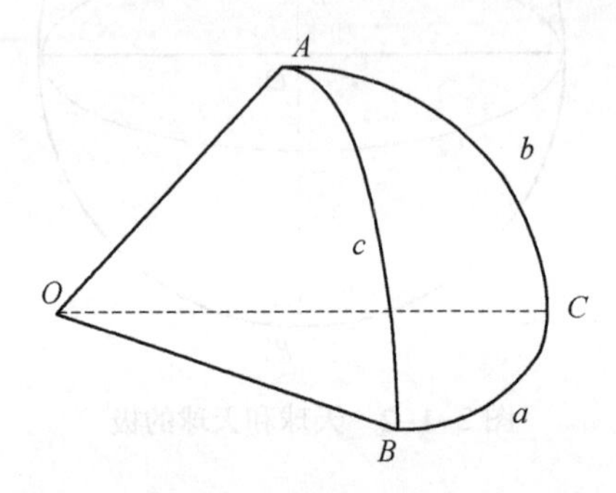

图2-1-4 球心三面角

2. 极三角形

如图2-1-5所示,ABC为一简单球面三角形,P点为BC大圆的极,且P点与A点在BC大圆的同一边,因而$\angle POA$是锐角。同样,存在与B点同在一边的大圆AC的极Q点,以及与C点同在一边的大圆AB的极R点。连接P,Q,R三点所构成的简单球面三角形PQR称为原球面三角形ABC的极三角形。同样,ABC也是PQR的极三角形。

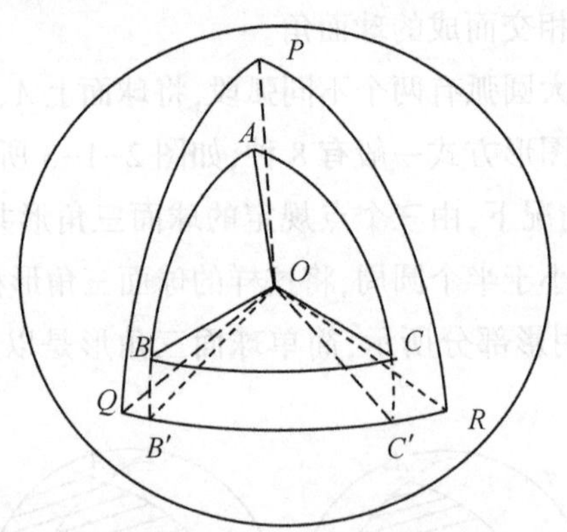

图2-1-5 极三角形

通常,球面三角形ABC的边用小写字母a,b,c表示,它的角用大写字母A,B,C表示;球面三角形PQR的边用小写字母p,q,r表示,它的角用大写字母P,Q,R表示。应该强调的是,这里所说的球面三角形的边是用其所对应的球心角来度量的,如,$a=\angle COB$。

球面三角形与它的极三角形的边角之间有一个重要定理，即：**极三角形的边是原三角形对应角的补角，而极三角形的角是原三角形对应边的补角。**

下面证明这一定理。

如图 2-1-5 所示，将 AB 和 AC 两边延长（如果需要）与 QR 大圆相交于 B' 和 C'。

A 点是 QR 大圆的极，故 OA 与 OB'和 OC'正交，$\angle B'OC'$是 AB 和 AC 所在平面的二面角，于是$\angle B'OC'=A$，即 $B'C'=A$；

R 点是 AB 大圆的极，故 OR 与 OB'正交；Q 点是 AC 大圆的极，故 OQ 与 OC'正交。于是：

$$\angle QOC' + \angle B'OR = \pi = \angle QOR + \angle B'OC' = p + A$$

即证明了极三角形的边是原三角形对应角的补角，同时因为这两个球面三角形互为极三角形，也就证明了极三角形的角是原三角形对应边的补角。

球面三角形 ABC 与球面三角形 PQR 的边角关系如下：

$$\begin{cases} p = \pi - A, P = \pi - a \\ q = \pi - B, Q = \pi - b \\ r = \pi - C, R = \pi - c \end{cases} \tag{2-1-1}$$

因此，如果球面三角形的边角之间有一个公式成立，便可立刻转换为另一个公式。例如，设

$$f(A,B,C,a,b,c) = 0 \tag{2-1-2}$$

对于极三角形有

$$f(P,Q,R,p,q,r) = 0$$

即

$$f(\pi - a,\pi - b,\pi - c,\pi - A,\pi - B,\pi - C) = 0 \tag{2-1-3}$$

式(2-1-3)称为式(2-1-2)的相关式，由相关式的转换，不需要新的计算，就能增加球面三角形的公式，有时还可以用于简单的证明。

3. 简单球面三角形的基本性质

简单球面三角形具有以下基本性质：

(1) 球面三角形的两边之和大于第三边；

(2) 在同一球面三角形中等边所对的角相等，等角所对的边也相等；

(3) 在同一球面三角形中，大边对大角，反之，大角也对大边；

(4) 球面三角形三个角之和大于180°而小于540°，差值 $\delta=A+B+C-180°$称为该球面三角形的球面角超；

(5) 球面三角形的三个边之和小于360°。

2.1.3 球面三角形的基本公式

1. 边的余弦公式

如图 2-1-6 所示,O 为球心,ABC 为一球面三角形,三个边分别用 a,b,c 表示。边 a 可用大圆弧 BC 所对的球心角 $\angle BOC$ 来度量,同样,b 和 c 可分别用球心角 $\angle AOC$ 和 $\angle AOB$ 来度量。过 A 点作大圆弧 AB 的切线与半径 OB 的延长线交于 D 点,过 A 点作大圆弧 AC 的切线与半径 OC 的延长线交于 E 点,则半径 OA 垂直于 AD 和 AE。根据球面角的定义,球面角 BAC 就是切大圆 AB 和 AC 于 A 点的两条切线之间的夹角,故球面角 $BAC=\angle DAE$,令 A 表示球面角 BAC,则 $\angle DAE=A$。

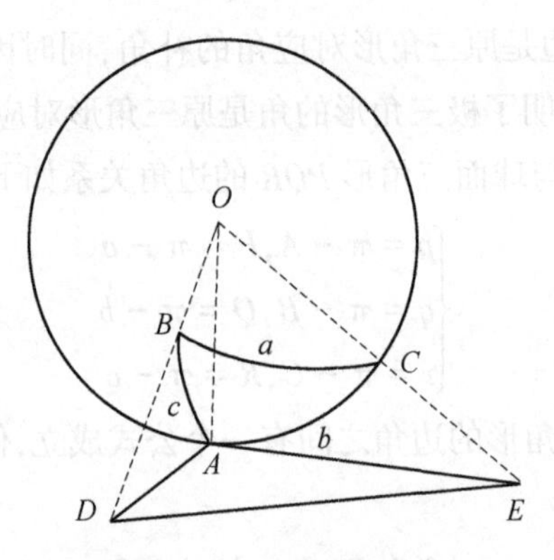

图 2-1-6 球面三角形

在平面三角形 DOE 中,有

$$(DE)^2=(OD)^2+(OE)^2-2(OD)(OE)\cos\angle DOE \tag{2-1-4}$$

在平面三角形 DAE 中,有

$$(DE)^2=(AD)^2+(AE)^2-2(AD)(AE)\cos\angle DAE \tag{2-1-5}$$

在平面三角形 OAD 中,$\angle OAD=90°$,$\angle AOD=c$,则有

$$\begin{cases}AD=(OA)\tan c\\ OD=(OA)\sec c\end{cases} \tag{2-1-6}$$

在平面三角形 OAE 中,$\angle OAE=90°$,$\angle AOE=b$,则有

$$\begin{cases}AE=(OA)\tan b\\ OE=(OA)\sec b\end{cases} \tag{2-1-7}$$

另外

$$\angle DOE=\angle BOC=a$$

$$\angle DAE=A$$

将式(2-1-6)和式(2-1-7)代入式(2-1-4)和式(2-1-5)得

$$(DE)^2 = (OA)^2(\sec^2 c + \sec^2 b - 2\sec c \cdot \sec b \cdot \cos a)$$

$$(DE)^2 = (OA)^2(\tan^2 c + \tan^2 b - 2\tan c \cdot \tan b \cdot \cos A)$$

则有

$$\sec^2 c + \sec^2 b - 2\sec c \cdot \sec b \cdot \cos a = \tan^2 c + \tan^2 b - 2\tan c \cdot \tan b \cdot \cos A \tag{2-1-8}$$

将平面三角公式

$$\sec^2 c = 1 + \tan^2 c$$

$$\sec^2 b = 1 + \tan^2 b$$

代入式(2-1-8),整理后得

$$\cos a = \cos b \cdot \cos c + \sin b \cdot \sin c \cdot \cos A \tag{2-1-9}$$

上式是球面三角形的基本公式——边 a 的余弦公式。

同样可得其他两边的余弦公式:

$$\cos b = \cos a \cdot \cos c + \sin a \cdot \sin c \cdot \cos B \tag{2-1-10}$$

$$\cos c = \cos a \cdot \cos b + \sin a \cdot \sin b \cdot \cos C \tag{2-1-11}$$

以上三式合称为边的余弦公式,是球面三角形的三个边与一个角之间的关系式。

2. 角的余弦公式

设 PQR 为球面三角形 ABC 的极三角形(参见图 2-1-5),则根据式(2-1-9)有

$$\cos p = \cos q \cdot \cos r + \sin q \cdot \sin r \cdot \cos P \tag{2-1-12}$$

由式(2-1-1)知,$p=\pi-A$,$q=\pi-B$,$r=\pi-C$,$P=\pi-a$,于是可得

$$\cos A = -\cos B \cdot \cos C + \sin B \cdot \sin C \cdot \cos a \tag{2-1-13}$$

上式即为$\angle A$ 的余弦公式。

同理可得其他两角的余弦公式:

$$\cos B = -\cos C \cdot \cos A + \sin C \cdot \sin A \cdot \cos b \tag{2-1-14}$$

$$\cos C = -\cos A \cdot \cos B + \sin A \cdot \sin B \cdot \cos c \tag{2-1-15}$$

以上三式合称为角的余弦公式,是球面三角形的三个角与一个边之间的关系式。

3. 正弦公式

在以 O 为球心的球面上任取球面三角形 ABC,则 O 与其各顶点相连得到球心三面角 O-ABC,如图 2-1-7 所示。在 OC 上任取一点 P,作 PQ 垂直于 OA,PR 垂直于 OB,在平面 OAB 内,作 QS 垂直于 OA,RS 垂直于 OB,这两条垂线相交于

S 点,再连接 PS 和 OS。若在 A 点作两条切线分别切大圆 AB 和 AC,根据定义,这两条切线夹球面角 A,因为分别平行于 QS 和 QP,所以 $\angle PQS=A$,同理可证 $\angle PRS=B$。

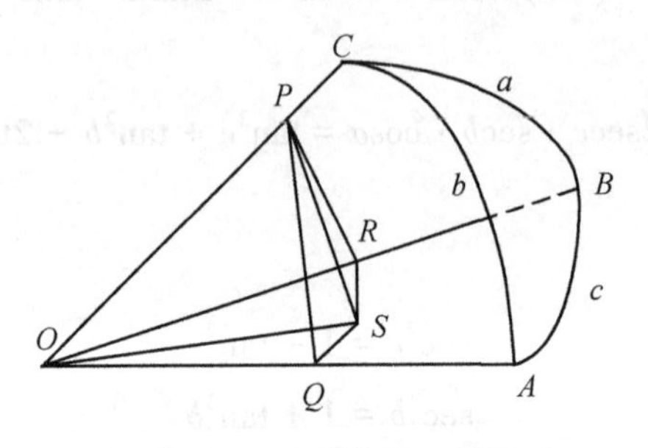

图 2-1-7　球心三面角

由作图知,$PQ\perp OA$,$QS\perp OA$,因此,$OA\perp$ 平面 PQS,则 $OA\perp PS$;$PR\perp OB$,$RS\perp OB$,因此,$OB\perp$ 平面 PRS,则 $OB\perp PS$;因此,$PS\perp$ 平面 OAB,则 $PS\perp QS$,$PS\perp RS$。

三面角 O-ABC 的每一个平面角都可以用球面三角形对应的边来度量,即 $\angle COB=a$,$\angle COA=b$,$\angle AOB=c$。

在直角三角形 OQP 和 ORP 中,有

$$\begin{cases}\dfrac{PQ}{OP}=\sin b\\[2ex]\dfrac{PR}{OP}=\sin a\end{cases}\tag{2-1-16}$$

在直角三角形 PQS 和 PRS 中,有

$$\begin{cases}\dfrac{PS}{PQ}=\sin A\\[2ex]\dfrac{PS}{PR}=\sin B\end{cases}\tag{2-1-17}$$

将式(2-1-16)与式(2-1-17)分别相乘,得

$$\frac{PS}{OP}=\sin b\cdot\sin A=\sin a\cdot\sin B$$

即

$$\frac{\sin a}{\sin A}=\frac{\sin b}{\sin B}\tag{2-1-18}$$

同理可得类似公式:

$$\frac{\sin b}{\sin B}=\frac{\sin c}{\sin C} \tag{2-1-19}$$

于是

$$\frac{\sin a}{\sin A}=\frac{\sin b}{\sin B}=\frac{\sin c}{\sin C} \tag{2-1-20}$$

上式称为正弦公式，是球面三角形的任意两个边与它们所对应的两个角之间的关系式。

4. 五元素公式

已知边 b 的余弦公式

$$\cos b=\cos a\cdot\cos c+\sin a\cdot\sin c\cdot\cos B \tag{2-1-21}$$

将上式写成：

$$\sin c\cdot\sin a\cdot\cos B=\cos b-\cos c\cdot\cos a \tag{2-1-22}$$

将边 a 的余弦公式代入，得

$$\sin c\cdot\sin a\cdot\cos B=\cos b-\cos c(\cos b\cdot\cos c+\sin b\cdot\sin c\cdot\cos A) \tag{2-1-23}$$

即

$$\sin c\cdot\sin a\cdot\cos B=\sin^2 c\cdot\cos b-\sin b\cdot\sin c\cdot\cos c\cdot\cos A \tag{2-1-24}$$

除以 $\sin c$，得

$$\sin a\cdot\cos B=\sin c\cdot\cos b-\sin b\cdot\cos c\cdot\cos A \tag{2-1-25}$$

这是球面三角形的三个边与两个角之间的关系式，称为五元素公式。

同理可得其他五元素公式：

$$\sin a\cdot\cos C=\sin b\cdot\cos c-\sin c\cdot\cos b\cdot\cos A \tag{2-1-26}$$

$$\sin b\cdot\cos A=\sin c\cdot\cos a-\sin a\cdot\cos c\cdot\cos B \tag{2-1-27}$$

$$\sin b\cdot\cos C=\sin a\cdot\cos c-\sin c\cdot\cos a\cdot\cos B \tag{2-1-28}$$

$$\sin c\cdot\cos A=\sin b\cdot\cos a-\sin a\cdot\cos b\cdot\cos C \tag{2-1-29}$$

$$\sin c\cdot\cos B=\sin a\cdot\cos b-\sin b\cdot\cos a\cdot\cos C \tag{2-1-30}$$

以上六式是球面三角形一个边的正弦与其邻角的余弦的乘积表达式。

利用极三角形与原三角形的边角关系，就可得到一个角的正弦与其邻边的余弦的乘积表达式：

$$\sin A\cdot\cos b=\sin C\cdot\cos B+\sin B\cdot\cos C\cdot\cos a \tag{2-1-31}$$

$$\sin A\cdot\cos c=\sin B\cdot\cos C+\sin C\cdot\cos B\cdot\cos a \tag{2-1-32}$$

$$\sin B\cdot\cos a=\sin C\cdot\cos A+\sin A\cdot\cos C\cdot\cos b \tag{2-1-33}$$

$$\sin B \cdot \cos c = \sin A \cdot \cos C + \sin C \cdot \cos A \cdot \cos b \quad (2-1-34)$$

$$\sin C \cdot \cos a = \sin B \cdot \cos A + \sin A \cdot \cos B \cdot \cos c \quad (2-1-35)$$

$$\sin C \cdot \cos b = \sin A \cdot \cos B + \sin B \cdot \cos A \cdot \cos c \quad (2-1-36)$$

以上六式是球面三角形的两个边与三个角之间的关系式,是五元素公式的另一种表达形式。

2.2 地球的基本知识

2.2.1 地球的运动

1. 地球的公转与自转

地球是围绕太阳运动的九大行星之一,它既有绕太阳的转动,称为公转,也有绕自身轴的转动,称为自转。地球质心(有时也简称为地心)的定义方法有两种:一种仅针对固体地球;另一种则考虑整个地球体系,包括固体地球、海洋和大气等。地球质心绕太阳质心公转的轨道可以近似看作一条光滑的椭圆曲线,该椭圆的近日距离约为1.471亿千米,远日距离约为1.521亿千米,是一个近圆轨道,以地球公转1周的时间作为1年。这条光滑曲线所在的平面称为黄道面,它与天球相交的大圆称为黄道。地球相对惯性空间自转,通过地球质心并指向旋转角速度方向的轴线称为地球的自转轴,简称地轴。地轴与地球表面相交于两点,分别称为北极和南极。地球自转角速度向量从地球质心指向北极。

地轴在地球内部有位置变化,表现为地球两极的移动,称为极移。引起极移的因素有外部因素和内部因素:外部因素包括日月引力以及大气和海洋的作用;内部因素则涉及地球的内部结构。极移包括两种主要的周期运动,即周期约为14个月的自由摆动(称为张德勒摆动)和周期为1年的受迫摆动。此外还存在长期极移以及周期为一个月、半个月和一天左右的各种短周期极移。因此,极移是多种复杂运动的合成,但是极移的范围却很小,根据1967—1973年的实测数据,这个范围仅有15m左右。

2. 岁差

在太阳、月球和其他行星的引力作用下,地球瞬时自转轴在空间中并非保持固定方向,而是在不断地发生变化。地轴的长期运动称为岁差,其周期运动称为章动。

月球绕地球运动轨道在天球上的投影称为白道。月球从黄道以南运行到黄道以北的那一点称为升交点,另一个交点称为降交点,两个交点的连线称为交点线。交点线在惯性空间中有转动，若从北黄极向南黄极看过去，其按顺时针方向每年大约转动19°21′，约18.6年完成一个周期。白道与黄道的夹角平均为5°9′。

太阳和月球经常在地球赤道平面以外对地球赤道隆起部分施加引力，这是一种不平衡的力，如果地球没有自转，该力将使地球的赤道平面逐渐靠近黄道平面。由于地球自转的存在，上述作用力不会使地轴趋向于黄道轴，地球瞬时自转轴与黄道轴的夹角大致保持在23°27′，绕着黄道轴做圆锥运动，称为地轴的进动，进动方向与地球自转方向相反，进动的速度是每年50.24″，因此进动周期约为25800年。由于地轴的进动，春分点是沿着黄道自东向西移动的，移动速度与地轴的进动速度相等。由于春分点的移动方向与太阳周年视运动的方向相反，所以当太阳从春分点出发，再次重新回到春分点时，不是转过360°，而是360°-50.24″，这种现象称为日月岁差。

太阳系其他行星对地球的引力，使得地球的公转并不严格遵守开普勒运动定律，这引起黄道面位置不断发生变化，黄道轴在惯性空间中围绕一个不固定的轴线微微转动，使得春分点沿着天赤道产生微小位移，该位移与日月岁差方向相反，大约每年自西向东移动0.13″，春分点的这种位移称为行星岁差。

3. 章动

月球轨道面（白道面）位置的变化是引起章动的主要原因。由于白道与黄道的交点线有周期性的转动，致使月球对地球的引力作用也同样有周期性的变化，从而引起地轴除了绕黄道轴的进动外还存在章动。

综上所述，地球的运动是一种非常复杂的运动。而实际上，地球自转以外的运动，对宏观低速载体运动的影响是极小的，因此，在研究宏观载体的运动规律时，地球自转以外的运动将不予考虑。本书在随后的讨论中，认为地球瞬时自转轴在惯性空间的指向不变，地球以常值角速度绕地轴旋转。

在描述地球的自转角速度时，需用到时间计量单位。由于人们的日常生活与工作时间在很大程度上由太阳所决定，因此引入太阳日。

天体经过观测者所在子午圈的时间，称为中天，经过包括天顶的那半个子午圈的时间称为上中天。真太阳中心连续两次上中天的时间间隔称为一个真太阳日。但真太阳相对地心是在黄道平面内作椭圆运动，而且真太阳日的长度不是常值，不便于生活中使用。为此，人们设想出一个“平太阳”，它和真太阳一样，按相同的周期及同一方向绕地球运行，但有两点差别：

（1）“平太阳”的运行轨道面是赤道平面，而不是黄道平面；

（2）“平太阳”的运动速度是均匀的，等于真太阳在黄道上运动速度的平均值。

同理,"平太阳"连续两次上中天的时间间隔称为一个平太阳日,一个平太阳日又分为24个平太阳时。由于平太阳日是从正午开始,将同一白天分成了两天,而实际生活中,人们习惯将子夜算作一日的开始,所以民用时要比平太阳时早开始12小时。

地球绕太阳公转的周期为365.25636个平太阳日。如图2-2-1所示,平太阳的周年视运动与周日视运动的方向相反,在一个平太阳日内,地球自转一周后还要多转动一个角度A。当平太阳完成一个周年视运动时,地球多转动了360°。因此,在一个平太阳日内地球转动的角度是

$$360° + 360°/365.25636$$

故地球自转角速度为

$$\omega_e = \frac{2\pi \times (1 + 1/365.25636)}{24 \times 3600} = 7.292115 \times 10^{-5}(\mathrm{rad/s})$$

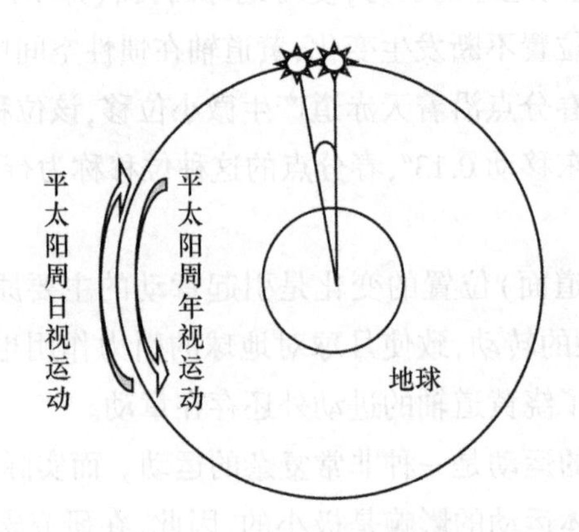

图2-2-1 平太阳的视运动

2.2.2 地球参考椭球

在导航技术的大多数应用中,需要确定导航用户相对于地球表面的位置。地球的自然表面是不规则的,为了便于描述,需要定义一个相对于地心和地轴的参考表面,于是引入了地球参考椭球的概念。所谓地球参考椭球是指:假想一个扁率很小的椭圆,绕地轴旋转所形成的规则椭球体。地球参考椭球体的表面是一个规则的数学表面,可以用数学公式表达,所以在测量和制图中通常用它替代地球的自然表面。

地球参考椭球的赤道平面是圆平面,所以地球参考椭球一般用赤道平面半径(即长半径)R_e和极轴半径(即短半径)R_p来描述,或用长半径R_e和扁率f来

描述。

$$f = (R_e - R_p)/R_e \tag{2-2-1}$$

有时候也用偏心率 e 来描述椭球的椭圆程度，即

第一偏心率：

$$e = \frac{\sqrt{R_e^2 - R_p^2}}{R_e} \tag{2-2-2}$$

第二偏心率：

$$e' = \frac{\sqrt{R_e^2 - R_p^2}}{R_p} \tag{2-2-3}$$

到目前为止，各国选用的地球参考椭球已有 10 余种，表 2-2-1 所列为部分地球参考椭球的参数。

表 2-2-1 世界上部分地球参考椭球参数

名称	R_e/m	$1/f$	使用国家或地区
克拉索夫斯基(1940)	6378245	298.3	苏联
1975 年国际会议推荐的参考椭球	6378140	298.257	中国①
贝塞尔(1841)	6377397	299.15	日本及中国台湾
克拉克(1866)	6378206	294.98	北美
海福特(1910)	6378388	297.00	欧洲、北美及中东
WGS-84(1984)	6378137	298.257	全球②
SGS-85(1985)	6378136	298.257	苏联③
CGCS2000	6378137	298.257222101	中国

① 我国在 1980 年前采用克拉索夫斯基椭球，2000 年前采用此椭球；

② GPS 采用的地球参考椭球；

③ GLONASS 采用的地球参考椭球

2.2.3 地球引力与重力

1. 地球引力

地球引力场是一个保守力场，场外单位质点所受到的作用力称为场强，记作 $\boldsymbol{g}$，它是向量。场强 $\boldsymbol{g}$ 与该质点在此保守力场中所具有的势函数有如下关系

$$\boldsymbol{g} = \mathrm{grad}U \tag{2-2-4}$$

式中：势函数 U 为一标量函数，又称引力位。

若假设地球为均质圆球，可把地球质量 M 看作集中于地球中心，则地球对位于球外地心距 r 处单位质点的势函数为

$$U=\frac{fM}{r} \tag{2-2-5}$$

其中,f 为万有引力常数,记 $\mu=fM$,称为地球引力系数。

由式(2-2-4)可得地球对位于球外地心距 r 处单位质点的场强为

$$\boldsymbol{g}=-\frac{fM}{r^2}\boldsymbol{r}^0 \tag{2-2-6}$$

场强 $\boldsymbol{g}$ 又称为单位质点在地球引力场中具有的引力加速度向量。

显然,若地球外一质点具有的质量为 m,则地球对该质点的引力即为

$$\boldsymbol{F}=m\boldsymbol{g} \tag{2-2-7}$$

实际上地球是一个形状复杂的非均质物体,若要求出它对地球外单位质点的势函数,则需对整个地球进行积分来获得,即

$$U=f\int_M \frac{\mathrm{d}m}{\rho} \tag{2-2-8}$$

式中:$\mathrm{d}m$ 为地球单元体积的质量;ρ 为 $\mathrm{d}m$ 至所研究空间一点的距离。

由式(2-2-8)可知,要精确地求出势函数,则必须已知地球表面的形状和地球内部的密度分布,才能计算该积分值,做到这一点目前还是很难。应用球谐波函数展开式可导出地球引力位的标准表达式

$$U=\frac{fM}{r}\left[1+\sum_{n=2}^{\infty}\sum_{m=0}^{n}\left(\frac{a_e}{r}\right)^n(C_{nm}\cos m\lambda+S_{nm}\sin m\lambda)P_{nm}(\sin\varphi)\right] \tag{2-2-9}$$

也可写为

$$U=\frac{fM}{r}-\frac{fM}{r}\sum_{n=2}^{\infty}\left(\frac{a_e}{r}\right)^n J_nP_n(\sin\varphi)+\frac{fM}{r}\sum_{n=2}^{\infty}\sum_{m=1}^{n}\left(\frac{a_e}{r}\right)^n(C_{nm}\cos m\lambda+S_{nm}\sin m\lambda)P_{nm}(\sin\varphi) \tag{2-2-10}$$

式中:r 为地心距;a_e 为地球赤道平均半径;J_n 为带谐系数,且 $J_n=-C_{n0}$;C_{nm} 和 S_{nm} 当 $n\neq m$ 时,称为田谐系数,当 $n=m$ 时,称为扇谐系数;$P_n(\sin\varphi)$ 称为勒让德函数;$P_{nm}(\sin\varphi)$ 称为 n 阶 m 级缔合勒让德函数;φ、λ 为地球的地心纬度和经度。

式(2-2-10)的物理意义可以这样理解:

(1) 右端的第1项即为地球是圆球时所具有的引力位;

(2) 右端的第2项含有带谐系数,故称为带谐项或带谐函数,它将地球描述成许多凸形和凹形的带(如图2-2-2(a)所示),用以对认为地球是圆球所得引

力位的修正；

(3) 右端的第 3 项中，$n=m$ 的部分，将地球描述成凸凹的扇形(如图 2-2-2(c)所示)，也是修正项，该部分含有扇谐系数，故称为扇谐项或扇谐函数；$n \neq m$ 的部分，即含田谐系数的项，它将地球描述成凸凹相间如同棋盘图形(如图 2-2-2(b)所示)，也是修正项，该部分称为田谐项或田谐函数。

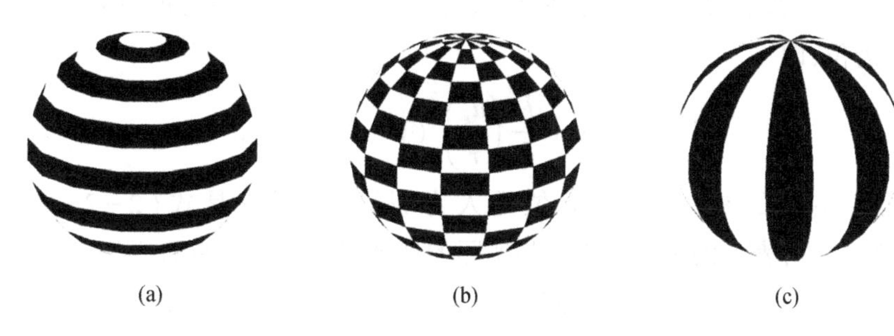

图 2-2-2　各种谐函数示意图

(a) 带谐；(b) 田谐；(c) 扇谐。

由式(2-2-10)可知，如果知道谐系数的值，就可描绘出地球的引力位，事实上，$n \geqslant 2$，要全部给出这些系数是不可能的。但随着空间事业的不断发展，观测数据不断增多，因而，谐系数的求解也日趋完善。美国哥达德宇航中心发表的地球模型 GEM-10C，给出了 $n=180$ 时的 30000 多个谐系数。

不同的地球模型，所得到的谐系数有所差异，假设地球是质量分布对于地轴及赤道面有对称性的两轴旋转椭球，则该椭球对球外单位质点的引力位 U 为无穷级数

$$U = \frac{fM}{r}\left[1 - \sum_{n=1}^{\infty} J_{2n}\left(\frac{a_e}{r}\right)^{2n} P_{2n}(\sin\varphi)\right] \tag{2-2-11}$$

式中各符号意义同式(2-2-10)，该式中仅存在偶阶带谐系数 J_{2n}。

式(2-2-11)所表示的引力位 U 通常称为正常引力位，在实际工程应用时取至 J_4 项即可保证精度，即取

$$U = \frac{fM}{r}\left[1 - \sum_{n=1}^{2} J_{2n}\left(\frac{a_e}{r}\right)^{2n} P_{2n}(\sin\varphi)\right] \tag{2-2-12}$$

作为正常引力位。

由于谐系数与地球模型有关，不同地球模型的谐系数有差异，但对于 J_2 和 J_4，前者是统一的，后者差异较小。1975 年国际大地测量协会的推荐数值为

$$J_2 = 1.08263 \times 10^{-3}$$

$$J_4 = -2.37091 \times 10^{-6}$$

式(2-2-12)的勒让德函数为

$$P_2(\sin\varphi)=\frac{3}{2}\sin^2\varphi-\frac{1}{2}$$

$$P_4(\sin\varphi)=\frac{35}{8}\sin^4\varphi-\frac{15}{4}\sin^2\varphi+\frac{3}{8}$$

在导航计算中,有时为了方便,可取式(2-2-12)到 J_2 项为止的引力位作为正常引力位,即

$$U=\frac{fM}{r}\left[1+\frac{J_2}{2}\left(\frac{a_e}{r}\right)^2(1-3\sin^2\varphi)\right] \tag{2-2-13}$$

需要指出的是,正常引力位是人为假设的,不论是式(2-2-12)或式(2-2-13)所表示的正常引力位与实际的地球引力位均有差别,这一差别称为引力位异常。若要求导航计算的精度较高,则需考虑引力位异常的影响。在以后的讨论中,均取式(2-2-13)作为正常引力位。

下面给出导航中常用的地球引力模型。利用式(2-2-4)可比较方便地求得单位质点受地球引力作用的引力加速度向量 $\boldsymbol{g}$。由式(2-2-13)可知正常引力位仅与所研究空间点的地心距 r 和地心纬度 φ 有关。因此,引力加速度 $\boldsymbol{g}$ 总是位于地轴与所研究空间点构成的平面内,该平面与包含所研究空间点地心矢径 $\boldsymbol{r}$ 在内的子午面重合。

如图 2-2-3 所示,单位质点 P 的地心距为 r,为计算该点的引力加速度,作过点 P 的子午面。自地心 O_E 指向点 P 的矢径 $\boldsymbol{r}$ 称为地心矢径,$\boldsymbol{r}$ 的单位向量为 $\boldsymbol{r}^0$。令在此子午面内垂直 $\boldsymbol{r}$ 且指向地心纬度 ϕ 增加方向的单位向量为 $\boldsymbol{\phi}^0$。则引力加速度 $\boldsymbol{g}$ 在 $\boldsymbol{r}^0$ 和 $\boldsymbol{\phi}^0$ 方向的投影分别为

$$\begin{cases} g_r=\dfrac{\partial U}{\partial r}=-\dfrac{fM}{r^2}\left[1+\dfrac{3}{2}J_2\left(\dfrac{a_e}{r}\right)^2(1-3\sin^2\varphi)\right] \\ g_\phi=\dfrac{1}{r}\dfrac{\partial U}{\partial\phi}=-\dfrac{fM}{r^2}\dfrac{3}{2}J_2\left(\dfrac{a_e}{r}\right)^2\sin2\varphi \end{cases} \tag{2-2-14}$$

令

$$J=\frac{3}{2}J_2$$

则

$$\begin{cases} g_r=-\dfrac{fM}{r^2}\left[1+J\left(\dfrac{a_e}{r}\right)^2(1-3\sin^2\varphi)\right] \\ g_\phi=-\dfrac{fM}{r^2}J\left(\dfrac{a_e}{r}\right)^2\sin2\varphi \end{cases} \tag{2-2-15}$$

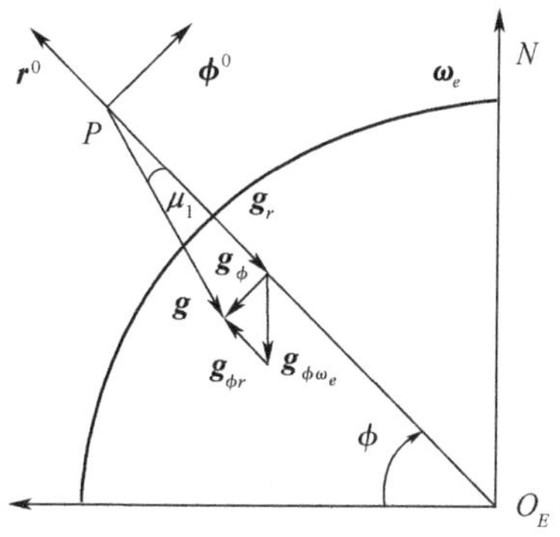

图 2-2-3 引力加速度的分解

如果上式不考虑含 J 项的影响，可得

$$\begin{cases} g_r = -\dfrac{fM}{r^2} \\ g_\phi = 0 \end{cases}$$

因此，含 J 的项即是考虑了地球扁率后，对均质圆球地球引力加速度的一种修正，而且当考虑地球扁率时，还有一个方向总是指向赤道一边的分量 $\boldsymbol{g}_\phi$，这是由于地球的赤道略微隆起，此处质量加大。

为了计算方便，还可将引力加速度投影到地心矢径 $\boldsymbol{r}$ 和地球自转角速度 $\boldsymbol{\omega}_e$ 方向，记 $\boldsymbol{\omega}_e$ 的单位向量为 $\boldsymbol{\omega}_e^0$。显然，只需将向量 $\boldsymbol{g}_\phi$ 分解到 $\boldsymbol{r}^0$ 和 $\boldsymbol{\omega}_e^0$ 方向即可。如图 2-2-3 所示

$$\boldsymbol{g}_\phi = g_{\phi r}\boldsymbol{r}^0 + g_{\phi\omega_e}\boldsymbol{\omega}_e^0 = -g_\phi \tan\phi \boldsymbol{r}^0 + \frac{g_\phi}{\cos\phi}\boldsymbol{\omega}_e^0 \tag{2-2-16}$$

记 $\mu = fM$，并将式(2-2-15)的 $\boldsymbol{g}_\phi$ 代入上式可得

$$\boldsymbol{g}_\phi = 2\frac{\mu}{r^2}J\left(\frac{a_e}{r}\right)^2 \sin^2\phi \boldsymbol{r}^0 - 2\frac{\mu}{r^2}J\left(\frac{a_e}{r}\right)^2 \sin\phi \boldsymbol{\omega}_e^0 \tag{2-2-17}$$

这样引力加速度向量可表示成下面两种形式

$$\boldsymbol{g} = g_r\boldsymbol{r}^0 + \boldsymbol{g}_\phi\boldsymbol{\phi}^0 \tag{2-2-18}$$

或

$$\boldsymbol{g} = g_r'\boldsymbol{r}^0 + g_{\omega_e}\boldsymbol{\omega}_e^0 \tag{2-2-19}$$

其中

$$\begin{cases} g_r' = g_r + g_{\phi r} = -\dfrac{\mu}{r^2}\left[1 + J\left(\dfrac{a_e}{r}\right)^2(1 - 5\sin^2\phi)\right] \\ g_{\omega_e} = g_{\phi\omega_e} = -2\dfrac{\mu}{r^2}J\left(\dfrac{a_e}{r}\right)^2\sin\phi \end{cases} \tag{2-2-20}$$

下面讨论引力加速度与地心矢径的关系。如图2-2-3所示,引力加速度$\boldsymbol{g}$与该点地心矢径$\boldsymbol{r}$的夹角μ_1为

$$\tan \mu_1 = g_\phi / g_r \tag{2-2-21}$$

考虑到μ_1很小,近似取$\tan \mu_1 \approx \mu_1$。

将式(2-2-15)代入式(2-2-21),并取至J的一阶项,得

$$\mu_1 \approx J\left(\frac{a_e}{r}\right)^2 \sin 2\phi \tag{2-2-22}$$

下面讨论一下地球为旋转椭球的情况。地球椭球表面任一点满足椭圆方程

$$\frac{x^2}{a_e^2} + \frac{y^2}{b_e^2} = 1$$

设该点地心距为r_0,上式可写成

$$b_e^2 r_0^2 \cos^2\phi + a_e^2 r_0^2 \sin^2\phi = a_e^2 b_e^2$$

即有

$$r_0 = \frac{a_e b_e}{\sqrt{b_e^2 \cos^2\phi + a_e^2 \sin^2\phi}} \tag{2-2-23a}$$

定义地球椭球的扁率为

$$\alpha_e = \frac{a_e - b_e}{a_e} = \frac{1}{298.257}$$

代入式(2-2-23a),得

$$r_0 = \frac{a_e^2(1-\alpha_e)}{a_e\sqrt{(1-\alpha_e)^2\cos^2\phi + \sin^2\phi}}$$

$$= a_e(1-\alpha_e)(1 - 2\alpha_e\cos^2\phi + \alpha_e^2\cos^2\phi)^{-\frac{1}{2}}$$

记

$$\chi = 2\alpha_e \cos^2\phi - \alpha_e^2 \cos^2\phi$$

因为χ为小量,将其代入前式,并按级数展开,则可得地球椭球表面任一点的地心距r_0与赤道半径a_e和地心纬度φ之间的关系式

$$r_0 = a_e\left(1 - \alpha_e \sin^2\phi - \frac{3}{8}\alpha_e^2 \sin^2 2\phi - \cdots\right) \tag{2-2-23b}$$

考虑到扁率的一阶项,将扁率的高阶项略去,则

$$\frac{a_e}{r_0} \approx \frac{1}{1 - \alpha_e \sin^2\phi}$$

$$\left(\frac{a_e}{r_0}\right)^2 \approx \frac{1}{1 - 2\alpha_e \sin^2\phi} \approx 1 + 2\alpha_e \sin^2\phi$$

将该结果代入式(2-2-22),得

$$\mu_{10} = J(1 + 2\alpha_e \sin^2\varphi)\sin 2\phi$$

因 J、α_e 均为小量,故在准确至 α_e 量级时,可取

$$\mu_{10} = J\sin 2\phi \tag{2-2-24}$$

μ_{10}即为地球椭球表面点引力加速度 $\boldsymbol{g}$ 与该点地心矢径 $\boldsymbol{r}$ 的夹角,该角的大小准确至 α_e 量级。根据式(2-2-24),当 $\phi=\pm45°$时,$|\mu_{10}|$取最大值

$$|\mu_{10}|_{\max} = J = 1.62395 \times 10^{-3}\text{rad} = 5.6'$$

由图 2-2-3 可知,空间任一点引力加速度的大小为

$$g = -\frac{g_r}{\cos\mu_1}$$

由于μ_1 为小量,取 $\cos\mu_1 \approx 1$,故

$$g = -g_r = \frac{\mu}{r^2}\left[1 + J\left(\frac{a_e}{r}\right)^2(1 - 3\sin^2\phi)\right] \tag{2-2-25}$$

当 $1-3\sin^2\phi=0$ 时,即 $\phi=35°15'52''$时,有

$$g = \frac{fM}{r^2}$$

将该 ϕ 角代入式(2-2-23b),在准确至 α_e 量级时,则有

$$r_0 = a_e\left(1 - \alpha_e \cdot \frac{1}{3}\right) = 6371.11(\text{km})$$

通常将此 r_0 值作为球形引力场的地球平均半径,记为 R_0。

2. 地球重力

首先讨论重力加速度模型。假设地球外一质量为 m 的质点相对于地球是静止的,该质点受到地球的引力为 $m\boldsymbol{g}$。另外由于地球自身以角速度 $\boldsymbol{\omega}_e$ 旋转,故该质点还受到随同地球旋转而引起的离心惯性力 $m\boldsymbol{a}'_e$,将该质点所受引力和离心惯性力之和称为该质点所受的重力,记为 $m\boldsymbol{G}$,则

$$m\boldsymbol{G} = m\boldsymbol{g} + m\boldsymbol{a}'_e \tag{2-2-26}$$

其中,$\boldsymbol{a}'_e=-\boldsymbol{\omega}_e\times(\boldsymbol{\omega}_e\times\boldsymbol{r})$ 称为离心加速度;$\boldsymbol{G}$ 称为重力加速度。

如图 2-2-4 所示,空间一点的离心加速度 $\boldsymbol{a}'_e$ 在该点与地轴组成的子午面内并与地轴垂直指向球外。离心加速度 $\boldsymbol{a}'_e$ 可以分解到 $\boldsymbol{r}^0$ 和 $\boldsymbol{\phi}^0$ 方向,$\boldsymbol{a}'_e = a'_{er}\boldsymbol{r}^0+a'_{e\phi}\boldsymbol{\phi}^0$,则

$$\begin{cases} a'_{er} = \boldsymbol{r\omega}_e^2\cos^2\phi \\ a'_{e\phi} = -\boldsymbol{r\omega}_e^2\sin\phi\cos\phi \end{cases} \tag{2-2-27}$$

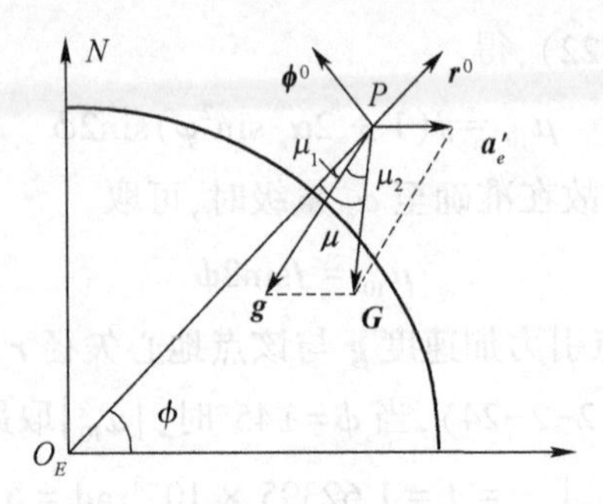

图 2-2-4 地球外一点重力加速度示意图

显然,重力加速度就在引力加速度和离心加速度所在子午面内(如图 2-2-4 所示)。将式(2-2-14)与式(2-2-27)代入式(2-2-26)可得到重力加速度 $\boldsymbol{G}$ 在该子午面内 $\boldsymbol{r}^0$ 和 $\boldsymbol{\phi}^0$ 方向的分量

$$\begin{cases} G_r = g_r + a'_{er} \\ G_\phi = g_\phi + a'_{e\phi} \end{cases} \boldsymbol{a}'_e = -\boldsymbol{\omega}_e \times (\boldsymbol{\omega}_e \times \boldsymbol{r})$$

则有

$$\begin{cases} G_r = -\dfrac{\mu}{r^2}\left[1 + J\left(\dfrac{a_e}{r}\right)^2 (1 - 3\sin^2\phi)\right] + r\omega_e^2\cos^2\phi \\ G_\phi = -\dfrac{\mu}{r^2}J\left(\dfrac{a_e}{r}\right)^2 \sin 2\phi - r\omega_e^2\cos\phi\sin\phi \end{cases} \tag{2-2-28}$$

令 $q = \dfrac{a_e\boldsymbol{\omega}_e^2}{\mu/a_e^2}$ 为赤道上离心加速度与引力加速度之比。则上式经过整理可得如下形式

$$\begin{cases} G_r = -\dfrac{\mu}{r^2}\left[1 + J\left(\dfrac{a_e}{r}\right)^2 (1 - 3\sin^2\phi) - q\left(\dfrac{r}{a_e}\right)^3 \cos^2\phi\right] \\ G_\phi = -\dfrac{\mu}{r^2}\left[J\left(\dfrac{a_3}{r}\right)^2 + \dfrac{q}{2}\left(\dfrac{r}{a_e}\right)^3\right]\sin 2\phi \end{cases} \tag{2-2-29}$$

将 $a_e, \boldsymbol{\omega}_e, \mu$ 值代入可得 $q = 3.4614\times10^{-3} = 1.0324\alpha_e$。可见,$q$ 与 α_e 是相同量级的参数。

下面讨论重力加速度、引力加速度和地心矢径的关系。如图 2-2-4 所示,空间点 P 的重力加速度 $\boldsymbol{G}$ 在过该点的子午面内,其指向不通过地心,即重力加速度 $\boldsymbol{G}$ 与地心矢径 $\boldsymbol{r}$ 之间有一夹角 μ,该夹角可用下式计算

$$\tan\mu = \frac{G_\phi}{G_r}$$

由于μ角很小，$\tan\mu\approx\mu$，在准确到α_e量级时得

$$\mu \approx J\left(\frac{a_e}{r}\right)^2 \sin 2\phi + \frac{q}{2}\left(\frac{r}{a_e}\right)^3 \sin 2\phi \tag{2-2-30}$$

式(2-2-30)右端第一项即为μ_1，它是引力加速度$\boldsymbol{g}$与地心矢径$\boldsymbol{r}$的夹角；记第二项为μ_2，它是离心加速度造成的重力加速度$\boldsymbol{G}$与引力加速度$\boldsymbol{g}$之间的夹角，则式(2-2-30)可记为

$$\mu = \mu_1 + \mu_2$$

空间任一点的重力加速度大小G为

$$G = -\frac{G_r}{\cos\mu}$$

当准确到α_e量级时，可取$\cos\mu=1$，则

$$G \approx -G_r = \frac{\mu}{r^2}\left[1 + J\left(\frac{a_e}{r^2}\right)^2 (1 - 3\sin^2\phi) - q\left(\frac{r}{a_e}\right)^3 \cos^2\phi\right] \tag{2-2-31}$$

3. 地心纬度和地理纬度

将地球看作质量分布均匀对称的旋转椭球时，地球椭球表面任一点O的重力垂线即为椭球面上过该点的法线。如图2-2-5所示，该法线从O点到与地轴交点M的长度OM，称为椭球面上O点的卯酉半径，记为R_N，M称为卯酉中心。R_N与赤道平面的夹角记为B_0，即为地理纬度。由于椭球面上各点的法线不指向同一中心，点M是沿地轴移动的，因此点M与地球椭球中心O_E之间的距离O_EM的大小与O点在椭球面上的位置有关。

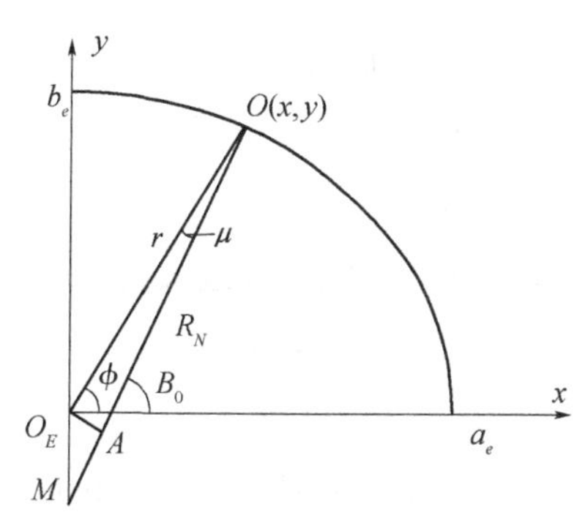

图2-2-5 椭球表面一点的卯酉半径

O点所在子午面的椭圆曲线方程为

$$\frac{x^2}{a_e^2} + \frac{y^2}{b_e^2} = 1$$

则过O点的椭圆法线的斜率为

$$\tan B_0 = -\frac{\mathrm{d}x}{\mathrm{d}y} = \frac{y}{x}\frac{a_e^2}{b_e^2}$$

而过O点的地心矢径 $\boldsymbol{r}$ 与赤道平面的夹角为地心纬度 ϕ_0，由图2-2-5可知

$$\tan\phi_0 = \frac{y}{x}$$

则地理纬度 B_0 与地心纬度 φ_0 之间有下列严格关系

$$\tan B_0 = \frac{a_e^2}{b_e^2}\tan\phi_0 \tag{2-2-32}$$

已知 B_0 和 ϕ_0 中的一个参数，即可准确求得另一个参数，从而可得

$$\mu_0 = B_0 - \phi_0 \tag{2-2-33}$$

由图2-2-5，过点 O_E 作 OM 的垂线与 OM 交于点 A，并注意到 μ 为一微量，则有

$$O_E M = \frac{O_E A}{\cos B_0} \approx \frac{r_0\mu_0}{\cos B_0} \tag{2-2-34}$$

将 $b_e = a_e(1-\alpha_e)$ 代入式(2-2-32)，并准确到 α_e 量级时，有

$$\tan B_0 - \tan\phi_0 = 2\alpha_e\tan\varphi_0$$

由于

$$\tan B_0 - \tan\phi_0 = \frac{\sin(B_0 - \phi_0)}{\cos B_0\cos\phi_0}$$

则得

$$\sin(B_0 - \phi_0) = 2\alpha_e\sin B_0\cos\phi_0$$

注意到式(2-2-33)且考虑到 μ 很小，故有

$$\mu_0 = \alpha_e\sin 2B_0 = \alpha_e\sin 2\phi_0 \tag{2-2-35}$$

可以看出，在椭球面上，当 $\phi = \pm 45°$ 时，μ_0 取最大值，即

$$\mu_{0\max} = \alpha_e = 11.5''$$

将式(2-2-35)代入式(2-2-34)可得

$$O_E M = 2r_0\alpha_e\sin B_0 = 2r_0\alpha_e\sin\phi_0 \tag{2-2-36}$$

此时卯酉半径 R_N 为

$$R_N = OA + AM = r_0 + O_E M\sin B_0 = r_0(1 + 2\alpha_e\sin^2 B_0) \tag{2-2-37}$$

将式(2-2-23b)代入上式，略去 α_e^2 以上各项，则得

$$R_N = a_e(1 + \alpha_e \sin^2 B_0) \tag{2-2-38}$$

由上式可见,在赤道面上,$R_N = a_e$;在非赤道面上任一点的卯酉半径均大于赤道半径 a_e,最大的卯酉半径是两极处,为 $a_e(1+\alpha_e)$。

2.3 时间系统与空间坐标

2.3.1 时间系统

时间的定义最初是由天体的运动界定的。例如,春、夏、秋、冬和白昼、黑夜,是由地球绕太阳公转和自转的运动来界定的,公转一周计为一年,自转一周计为一天,为了使用方便,人们进一步把一年划分为 12 个月,把一天划分为 24 个小时。这里的“年、月、天、小时”就是人类早期的时间概念(准确地说是时间间隔)。随着人类社会的发展,时间的界定方法多种多样,时间的划分也更加精细。利用原子和光子的运动界定时间,出现了原子钟和光子钟,时间的划分也有了毫秒、微秒、纳秒等更加精细的划分。因此,可以说时间本是一种运动,它涵盖了运动过程的连续状态和瞬时状态,假如宇宙静止不动,就没有所谓的时间了。“时间起点”和“时间长度”是两个重要的基本概念,例如,中国农历中,春分、夏至、秋分和冬至表示季节的开始,包含了时间起点的概念;春季、夏季、秋季和冬季则表示季节的长短,包含了时间长度的概念。时间系统是用时间计算的起点和单位时间间隔的长度来定义的,不同的时间起点,定义了不同的时间系统。这里简要介绍几种常用的时间系统,包括:恒星时、太阳时、世界时、历书时、原子时、协调世界时等。

1. 恒星时

春分点在当地上中天的时刻为当地恒星时的 0 点,春分点在当地的时角定义为恒星时。由恒星时的定义可以看出,恒星时的变化速率就是春分点周日视运动的速度。而春分点周日视运动的速率是地球自转速率与春分点本身位移速率的合成。同时我们知道,春分点位移速率是受岁差和章动的影响的。当考虑岁差和章动的影响时得到的恒星时,记为 θ_g;当消除章动影响后得到的恒星时称为平恒星时,记为$\bar{\theta}_g$。

2. 太阳时

太阳时分为真太阳时和平太阳时。取太阳视圆面中心上中天的时刻为 0 点,太阳视圆面中心的时角即为当地的真太阳时。由于黄道与赤道不重合以及地球绕日运动的轨道不是正圆形,真太阳时的变化是不均匀的。因此,定义了平太阳时:首先假定在黄道上有一个作等速运动的点,其运行速度等于太阳视运动的平均速度,并和太阳同时经过近地点和远地点;然后假定赤道(天赤道)上有一个作等速运动的点,其运行速度(真太阳周年运动速度的平均速度)和黄道上的假想点的运行速度不同,并同时经过春分点,这第二个假想点就称为平太阳,则有

$$\text{平太阳时} = \text{平太阳的时角} + 12\text{h}$$

或者

$$\text{平太阳时} = \text{平春分点的时角} - \text{平太阳地经} + 12\text{h}$$

3. 世界时

格林尼治的平太阳时称为世界时。由于平太阳是个假想点,是观测不到的。因此,世界时实际上是通过观测恒星的周日运动,以恒星时为媒介而得到的。世界时是地球自转的反映,由于地球自转的不均匀性和极移引起的地球子午线的变动,世界时的变化是不均匀的。根据对世界时采用的不同修正,又定义了三种不同的世界时:

UT0:通过测量恒星直接得出的世界时称为UT0。

由于极移的影响,各地的子午线在变化,所以UT0与观测站的位置有关。经过极移修正之后,得到UT1:

$$\text{UT1} = \text{UT0} + \text{极移修正}$$

由于地球自转存在长期、周期和不规则变化,所以UT1也呈现上述变化。将周期性季节变换修正之后,就得到UT2:

$$\text{UT2} = \text{UT1} - \text{周期变化项}$$

4. 历书时

把太阳相对于瞬时平春分点的几何平黄经为$279°41'48''.04$的时刻作为历书时的起点,将1900年1月0日12时(ET)的回归秒长度(即回归年长度的1/13,556,925,9747)定义为历书时的秒长。

历书时是在太阳系质心系框架下定义的一种均匀的时间尺度,是牛顿运动方程中的独立变量,是计算太阳、月亮、行星和恒星星历表的自变量。

5. 原子时

原子时系统主要有A1和TA1。A1是美国海军天文台建立的原子时。取1958年1月1日0时(UT2)为A1的起点,将铯-133原子基态的两个超精细结构能态间跃迁辐射振荡9192631770次作为A1的秒长度。TA1是由国际时间局(BIH)确定的原子时系统,定义与A1相同,只是起始历元比A1早34μs。

6. 协调世界时

由世界时和原子时的定义可以看出：世界时可以很好地反映地球自转，但其变化是不均匀的；原子时的变化虽然比世界时均匀，但其定义与地球自转无关，因此，原子时不能很好地反映地球自转。而协调世界时 UTC 的变化基本与地球自转同步。协调世界时的历元与世界时的历元相同，其秒长的定义与原子时秒长定义相同。协调世界时是卫星导航系统各地面跟踪站常用的时间同步的标准时间信号。

实际上协调世界时的定义经过了几次变化。为了使协调世界时尽量接近于 UT2，在 1972 年 1 月 1 日采用频率补偿的办法，使协调世界时的秒长接近于 UT 的秒长。当 |UTC-UT2| 超过 0.1s 时，在指定日期强迫跳 0.1s。1972 年 1 月 1 日之后，协调世界时采用原子时固定秒长。当 |UTC-UT1| 超过 0.8s 时在年初或年中强迫跳秒。每跳一次为 1s，称为闰秒。

2.3.2　常用坐标系

在简单的力学问题中，描述物体相对于地球的运动时，一般假设地球是一个惯性坐标系，而忽视它的自转，但在导航中却不能这样假设，必须考虑地球自转对于导航计算的影响。导航也是一个多坐标系问题：惯性传感器测量的是其相对于惯性坐标系的运动，全球定位系统（GPS）测量的是接收机天线相对于一组卫星星座的位置和速度，而用户想知道的是它们相对于地球的位置。因此，为了实现精确导航，必须对不同坐标系之间的关系进行严格建模。

正交坐标系有六个自由度：原点 O 的位置和 x、y 和 z 三个轴的方向，而这六个自由度只能在另外一个为之定义的坐标系中才能表示，如图 2-3-1 所示。任何导航问题至少包括两个坐标系：一个载体坐标系和一个参考坐标系。载体坐标系描述待定载体的位置或方向，而参考坐标系描述已知物体，例如地球。载体相对于参考坐标系的位置和方向是待求的。通常情况下，很多导航问题涉及的参考坐标系不止一个，甚至载体坐标系也不止一个。

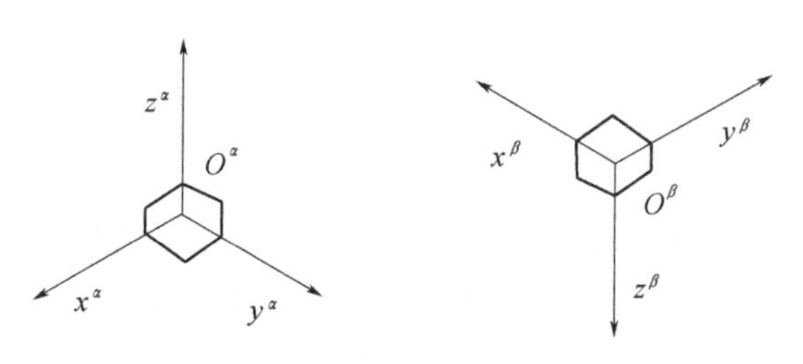

图 2-3-1　两个正交坐标系

任何两个坐标系之间都可存在相对位置和姿态关系,也可存在相对速度、相对加速度和相对旋转关系等。虽然描述姿态的方法有多种,但对应具体的方法,两个坐标系之间的相对姿态是一组唯一的数字,而其他运动学参量的描述却不唯一,向量就是其中一种。向量可以沿着任何三个互相垂直的坐标轴分解。举例来说,坐标系α相对于坐标系β的位置可以用坐标系α的轴、坐标系β的轴或者第三个坐标系γ的轴来表示。这里,向量的上标表示在该坐标系中描述向量,即投影坐标系。注意,定义投影坐标系时,原点的定义不是必需的。

导航中常用的坐标系包括:地心惯性坐标系(Earth-Centered Inertial Frame,ECI)、地心坐标系(Earth-Centered Earth-Fixed Frame,ECEF)、载体坐标系和导航坐标系等。

1. 地心惯性坐标系 O_E-$X_IY_IZ_I$

在物理学上,惯性坐标系是指相对于宇宙其他部分而言没有加速度和转动的坐标系。但由这种定义所确定的惯性坐标系并不是唯一的,在导航中,常用的是一个专门的惯性坐标系——地心惯性坐标系,简记为[i]系。如图2-3-2所示,地心惯性坐标系以地球质心为原点(O_E);O_EX_I轴在平赤道面内指向平春分点,由于春分点随时间变化具有进动性,根据1976年国际天文协会决议,1984年起采用新的标准历元,将2000年1月15日的平春分点作为基准方向;O_EZ_I轴垂直于赤道平面,与地球自转轴重合,指向北极;O_EY_I轴的方向是使该坐标系成为右手直角坐标系的方向。

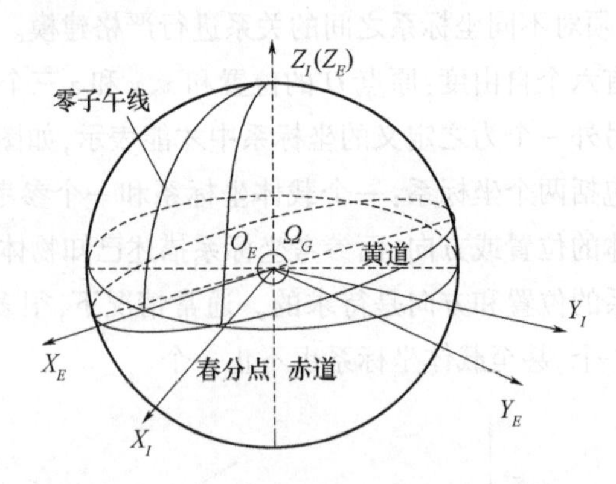

图2-3-2　地心惯性坐标系与地心坐标系

严格地讲,地心惯性坐标系并不是一个真正意义上的惯性坐标系,因为地球在围绕太阳运动的轨道上受到加速度,它的旋转轴在缓慢地移动,而且整个银河系也在旋转。对于导航应用而言,地心惯性坐标系是惯性坐标系的一种足够精确的近似。

2. 地心坐标系 $O_E-X_EY_EZ_E$

地心坐标系的原点在地心 O_E,轴 O_EX_E 在赤道平面内指向某时刻 t_0 的起始子午线(通常取格林尼治天文台所在子午线),轴 O_EZ_E 垂直于赤道平面指向北极,轴 O_EY_E 的方向是使得该坐标系成为右手直角坐标系的方向,如图 2-3-2 所示。由于坐标轴 O_EX_E 与所指向的子午线随地球一起转动,因此地心坐标系是一个运动参考系,简记为[e]系。

3. 载体坐标系 $O_b-X_bY_bZ_b$

载体坐标系的原点 O_b 为载体质心,O_bX_b 轴为载体对称轴,指向载体前方,O_bY_b 轴在载体主对称面内垂直于轴 O_bX_b,轴 O_bZ_b 垂直于主对称面,指向右方,轴 O_bY_b 指向使得载体坐标系成为右手直角坐标系的方向,这一坐标系简记为[b]系。如图 2-3-3 所示。

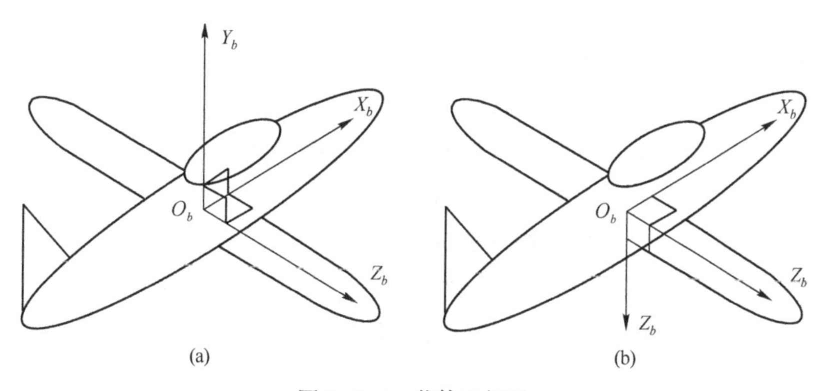

图 2-3-3 载体坐标系

(a) 前上右;(b) 前右下。

不同类型的载体根据其应用特点或约定俗成,可以采用不同的载体坐标系,例如前右下,此时载体坐标系的原点 O_b 仍为载体质心,O_bX_b 轴为载体对称轴,指向载体前方,O_bY_b 轴垂直于主对称面,指向右方,O_bZ_b 轴在载体主对称面内垂直于轴 O_bX_b,指向使得载体坐标系成为右手直角坐标系的方向,即下方。

4. 导航坐标系 $O-NUE$

导航坐标系有时也称为当地地理坐标系、当地水平导航坐标系、测地坐标系等,简记为[n]系。选取当地地理坐标系 $O-NUE$ 为导航坐标系,O 为载体质心与地心连线在地球表面的交点,N 轴为地理真北;U 轴为地心 O_E 与 O 点连线,向上为正;E 轴为地理东。当导航坐标系选为 NUE 时,为了坐标转换的方便,一般载体坐标系选取为前上右。

导航坐标系有时也采用“北、东、地”的形式定义,即 N 为北向、E 为东向、D

为地向。当导航坐标系选为 *NED* 时,为了坐标转换的方便,一般载体坐标系选取为前右下。由于北向轴和东向轴在地球两极处的不确定性,导致当地导航坐标系的一个主要缺点是在地球两极存在奇异性。因此,这一坐标系的导航方程机械编排不适合在极区附近使用。实际应用中,通常会采用其他坐标系来代替,在导航数据处理结束时,再将其他坐标系内的导航结果转换为导航坐标系。

2.3.3 坐标转换矩阵

1. 方向余弦矩阵

坐标转换矩阵是一个 3×3 的矩阵,用符号 $\boldsymbol{C}_{\alpha}^{\beta}$ 表示,用于将向量从一个投影坐标系转换到另一个投影坐标系。其中,下标表示源坐标系,上标表示转换坐标系。坐标转换矩阵的行对应转换坐标系,列对应源坐标系,即

$$\boldsymbol{x}_{\delta\gamma}^{\beta} = \boldsymbol{C}_{\alpha}^{\beta}\boldsymbol{x}_{\delta\gamma}^{\alpha} \tag{2-3-1}$$

其中,$\boldsymbol{x}$ 为任意向量。当坐标转换矩阵用于表示姿态时,更一般的表示方法是:用上标表示参考坐标系 β,用下标表示载体坐标系 α。因此,这个矩阵表示从载体坐标系到参考坐标系的转换,与欧拉角的习惯表示相反。同理,也可以用 $\boldsymbol{C}_{\beta}^{\alpha}$ 表示从参考坐标系到载体坐标系的转换。

图 2-3-4 表示坐标转换矩阵的每个元素在将一个向量从坐标系 α 变换到坐标系 β 投影轴上时所起的作用。整理式(2-3-1),坐标转换矩阵可由任意一个向量在这两个坐标系中表示的两组坐标值的乘积得到:

$$\boldsymbol{C}_{\alpha}^{\beta} = \frac{\boldsymbol{x}_{\delta\gamma}^{\beta}\boldsymbol{x}_{\delta\gamma}^{\alpha\ \mathrm{T}}}{|\boldsymbol{x}_{\delta\gamma}|^{2}} \tag{2-3-2}$$

虽然式(2-3-2)代入式(2-3-1)成立,但由于不同向量对应的 $\boldsymbol{C}_{\alpha}^{\beta}$ 不同,该方法定义的 $\boldsymbol{C}_{\alpha}^{\beta}$ 不唯一,因而须采用图 2-3-4 所示的方法对 $\boldsymbol{C}_{\alpha}^{\beta}$ 严格定义。

$\boldsymbol{C}_{\alpha}^{\beta} =$

$\alpha_x > \beta_x$	$\alpha_y > \beta_x$	$\alpha_z > \beta_x$
$\alpha_x > \beta_y$	$\alpha_y > \beta_y$	$\alpha_z > \beta_y$
$\alpha_x > \beta_z$	$\alpha_y > \beta_z$	$\alpha_z > \beta_z$

图 2-3-4 坐标转换矩阵各元素的功能

坐标转换矩阵各元素可由两个坐标系的单位向量点乘得到,结果分别等于各个相应轴夹角的余弦:

$$\boldsymbol{C}_{\alpha}^{\beta} = \begin{pmatrix} \boldsymbol{u}_{\beta x}\cdot\boldsymbol{u}_{\alpha x} & \boldsymbol{u}_{\beta x}\cdot\boldsymbol{u}_{\alpha y} & \boldsymbol{u}_{\beta x}\cdot\boldsymbol{u}_{\alpha z} \\ \boldsymbol{u}_{\beta y}\cdot\boldsymbol{u}_{\alpha x} & \boldsymbol{u}_{\beta y}\cdot\boldsymbol{u}_{\alpha y} & \boldsymbol{u}_{\beta y}\cdot\boldsymbol{u}_{\alpha z} \\ \boldsymbol{u}_{\beta z}\cdot\boldsymbol{u}_{\alpha x} & \boldsymbol{u}_{\beta z}\cdot\boldsymbol{u}_{\alpha y} & \boldsymbol{u}_{\beta z}\cdot\boldsymbol{u}_{\alpha z} \end{pmatrix}$$

$$
=\begin{pmatrix}\cos\mu_{\beta x,\alpha x} & \cos\mu_{\beta x,\ \alpha y} & \cos\mu_{\beta x,\ \alpha z}\\ \cos\mu_{\beta y,\alpha x} & \cos\mu_{\beta y,\alpha y} & \cos\mu_{\beta y,\alpha z}\\ \cos\mu_{\beta z,\alpha x} & \cos\mu_{\beta z,\alpha y} & \cos\mu_{\beta z,\alpha z}\end{pmatrix} \tag{2-3-3}
$$

式中:$\boldsymbol{u}_i$ 为轴 i 的单位矢量;$\mu_{i,j}$为 i 轴和 j 轴的夹角,因此该矩阵常被称为方向余弦阵。

2. 导航坐标系相对于地心坐标系的位置方向余弦矩阵 $\boldsymbol{C}_e^n$

地球坐标系到导航坐标系的旋转顺序为:地心坐标系沿 Z 轴旋转 $\lambda-\pi/2$,沿 X 轴旋转 L,再沿 Y 轴旋转$-\pi/2$,得到导航坐标系。其方向余弦矩阵 $\boldsymbol{C}_e^n$ 为

$$
\boldsymbol{C}_e^n=\begin{bmatrix}\cos\pi/2 & 0 & -\sin\pi/2\\ 0 & 1 & 0\\ \sin\pi/2 & 0 & \cos\pi/2\end{bmatrix}\begin{bmatrix}1 & 0 & 0\\ 0 & \cos L & \sin L\\ 0 & -\sin L & \cos L\end{bmatrix}
\begin{bmatrix}\cos(\lambda-\pi/2) & \sin(\lambda-\pi/2) & 0\\ -\sin(\lambda-\pi/2) & \cos(\lambda-\pi/2) & 0\\ 0 & 0 & 1\end{bmatrix} \tag{2-3-4}
$$

3. 载体坐标系相对于导航坐标系转移矩阵,即方向余弦阵 $\boldsymbol{C}_n^b$

导航坐标系 O-NUE 通过先转偏航 ψ,再转俯仰 θ,最后转滚动 γ 来实现转换到载体坐标系 O-$X_bY_bZ_b$(前上右),如图 2-3-5 所示。载体坐标系相对于导航坐标系的转移矩阵 $\boldsymbol{C}_n^b$ 为

$$
\boldsymbol{C}_n^b=\begin{bmatrix}1 & 0 & 0\\ 0 & \cos\gamma & \sin\gamma\\ 0 & -\sin\gamma & \cos\gamma\end{bmatrix}\begin{bmatrix}\cos\theta & \sin\theta & 0\\ -\sin\theta & \cos\theta & 0\\ 0 & 0 & 1\end{bmatrix}\begin{bmatrix}\cos(\psi) & 0 & -\sin(\psi)\\ 0 & 1 & 0\\ \sin(\psi) & 0 & \cos(\psi)\end{bmatrix} \tag{2-3-5}
$$

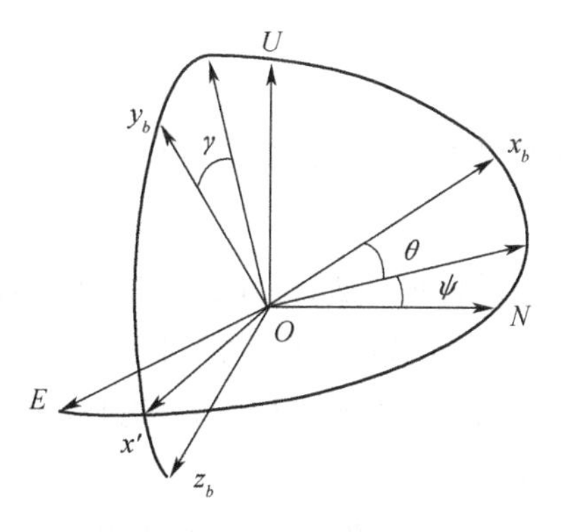

图 2-3-5　导航坐标系与载体坐标系的转换关系图

导航坐标系 $O\text{-}NED$ 通过先转偏航 ψ,再转俯仰 θ,最后转滚动 γ 来实现转换到载体坐标系 $o\text{-}X_bY_bZ_b$(前右下),载体坐标系相对于导航坐标系的转移矩阵 $\boldsymbol{C}_n^b$ 为

$$\boldsymbol{C}_n^b=\begin{bmatrix}1 & 0 & 0\\ 0 & \cos\gamma & \sin\gamma\\ 0 & -\sin\gamma & \cos\gamma\end{bmatrix}\begin{bmatrix}\cos\theta & 0 & -\sin\theta\\ 0 & 1 & 0\\ \sin\theta & 0 & \cos\theta\end{bmatrix}\begin{bmatrix}\cos\psi & \sin\psi & 0\\ -\sin\psi & \cos\psi & 0\\ 0 & 0 & 1\end{bmatrix} \tag{2-3-6}$$

4. 地心惯性坐标系与地心坐标系之间的方向余弦阵

由定义可知,地心惯性坐标系与地心坐标系的 O_EZ_I 与 O_EZ_E 是重合的,而 O_EX_I 指向平春分点,O_EX_E 指向某时刻 t_0 的起始子午线与赤道的交点,O_EX_I 与 O_EX_E 的夹角可通过天文年历表查表得到,记该角为 Ω_G,如图 2-3-2 所示。显然,这两个坐标系之间仅存在一个欧拉角 Ω_G,则 t_0 时刻两个坐标系的转换关系为

$$\begin{pmatrix}\boldsymbol{X}_E^0\\ \boldsymbol{Y}_E^0\\ \boldsymbol{Z}_E^0\end{pmatrix}=\boldsymbol{E}_I\begin{pmatrix}\boldsymbol{X}_I^0\\ \boldsymbol{Y}_I^0\\ \boldsymbol{Z}_I^0\end{pmatrix} \tag{2-3-7}$$

其中,$\boldsymbol{E}_I$ 为 t_0 时刻由地心惯性坐标系到地心坐标系的方向余弦阵:

$$\boldsymbol{E}_I=M_3[\Omega_G]=\begin{pmatrix}\cos\Omega_G & \sin\Omega_G & 0\\ -\sin\Omega_G & \cos\Omega_G & 0\\ 0 & 0 & 1\end{pmatrix} \tag{2-3-8}$$

2.3.4 姿态表示

运动载体的姿态表示方法有欧拉角、四元数、坐标转换矩阵和旋转向量等,主要实现两个功能,即:描述一个坐标系相对于另一个坐标系的姿态(例如,运动体坐标系相对于参考坐标系);提供一种在两个投影坐标轴系间进行向量转换的方法。前面已经介绍了坐标转换矩阵,这里只讨论欧拉角和四元数。

1. 欧拉角姿态表示

欧拉角是描述姿态的最直观方法,例如,描述载体坐标系相对于当地导航坐标系的运动,姿态被分解为三个连续的转动的过程,可根据将向量 $\boldsymbol{x}=(x,y,z)$ 从一个投影坐标系 β 转换到另一个投影坐标系 α 的过程来理解,图 2-3-6 描述了这种变换所包含的三次转动。

第一次的转动角度 $\psi_{\beta\alpha}$ 是偏航角,绕 β 坐标系和第一个过渡坐标系共同的 z 轴旋转。它变换的是向量在 x 向和 y 向的投影分量,z 向分量保持不变。得到的

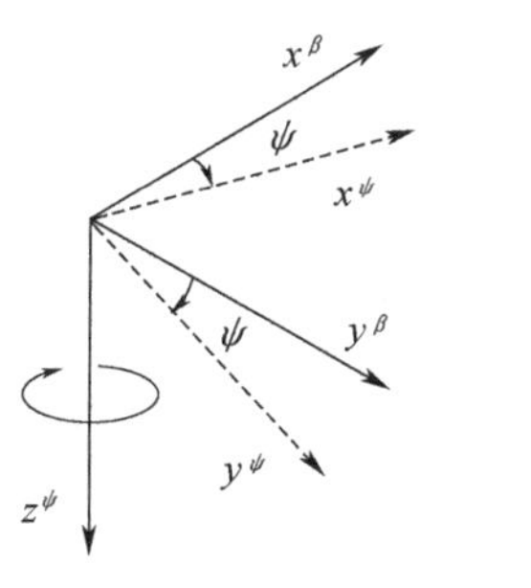

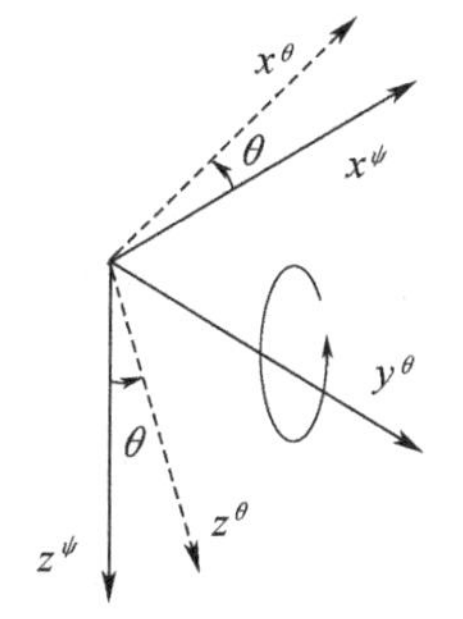

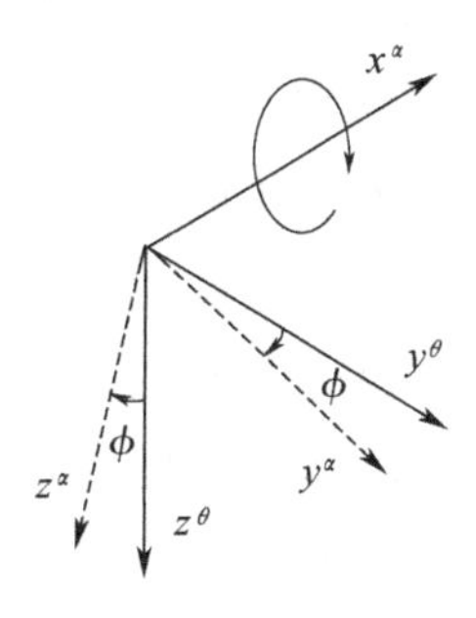

图 2-3-6　欧拉角的转动

结果向量可在第一过渡坐标系的各轴上投影,用上标符号 ψ 表示:

$$\begin{cases}\boldsymbol{x}^{\psi} = \boldsymbol{x}^{\beta}\cos\psi_{\beta\alpha} + \boldsymbol{y}^{\beta}\sin\psi_{\beta\alpha} \\ \boldsymbol{y}^{\psi} = -\boldsymbol{x}^{\beta}\sin\psi_{\beta\alpha} + \boldsymbol{y}^{\beta}\cos\psi_{\beta\alpha} \\ \boldsymbol{z}^{\psi} = \boldsymbol{z}^{\beta}\end{cases} \tag{2-3-9}$$

下一个旋转角为俯仰角 $\theta_{\beta\alpha}$,绕第一过渡坐标系和第二过渡坐标系共同的 y 轴旋转。变换向量在 x 向和 z 向的分量,得到的结果向量在第二过渡坐标系的各轴上投影,用上标符号 θ 表示:

$$\begin{cases}\boldsymbol{x}^{\theta} = \boldsymbol{x}^{\psi}\cos\theta_{\beta\alpha} - \boldsymbol{z}^{\psi}\sin\theta_{\beta\alpha} \\ \boldsymbol{y}^{\theta} = \boldsymbol{y}^{\psi} \\ \boldsymbol{z}^{\theta} = \boldsymbol{x}^{\psi}\sin\theta_{\beta\alpha} + \boldsymbol{z}^{\psi}\cos\theta_{\beta\alpha}\end{cases} \tag{2-3-10}$$

最后一个旋转角为滚动角 $\phi_{\beta\alpha}$,绕第二过渡坐标系和 α 坐标系共同的 x 轴旋转。变换向量的 y 向和 z 向分量,得到的结果向量在 α 坐标系的各轴上投影表示为:

$$\begin{cases}\boldsymbol{x}^{\alpha} = \boldsymbol{x}^{\theta} \\ \boldsymbol{y}^{\alpha} = \boldsymbol{y}^{\theta}\cos\phi_{\beta\alpha} + \boldsymbol{z}^{\theta}\sin\phi_{\beta\alpha} \\ \boldsymbol{z}^{\alpha} = -\boldsymbol{y}^{\theta}\sin\phi_{\beta\alpha} + \boldsymbol{z}^{\theta}\cos\phi_{\beta\alpha}\end{cases} \tag{2-3-11}$$

尽管采用转换向量的投影轴系可以比较容易地阐明欧拉角,但是在描述载体坐标系 α 相对参考坐标系 β 的方位时,使用滚动角 $\phi_{\beta\alpha}$、俯仰角 $\theta_{\beta\alpha}$ 和偏航角 $\psi_{\beta\alpha}$ 与使用转换向量投影轴系的效果是等价的。在特定的情况下,用欧拉角描述载体坐标系相对当地导航坐标系的姿态时,滚动角 ϕ_{nb} 被称作侧倾角,俯仰角 θ_{nb} 被称作仰角,偏航角 ψ_{nb} 被称作航向角或方位角。

将坐标系 β 到坐标系 α 的欧拉角旋转表示为向量

$$\boldsymbol{\psi}_{\beta\alpha} = \begin{pmatrix}\phi_{\beta\alpha} \\ \theta_{\beta\alpha} \\ \psi_{\beta\alpha}\end{pmatrix} \tag{2-3-12}$$

这里需要注意的是欧拉角在应用时为倒序排列,三个旋转角的顺序不能改变。如果按照不同的次序(举例来说,滚动角在第一位)旋转,转换完成后坐标轴的姿态往往不同。也就是说,三个欧拉角旋转没有互换性。

因为欧拉角旋转($\phi_{\beta\alpha}+\pi,\pi-\theta_{\beta\alpha},\psi_{\beta\alpha}+\pi$)的结果与($\phi_{\beta\alpha},\theta_{\beta\alpha},\psi_{\beta\alpha}$)相同,所以为了避免表示相同变换的欧拉角的多值性,一般对俯仰角 θ 范围作如下限定:$-90°\leqslant\theta\leqslant90°$。欧拉角的另一个特性是滚动旋转和偏航旋转所围绕的旋转轴通常不正交,然而两者与俯仰旋转所围绕的轴都是垂直的。

实现欧拉角的逆变换,原先的操作都必须反转,从滚动旋转开始,或者使用不同的变换。如果仅对欧拉角的符号取反,将无法得到原始的姿态,即:

$$\begin{pmatrix}\phi_{\alpha\beta}\\ \theta_{\alpha\beta}\\ \psi_{\alpha\beta}\end{pmatrix}\neq\begin{pmatrix}-\phi_{\beta\alpha}\\ -\theta_{\beta\alpha}\\ -\psi_{\beta\alpha}\end{pmatrix}\tag{2-3-13}$$

同样的,连续的转换不能简单地表示为欧拉角相加:

$$\begin{pmatrix}\phi_{\beta\gamma}\\ \theta_{\beta\gamma}\\ \psi_{\beta\gamma}\end{pmatrix}\neq\begin{pmatrix}\phi_{\beta\alpha}+\phi_{\alpha\gamma}\\ \theta_{\beta\alpha}+\phi_{\alpha\gamma}\\ \psi_{\beta\alpha}+\phi_{\alpha\gamma}\end{pmatrix}\tag{2-3-14}$$

值得注意的是,当俯仰角为±90°时,欧拉角变换存在奇异值,这时滚动角和偏航角不能辨别。由于这些问题的存在,姿态计算中很少使用欧拉角。

2. 四元数姿态表示

一次转动可用一个四元数表示,即由四个元素组成的超复数:

$$\boldsymbol{q}=(q_0\quad q_1\quad q_2\quad q_3)\tag{2-3-15}$$

式中:q_0 为转动的幅度,其他三个元素表示转动的旋转轴,也有把 q_0 放在最后,记作 q_4。

注意到,旋转轴向量在两个坐标系中是相同的,它是唯一一个在坐标变换中不变的向量。四元数表示法与其他的姿态表示法一样,只有三个元素是独立的。该四元数姿态变换定义为:

$$\boldsymbol{q}_{\beta\alpha}=\begin{pmatrix}\cos(\mu_{\beta,\alpha}/2)\\ u_{\beta\alpha,1}^{\alpha/\beta}\sin(\mu_{\beta,\alpha}/2)\\ u_{\beta\alpha,2}^{\alpha/\beta}\sin(\mu_{\beta,\alpha}/2)\\ u_{\beta\alpha,3}^{\alpha/\beta}\sin(\mu_{\beta,\alpha}/2)\end{pmatrix}\tag{2-3-16}$$

式中:$\mu_{\beta,\alpha}$为旋转角;$\boldsymbol{u}_{\beta\alpha}^{\alpha/\beta}$为旋转轴的单位向量。

由于只有四个元素,四元数表示法的计算效率较高。四元数运算不具有直观性,如果用它替换坐标转换矩阵,会使得导航方程的运算难以理解,增加了出错的概率。因此,这里对四元数的讨论仅限于它们与坐标转换矩阵之间的转换关系。

通过下式可将四元数转换为坐标转换矩阵:

$$\boldsymbol{C}_{\beta}^{\alpha} = \boldsymbol{C}(\boldsymbol{q}_{\beta\alpha})$$

$$= \begin{pmatrix} q_{\beta\alpha0}^2 + q_{\beta\alpha1}^2 - q_{\beta\alpha2}^2 - q_{\beta\alpha3}^2 & 2(q_{\beta\alpha1}q_{\beta\alpha2} - q_{\beta\alpha3}q_{\beta\alpha0}) & 2(q_{\beta\alpha1}q_{\beta\alpha3} + q_{\beta\alpha2}q_{\beta\alpha0}) \\ 2(q_{\beta\alpha1}q_{\beta\alpha2} + q_{\beta\alpha3}q_{\beta\alpha0}) & q_{\beta\alpha0}^2 - q_{\beta\alpha1}^2 + q_{\beta\alpha2}^2 - q_{\beta\alpha3}^2 & 2(q_{\beta\alpha2}q_{\beta\alpha3} - q_{\beta\alpha1}q_{\beta\alpha0}) \\ 2(q_{\beta\alpha1}q_{\beta\alpha3} - q_{\beta\alpha2}q_{\beta\alpha0}) & 2(q_{\beta\alpha2}q_{\beta\alpha3} + q_{\beta\alpha1}q_{\beta\alpha0}) & q_{\beta\alpha0}^2 - q_{\beta\alpha1}^2 - q_{\beta\alpha2}^2 + q_{\beta\alpha3}^2 \end{pmatrix}$$

逆变换为

$$q_{\beta\alpha0} = \frac{1}{2}\sqrt{1 + \boldsymbol{C}_{\beta1,1}^{\alpha} + \boldsymbol{C}_{\beta2,2}^{\alpha} + \boldsymbol{C}_{\beta3,3}^{\alpha}} = \frac{1}{2}\sqrt{1 + \boldsymbol{C}_{\alpha1,1}^{\beta} + \boldsymbol{C}_{\alpha2,2}^{\beta} + \boldsymbol{C}_{\alpha3,3}^{\beta}}$$

$$q_{\beta\alpha1} = \frac{\boldsymbol{C}_{\beta3,2}^{\alpha} - \boldsymbol{C}_{\beta2,3}^{\alpha}}{4q_{\beta\alpha0}} = \frac{\boldsymbol{C}_{\alpha2,3}^{\beta} - \boldsymbol{C}_{\alpha3,2}^{\beta}}{4q_{\beta\alpha0}}$$

$$q_{\beta\alpha2} = \frac{\boldsymbol{C}_{\beta1,3}^{\alpha} - \boldsymbol{C}_{\beta3,1}^{\alpha}}{4q_{\beta\alpha0}} = \frac{\boldsymbol{C}_{\alpha3,1}^{\beta} - \boldsymbol{C}_{\alpha1,3}^{\beta}}{4q_{\beta\alpha0}}$$

$$q_{\beta\alpha3} = \frac{\boldsymbol{C}_{\beta2,1}^{\alpha} - \boldsymbol{C}_{\beta1,2}^{\alpha}}{4q_{\beta\alpha0}} = \frac{\boldsymbol{C}_{\alpha1,2}^{\beta} - \boldsymbol{C}_{\alpha2,1}^{\beta}}{4q_{\beta\alpha0}}$$

$$\boldsymbol{q}_{\beta\alpha} = \boldsymbol{q}(\boldsymbol{C}_{\beta}^{\alpha})$$

关于四元数方法的更多介绍,感兴趣的读者可参考其他文献。

参 考 文 献

[1] 肖峰.球面天文学与天体力学基础[M].长沙:国防科技大学出版社,1989.

[2] 胡小平,吴美平,等.自主导航理论与应用[M].长沙:国防科技大学出版社,2002.

第3章 惯性导航

惯性导航,简单地说就是通过安装在运动载体上的加速度计和陀螺仪,测量比力和角速率信息,经过导航解算,确定运动载体的速度、位置、姿态等参数,进而完成导航任务的一门技术。加速度计和陀螺仪统称为惯性仪表。惯性导航是一种自主导航技术,广泛应用于陆地、航空、航海、航天等众多领域,具有重要的军事价值。本章主要介绍航位推算方法、惯性导航系统、惯性仪表原理组成及其工作原理等基本知识。

3.1 航位推算方法

航位推算的基本思路是通过测量运动载体的位置变化量,或者测量速度并对其积分,然后再与初始位置叠加,从而得到当前位置,即"当前位置=初始位置+位置变化量"。因此,在初始位置已知的条件下,只要获得位置变化量,就可以推算出运动载体当前的位置。一般情况下,行程或速度是在载体坐标系中测量,若要获得参考坐标系下的航位推算结果,还需要另外的姿态测量信息,以确定运动载体的行进方向。

图 3-1-1 所示为二维导航的航位推算示意图。设 ρ_i 表示 t_i 时刻测量得到的位置变化量,θ_i 表示 t_i 时刻测量得到的载体运动方向角,则载体在 t_i 时刻的位置(x_i, y_i)可以由 ρ_i 和 θ_i 以及 t_{i-1}时刻的位置信息推算得到,即

$$\begin{cases} x_i = x_{i-1} + \Delta x_i = x_{i-1} + \rho_i \cos\theta_i \\ y_i = y_{i-1} + \Delta y_i = y_{i-1} + \rho_i \sin\theta_i \end{cases} \tag{3-1-1}$$

显然,当 θ_i 随时间变化时,计算的步长越小,航位推算的方法误差也越小。对于二维导航而言,测量一个航向角就足够了,而对于三维导航来说,则需要测量运动速度的全部三个方向角分量。惯性导航是完整的三维航位推算导航。

此外,应该指出的是,当测量存在误差时,航位推算结果的精度也必然受影响。设$(\delta\rho_i, \delta\theta_i)$表示 t_i 时刻位置变化量和方向角的测量误差,并且为小量,由式(3-1-1)不难得到如下的误差公式:

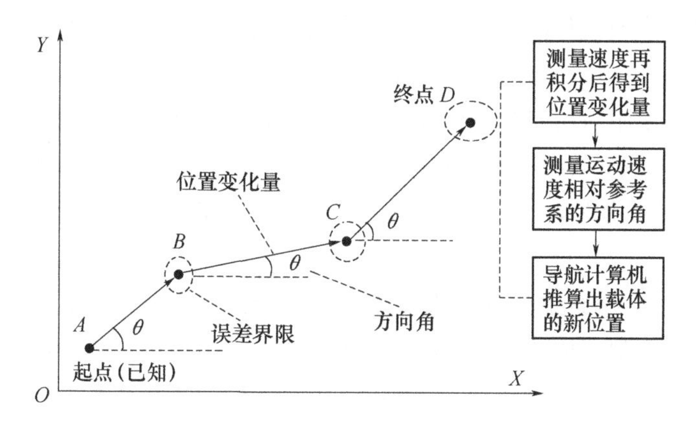

图 3-1-1　二维导航航位推算方法示意图

$$\begin{cases}\delta x_i = \delta x_{i-1} + \delta\rho_i\cos\theta_i - \delta\theta_i\rho_i\sin\theta_i \\ \delta y_i = \delta y_{i-1} + \delta\rho_i\sin\theta_i + \delta\theta_i\rho_i\cos\theta_i\end{cases} \tag{3-1-2}$$

可以把式(3-1-2)表示成矩阵形式：

$$\begin{bmatrix}\delta x_i \\ \delta y_i\end{bmatrix} = \begin{bmatrix}\delta x_{i-1} \\ \delta y_{i-1}\end{bmatrix} + \begin{bmatrix}\cos\theta_i & -\rho_i\sin\theta_i \\ \sin\theta_i & \rho_i\cos\theta_i\end{bmatrix}\begin{bmatrix}\delta\rho_i \\ \delta\theta_i\end{bmatrix} \tag{3-1-3}$$

由式(3-1-3)可知，t_i 时刻的航位推算误差由三部分组成，即：上一时刻的推算误差、测量误差以及方法误差。进一步，如果设($\delta x_0, \delta y_0$)表示运动载体的初始位置误差，由式(3-1-3)给出的误差传递公式，可以得到经过 i 步航位推算后，载体位置误差的累积公式为：

$$\begin{bmatrix}\delta x_i \\ \delta y_i\end{bmatrix} = \begin{bmatrix}\delta x_0 \\ \delta y_0\end{bmatrix} + \sum_{k=1}^{i}\begin{bmatrix}\cos\theta_k & -\rho_k\sin\theta_k \\ \sin\theta_k & \rho_k\cos\theta_k\end{bmatrix}\begin{bmatrix}\delta\rho_k \\ \delta\theta_k\end{bmatrix} \tag{3-1-4}$$

由此可见，除了受初始误差的影响外，航位推算误差还将随推算步次的增加而增大。换句话说，误差将随时间积累，这是航位推算方法的固有缺陷。

测量行程和速度的传统方法有很多。例如，地面测绘作业是采用步测杆来进行步程计算，而在海上测量船只的航行速度，采用的是将打结的绳索从船只的后部通过卷轮放入水中的方法。这种测速方法产生了“节”(knot)的概念，作为航海的速度单位，被人们沿用至今(1 节 = 1 海里/小时 = 1.852km/h)。如今，步程计算可以通过里程计自动实现。例如，车辆通过里程计来测量行程，航海则用船用计程仪来测量舰船的行程。更加复杂的航位推算技术采用加速度计通过两次积分来计算运动载体的行程。速度测量方法有多普勒雷达测速、声纳测速、惯性导航系统中的加速度计积分测速等。

磁罗盘(有时也称磁罗经)是传统的航向测量仪器,至今仍然在使用,改进后的磁罗盘带有电子读出装置。当时间和近似的位置已知时,采用天文观测仪器,通过观测太阳、月亮和恒星,也可以确定运动载体的姿态。在惯性导航系统中通过角速率积分获得姿态,而角速率可由陀螺仪测量得到。人们把这类航向测量仪器称为陀螺罗经或电罗经,以区别于传统的磁罗经。陀螺罗经发明于20世纪初期。

采用其他定位系统测量载体位置(例如,无线电定位系统),虽然定位误差不随时间积累,但要依赖于用户设备之外的辅助导航设施,通常不能确保在任何地点都能连续得到辅助导航设施的服务。航位推算需要起始点位置已知,然后提供不间断的导航结果,除非设备失效。因此,航位推算系统与定位系统具有互补性,如果将航位推算技术与一种或多种定位技术结合,可以综合各自的技术优势,获得性能更优的组合导航系统。

3.2 惯性导航系统组成

惯性导航系统主要由惯性测量单元(Inertial Measurement Unit, IMU)、导航处理器(或称导航计算机)以及结构件等组成,如图3-2-1所示。加速度计、陀螺仪、导航计算机是惯性导航系统的关键部件。IMU是惯性导航系统的传感器组件,包含多个加速度计和多个陀螺仪。在捷联惯性导航系统中,通常采用3个陀螺仪和3个加速度计相互正交安装,以实现三维的比力和角速率测量。导航处理器对惯性测量单元的输出进行积分,产生速度、位置和姿态。结构件的主要作用是为各个部件提供安装基准。惯性导航系统可以自主输出三维导航信息,系统结构分为捷联式和平台式两种。

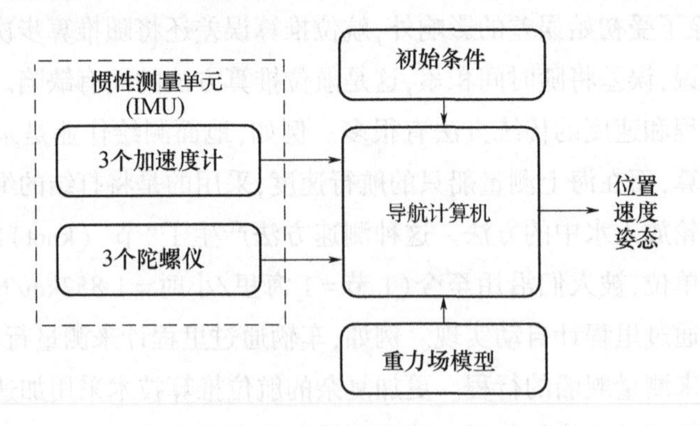

图3-2-1 基本的惯性导航系统组成示意图

陀螺仪测量角速率,导航处理器利用角速率信息得到姿态计算结果。加速度计直接测量得到的是比力,即引力之外所有外力引起的加速度。在捷联惯性导航系统中,加速度计固联在载体上,因而需要采用姿态解算结果将比力测量值投影到导航坐标系中。采用适当的重力场模型、结合比力获得加速度,积分加速度得到速度,再积分速度得到位置结果。由3.1节所述的航位推算方法可知,为了能够计算出导航结果,所有的惯性导航系统都需要对位置、速度进行初始化,低精度系统还需要对航向进行初始化。通常把对惯性导航系统初始化的过程称为初始对准。

惯性导航系统的主要优点是能够全天候连续工作、提供高带宽(至少50Hz)的导航结果、短期噪声低,在提供位置、速度的同时,还能够提供姿态、角速率和加速度测量值;其主要缺点是导航精度随时间增长而降低。

3.3 惯性仪表

惯性仪表包括加速度计和陀螺仪。加速度计测量比力,陀螺仪测量角速率,两者的测量过程都不需要任何外部参照信息。大多数加速度计仅测量单个轴向的比力,同样,大多数陀螺仪也只测量绕一个轴向的转动角速率。许多装置也具有测量载体相对于环境特征的速度、加速度或角速率等参数的功能,但这些装置不是利用惯性原理,而且一般都需要借助外部参照来完成测量,不属于惯性仪表的范畴。

3.3.1 加速度计

加速度计是惯性导航系统的关键部件,人们甚至把它比作惯性导航系统的"心脏",其重要性不言而喻。加速度计的结构多种多样,但就其基本原理来说,都是以牛顿惯性定律作为理论基础。

1. 加速度计测量原理

图3-3-1是一个简单的加速度计测量原理图。两端受弹簧约束的检测质量块,可以沿加速度计敏感轴方向相对于加速度计壳体滑动。位移指示器测量质量块相对于壳体的位置变化。沿敏感轴方向给壳体施加一个外力,在开始加力的一瞬间,检测质量块将保持原有的速度不变,但壳体会产生相对于质量块的运动,从而压缩一端的弹簧、拉伸另一端的弹簧。弹簧的变形改变了质量块和壳体之间的受力状况,壳体相对质量块持续运动,直至弹簧力导致的质量块加速度与外力导致的壳体加速度相当。结果是,质量块相对于壳体的位

移与壳体加速度成正比。通过位移指示器测量位移,就可以间接获取壳体加速度的测量值。

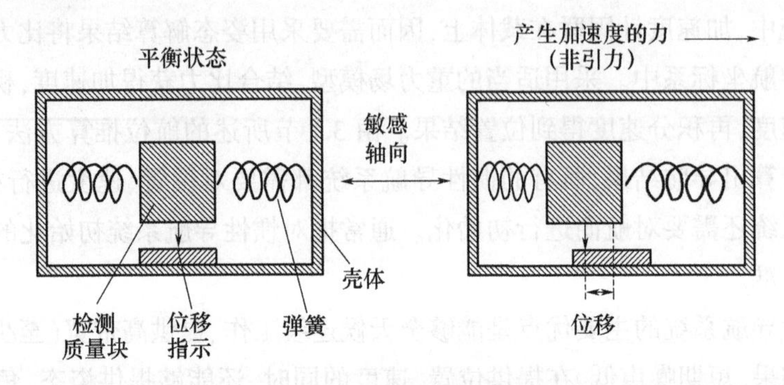

图 3-3-1　加速度计测量原理图

根据牛顿第二定律,在外力 F 的作用下,载体运动方程为

$$F = ma \tag{3-3-1}$$

式中:a 为相对惯性空间的加速度;m 为质量。引入 $Q=-ma$ 为惯性力这一概念,则有

$$F + Q = 0 \tag{3-3-2}$$

即作用在载体上的外力与惯性力满足平衡条件。

对于一个受约束的非自由运动的物体(如图 3-3-1 所示的加速度计的质量块)而言,设 N 为约束反作用力,F_a 为主动力,则有

$$F_a + N = ma \tag{3-3-3}$$

也可以理解为:在物体上施加惯性力 Q 以后,达到平衡状态,即

$$F_a + N + Q = 0 \tag{3-3-4}$$

上式的物理意义可以理解为:在物体(准确地讲是质点系)运动的每个瞬时,主动力、约束反作用力与惯性力保持平衡,这就是著名的达伦贝尔原理。

物体在惯性空间内运动,通常所受到的外力 F 由两部分组成,一部分是星球引力场的引力(记为 mG,G 为引力加速度),另一部分是主动力 F_a,在外力的作用下,物体的运动规律符合牛顿第二定律,即

$$F = mG + F_a = ma \tag{3-3-5}$$

令 $A=F_a/m$,则有

$$A = a - G \tag{3-3-6}$$

定义 A 为比力,其物理意义是相对惯性空间的加速度 a 与引力加速度之差,有时也称为非引力加速度。

必须指出的是,根据图3-3-1不难知道,由于引力直接作用于质量块本身,而不是通过弹簧施加给质量块,所以,加速度计整体上只受到引力作用时,质量块和壳体之间不会产生相对运动(比如,加速度计在真空中做自由落体运动)。因此,加速度计敏感的只是比力,而不是全部加速度,从这个角度讲,更准确地说应该称加速度计为“比力敏感器”。

根据式(3-3-6),在加速度计测量得到比力 A 后,还需要通过引力模型给出的引力加速度 G,才能计算得出载体的运动加速度 a($a=A+G$)。

对于近地空间的运动载体而言,在引力加速度 G 中,地球引力(通常将地球引力加速度记为 g)起主要作用,太阳、月球以及其他星球的引力很小。如果没有特殊要求,地球以外的其他星球的引力是可以忽略不计的。例如,太阳引力场对地球表面物体的影响,在数值上不大于 $1.4\times10^{-7}g$,月球的引力场影响不大于 $4.0\times10^{-8}g$,金星的引力场影响不大于 $1.9\times10^{-8}g$,木星的引力场影响不大于 $3.7\times10^{-8}g$。

加速度计测量的参考坐标系为惯性坐标系,运动体坐标系可由加速度计的壳体确定,测量值是沿加速度计的敏感轴分解的。因而,一个包含3个加速度计的IMU,测量的是IMU本体相对于惯性空间的比力在载体系上投影。

严格地说,图3-3-1所示的加速度计是不完整的。检测质量块需要在垂直于敏感轴的方向支撑,此外,为了限制质量块的震动,还需要有阻尼。不过,所有加速度计的设计都是基于上述基本原理。

加速度计按照检测质量块运动方式来分类,有摆式加速度计和线式(直线)加速度计。如果按照测量系统的控制方式来分类,有开环加速度计和闭环加速度计(或称力反馈式加速度计)。加速度计的种类有很多,这里只介绍振梁式加速度计。这种类型的加速度计应用比较广泛,既可以依据传统的机械设计技术制造,也可以采用微机电系统(Micro-Electro-Mechanical Systems, MEMS)技术制造。采用MEMS技术设计这种加速度计时,加速度计的敏感轴既可以是平行于基面,也可以是垂直于基面,甚至还可以将三轴加速度计和相关电路蚀刻于同一个芯片上。对加速度计的研究一直在持续进行,比如,人们可利用光学方法、MEMS技术,甚至原子干涉等技术设计新型加速度计。

2. 振梁式加速度计

振梁式加速度计(又称为共振加速度计)的原理结构如图3-3-2所示。在加速度计的敏感轴方向,振梁式的检测质量块受振动梁的支撑,质量块相对于壳体的大部分运动都被振动梁约束。沿敏感轴方向对加速度计壳体施加一个外力时,振动梁就会推动或者拉动质量块。推动质量块时,振动梁会被压缩,相应地,拉动质量块时,振动梁会被拉伸。振动梁原本受加速度计电路的驱动,在其谐振频率下振动。然而,压缩振动梁会降低其振动频率,拉伸振动梁会使其振动频率升高。因此,通过测量梁的振动频率,沿加速度计敏感轴方向的比力大小就能被检测出来。

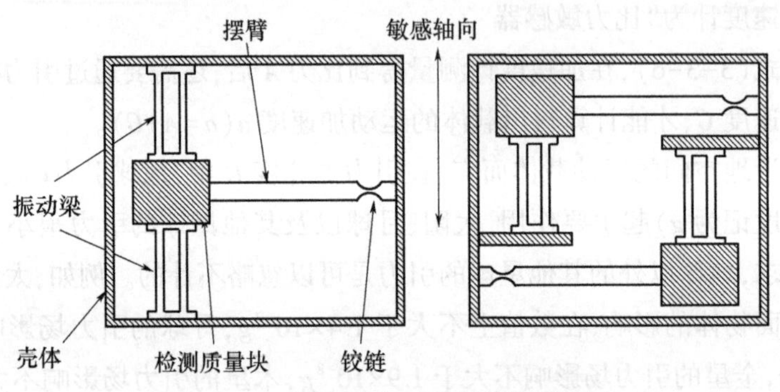

图 3-3-2 振梁式加速度计结构示意图

为了提高振梁式加速度计的精度,通常采用一对振动梁的设计方案,一个梁被压缩时,另一个梁同时被拉伸。振梁式加速度计既可采用单个检测质量块,也可采用两个独立的质量块,如图 3-3-2 右图所示。由于双臂音叉比单臂梁更加平衡,因此,振动梁通常采用双臂的音叉结构。石英材料能够产生尖锐的谐振峰,高精度的振梁式加速度计多数采用石英材料。MEMS 振梁式加速度计既可采用石英材料制造,也可采用硅材料制造。石英材料的稳定性比硅材料要好,而硅材料比石英材料更适宜大批量生产。

下面讨论振梁式加速度计的运动学原理。如图 3-3-3 所示,在惯性力的作用下,检测质量块 m 施加到振梁上的张力 $F=ma$,设振梁的单位长度质量密度为 μ,则根据波导方程,振梁在振动时所受的张力,等于横向速度 v 的平方与质量密度 μ 的乘积,即

$$F = ma = \mu v^2 \tag{3-3-7}$$

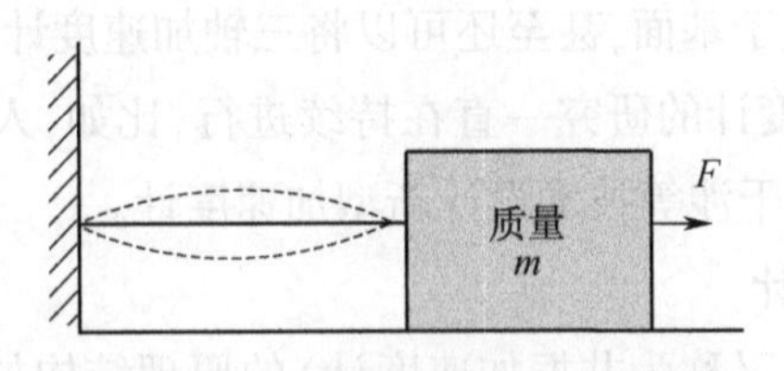

图 3-3-3 单振梁加速度计原理图

同时,振梁的振动频率 f、波长 λ、横向速度 v 满足以下关系式

$$f = v/\lambda \tag{3-3-8}$$

将式(3-3-7)中的 v 代入,可得

$$f=\frac{1}{\lambda}\sqrt{\frac{ma}{\mu}} \tag{3-3-9}$$

对于驻波,有 $\lambda=2l$,其中 l 为振梁长度,因此式(3-3-9)可改写为

$$f=\frac{1}{2l}\sqrt{\frac{ma}{\mu}} \tag{3-3-10}$$

或者写成

$$a=\frac{4\mu l^2}{m}f^2 \tag{3-3-11}$$

这表明,加速度 a 的变化将引起振梁的振动频率变化。换句话说,通过测量振梁的振动频率,就可以获得加速度 a 的度量。

显然,振动频率 f 的检测精度决定了加速度的测量精度。为了提高 f 的检测精度,通常采用双振梁差动设计,如图 3-3-4 所示。

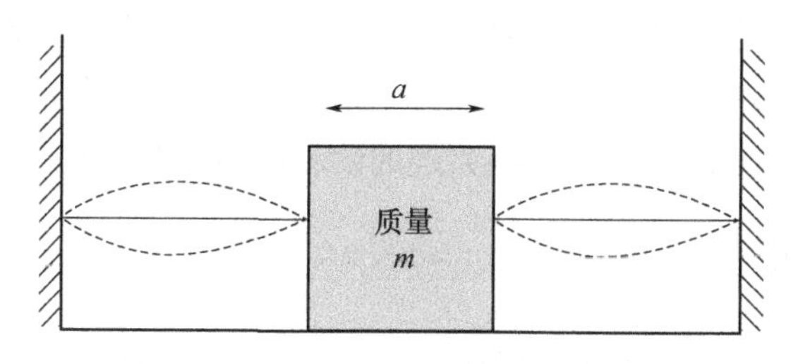

图 3-3-4　双振梁加速度计原理图

设 f_0 表示加速度为零时振梁的预置振动频率,振梁相应的预紧张力为 F_0,那么在惯性力的作用下,右边振梁的张力 F_R 和左边振梁的张力 F_L 将产生"增-减"差动,增减量可表示为

$$\begin{aligned}F_R&=F_0+ma\\F_L&=F_0-ma\end{aligned} \tag{3-3-12}$$

如果左右振梁的质量密度相同、长度变化很小,则有

$$\begin{aligned}\mu(2lf_R)^2&=F_0+ma\\\mu(2lf_L)^2&=F_0-ma\end{aligned} \tag{3-3-13}$$

两式相减除以 2,可得

$$a=\frac{2\mu l^2}{m}(f_R+f_L)(f_R-f_L) \tag{3-3-14}$$

设 $\Delta f_L=f_L-f_0$ 和 $\Delta f_R=f_R-f_0$ 分别表示在惯性力作用下左右振梁的振动频率

相对于 f_0 的偏差,$\Delta f=f_R-f_L$ 为左右振梁的振动频率差,那么式(3-3-14)可以写成下列形式:

$$a=\frac{2\mu l^2}{m}(2f_0+\Delta f_R+\Delta f_L)\Delta f \tag{3-3-15}$$

一般情况下 Δf_R、Δf_L 和 Δf 相对于 f_0 为小量,如果忽略二阶小量,式(3-3-15)可以写成下面的近似表达式:

$$a\approx\frac{4\mu l^2 f_0}{m}\Delta f \tag{3-3-16}$$

通常将 $K_0=\frac{4\mu l^2 f_0}{m}$ 称为标度因数,式(3-3-16)表明,只要能检测出左右振梁的振动频率差,就可以获得载体运动的加速度。

以上所述为振梁式加速度计的开环测量原理,要求标度因数非常稳定。标度因数的稳定性主要取决于结构部件的机械特性和偏置振动频率 f_0 的稳定性,而这两者又受到元器件的材料特性、加工工艺误差以及环境温度变化、载体的振动等诸多因素的影响。高精度加速度计一般采用闭环控制策略来稳定偏置振动频率 f_0,相关内容这里不作介绍,感兴趣的读者可参阅有关文献资料。

3.3.2 陀螺仪

陀螺仪是惯性导航系统的关键部件。“陀螺仪”一词是法国物理学家傅科在1852年首先引用的,他发明了一种高速旋转体的仪器,可以用试验证明地球自转的存在,并且预言利用陀螺仪可以指示地球子午线,但由于技术难度太大,受当时技术水平限制,他未能亲自将预言变为现实。直到1906年,德国人安休茨研制成功船用陀螺罗经,陀螺仪才得到实际应用。傅科发明的这种仪器后来被人们称作转子陀螺仪,沿用至今。陀螺仪技术发展到现在,陀螺仪一词已经有了更加广泛的意义:通常把所有不需要外部参照的角速率传感器都统称为陀螺仪。陀螺仪的种类很多,这里主要介绍转子陀螺仪、振动陀螺仪和光学陀螺仪三种典型陀螺仪的工作原理。

1. 转子陀螺仪

凡是利用高速旋转体的陀螺特性所研制成的陀螺仪,都称为转子陀螺仪。通常把高速旋转体的定轴性、规则进动及陀螺效应统称为陀螺特性。转子陀螺仪的基本原理是角动量守恒。根据牛顿力学第二定律,物体相对于惯性空间的角动量将始终保持不变,除非物体受到外力矩作用。转子陀螺仪的结构通常设计为:转子可以绕垂直于其自转轴的另外两个轴向自由转动,如图3-3-5所示。

转子与内支架固联,可以绕 X 轴高速旋转;内支架与外支架固联,可以绕 Y 轴转动;外支架与陀螺基座固联,可以绕 Z 轴转动;对于捷联惯性导航系统而言,陀螺基座与载体固联。当载体姿态变化时,转子的自转轴将始终指向惯性空间的某个方向保持不变,通过角度传感器可以测量出自转轴相对于壳体的角度变化,进而输出载体相对于两个轴向(垂直于转子自转轴的方向)的姿态。按上述原理设计的装置就是陀螺罗经,在许多舰船和飞机上,被用作独立的方位传感器。

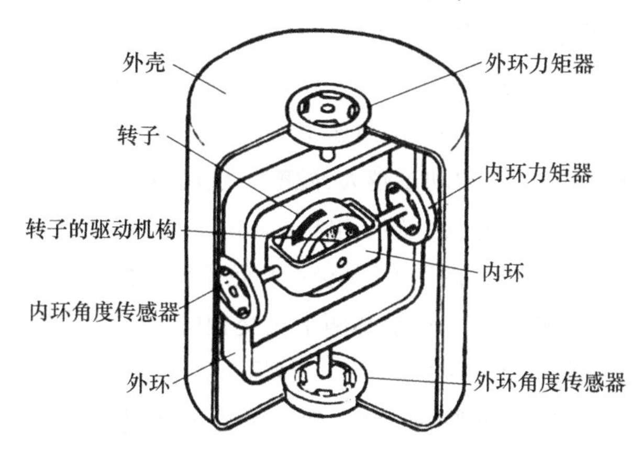

图 3-3-5 双自由度转子陀螺仪工作原理示意图

转子绕 X 轴高速旋转,其角动量为 H。如果在与 X 轴正交的 Y 轴(内框架)上施加一个力矩 $\boldsymbol{M}$,那么,转子(外框架)将绕 Z 轴发生转动,这一现象被称为陀螺的进动。

设进动角速度为 ω_p,在时间 δt 内,产生一个小的进动角度 $\omega_p\delta t$。进动产生的角动量 δH 在数值上与自转角动量 H 和进动角 $\omega_p\delta t$ 两者成正比,方向上则相互正交。有如下关系:

$$\delta H = \omega_p \delta t \times H$$

外力矩等于角动量的变化率

$$\boldsymbol{M} = \omega_p \delta t \times H$$

根据上述关系式可知,如果陀螺壳体绕垂直于自转轴方向有转动,为了保证转子轴与壳体之间的角度不变,则必须要在与壳体转动轴和转子自转轴都正交的轴向上,对转子施加一个力矩。转子的自由转动轴(X 轴)也是陀螺的输出轴,与输出轴和自转轴都相互正交的轴向定义为陀螺的输入轴。当陀螺壳体绕输入轴转动时,就会对转子施加一个进动力矩,导致转子产生绕输出轴的转动。如果没有反作用力矩的约束,转子将持续绕输出轴进动,直到转子自转轴和输入轴重合。在驱动电机和陀螺壳体之间,安装有一个或多个力矩器(如力矩电机),以提供绕输出轴的平衡力矩,抵消转子的进动,使转子自转轴与壳体相对固定。这样,输入轴和输出轴都可以作为力矩轴和进动轴:力矩绕输入轴,且由陀螺壳体施加,而相应的平衡力矩则绕输出轴、并由力矩装置提供。结果是,当陀螺绕输入轴转动时,转子将会绕输出轴转动,直到力矩平衡。转子相对陀螺壳体转过的角度,正比于陀螺仪绕输入轴的转动角速率。因此,利用角位移传感器可以测量角速率。

为了提高陀螺精度,通常采用闭环设计,即利用电容式、电感式或光学的角度传感器检测转子相对陀螺壳体的偏差角,同时调节力矩器进行补偿。力矩器施加的力矩与陀螺绕输入轴的转动角速率成正比。陀螺测量的灵敏度取决于转子转动的角动量大小,转子角动量越大,陀螺灵敏度越高。因此,通常将转子的大部分质量分布在转子的边缘。转子电机、轴承、力矩器、控制电路、陀螺体积以及转子的对称性等各个方面的因素,都会影响陀螺仪的性能。

还可以将转子陀螺仪设计成敏感两个正交轴向上转动的传感器,也就是所谓的双自由度陀螺仪,如图3-3-5所示。最简单的设计是把单自由度陀螺仪安装在一个平台式框架上(如图中的外支架),该框架通过枢轴与陀螺壳体连接。此外,还需要在平台框架与陀螺壳体之间增加一个力矩器和角度传感器。从本质上说,这种设计是将一个单自由度陀螺嵌在另一个单自由度陀螺之中,只不过两个陀螺的输入轴和输出轴相互交换。显然,一个双自由度陀螺可以测量载体在两个相互垂直方向上的角速率,因此,对于某些只需要测量两个轴向角速率的应用场合,采用一个双自由度陀螺仪比采用两个单自由度陀螺仪更节省成本。

对于早期的转子陀螺仪(也称为机电陀螺)而言,支架的滚珠轴承的机械摩擦是造成仪表误差的主要因素,为此,采用液、气、磁、电等悬浮式结构来减小支撑轴上的机械摩擦带来的测量误差。由此研制出了液浮陀螺、挠性陀螺、静电陀螺以及三浮陀螺等机电陀螺仪。

2. 振动陀螺仪

根据运动学原理,当一个运动的质量块(质量为 m、速度为 v)旋转时,会产生科里奥利力($2m\Omega\times v$)。振动陀螺仪是通过检测科里奥利力来间接测量空间角速度(Ω)的一种陀螺仪。因此,振动陀螺仪均包含一个受迫作简谐振动的元件。振动元件的结构可以是弦线、单梁、双梁,还可以是音叉、圆环、圆柱或者半球等,由此就产生了不同结构的振动陀螺仪。例如,石英音叉陀螺、硅微机械陀螺、半球谐振陀螺、杯形谐振陀螺等。

下面介绍振动陀螺仪的基本原理。图3-3-6所示为一个由正交的二自由度弹簧支撑的质量块,在弹簧平面内有空间角速率 Ω。该弹簧-质量系统的运动满足下列微分方程组：

$$\begin{cases}\dfrac{\mathrm{d}^2x_1}{\mathrm{d}t^2}+\dfrac{\omega_d}{Q_d}\cdot\dfrac{\mathrm{d}x_1}{\mathrm{d}t}+\omega_d^2x_1=k_1f_1(t)+2k\Omega\dfrac{\mathrm{d}x_2}{\mathrm{d}t}\\ \dfrac{\mathrm{d}^2x_2}{\mathrm{d}t^2}+\dfrac{\omega_s}{Q_s}\cdot\dfrac{\mathrm{d}x_2}{\mathrm{d}t}+\omega_s^2x_2=k_2f_2(t)-2k\Omega\dfrac{\mathrm{d}x_1}{\mathrm{d}t}\end{cases}\tag{3-3-17}$$

式中：x_1,x_2 为振幅；Q_d,Q_s 为谐振品质因数；f_1,f_2 为外加的驱动力；k,k_1,k_2 为常数。

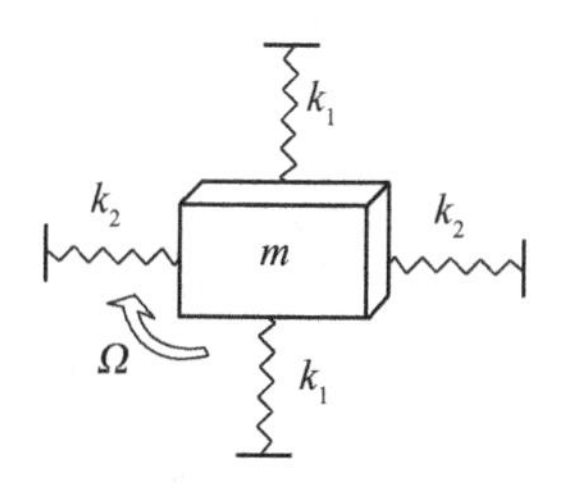

图 3-3-6　二自由度弹簧-质量系统示意图

当驱动力使第一轴（驱动轴）谐振时，第二轴（检测轴）在科里奥利力的作用下将产生振动，振幅 A_s 可表示为

$$A_s=\frac{2kA_d}{\omega_d\sqrt{(1-\chi^2)^2+\left(\dfrac{\chi}{Q_s}\right)^2}}\cdot\Omega\tag{3-3-18}$$

式中：$\chi=\omega_s/\omega_d$；A_d 为驱动轴的振幅。由此可见，只要能测量出检测轴与驱动轴振动的同相分量，那么就可以获得角速率。当 $\chi\approx1$ 时，检测轴振动的相位与驱动轴的相位相同，振幅达到最大。品质因数 Q_s 越高，灵敏度越高，但频带越窄。

3. 光学陀螺仪

20 世纪 70~90 年代，由于激光技术的飞速发展，先后出现了激光陀螺和光纤陀螺，我们把这两种陀螺仪统称为光学陀螺仪。光学陀螺仪的基本原理是萨格奈克（Sagnac）效应，由法国科学家萨格奈克于 1913 年提出。萨格奈克效应指出，在一个任意几何形状的闭合光学环路中，从任意一点发出的沿相反方向传播的两束光波，绕行一周返回到该点时，如果闭合光路在其平面内相对惯性空间有旋转，则两束光波的相位将发生变化。因此，如果我们能够检测出这种变化，就可以测量出载体相对于惯性空间的转动角速率。

设闭合环形光路所围的面积为 A，闭合光路绕其平面法线相对惯性空间转动的角速率为 Ω，两束光波在闭合光路中传播的光程差为 ΔL，则萨格奈克效应可以用下列公式表达

$$\Delta L = \frac{4A}{c}\Omega \tag{3-3-19}$$

式中:c 为光波在环形光路中的传播速度。由此可见,光程差 ΔL 正比于空间角速率 Ω,因此,只要能够检测出光程差 ΔL,就可以得到角速率 Ω。

激光技术提供了两种检测光程差的方法:一种是谐振法,另一种是干涉法。激光陀螺采用谐振法检测光程差,而光纤陀螺主要采用干涉法检测光程差。

激光陀螺有两种结构方案:一种结构方案是环形光路由三角形组成;另一种结构方案是环形光路由四边形组成,如图 3-3-7 和图 3-3-8 所示。

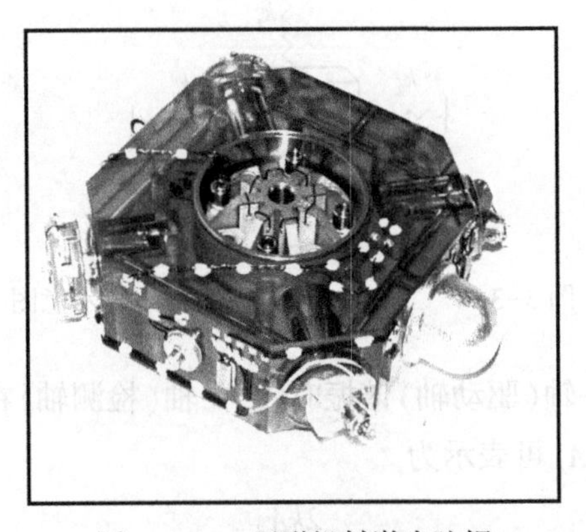

图 3-3-7 环形机抖激光陀螺

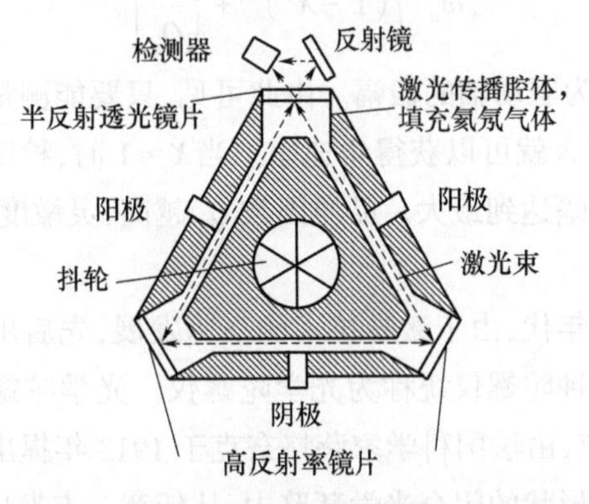

图 3-3-8 典型的环形激光陀螺工作原理图

下面以图 3-3-7 所示的三角形结构方案为例,介绍激光陀螺的工作原理。陀螺主体是一块热膨胀系数极低的玻璃或陶瓷(一般采用微晶玻璃,加工比陶瓷容易),在其内部钻 3 个孔,组成三角形的管道,里面填充氦氖混合气体,在每个拐角处安装高反射率镜片,形成一个闭合光路,称为激光陀螺的谐振腔。陀螺工作时,两个阳极与阴极之间,产生很高的电位差(1~1.5kV),形成穿过氦氖混合气体的电场,产生放电现象。气体原子从电场中吸收能量,成为激发态原子。激发态原子不稳定,最终将回到正常状态,也就是所说的基态。从激发态变回基态的过程中,气体原子会释放多余的能量,发射出光子,这一过程称为自发辐射。基态与激发态的势能有变化,自发辐射光子的波长分布形成共振谱线。在激光腔中外来光子的激励下,激发态的原子会产生受激辐射,从而发射出新的光子。受激辐射产生的光子与入射光子具有相同的波长、相同的相位和相同的轨迹,这就是所谓的相干。

在激光腔内,具有相同波长的光子会产生相互干涉。通过调整腔体的长度,使得线偏振光绕环形腔一周回到原处的相位差为 2π 整数倍,形成全息干涉,达到谐振模态。对于一个实际的激光器而言,激光腔内谐振模态的带宽必须窄于原子跃迁的共振带宽;而且,在原子的共振谱线内,必须有多个谐振模态。激光器工作时选择特定的模态——该模态的谐振波长与原子共振谱线峰值所对应波长最接近。

实际上,在同一个腔体内同时存在两束激光,一束顺时针(记为 CW)旋转,另一束逆时针(记为 CCW)旋转。当陀螺仪处于静止状态时,两路光束具有相同的频率。当陀螺顺时针方向旋转时,CW 光束从左下角反射镜出发,沿腔体旋转一周后,反射镜已经向前运动了一个微小角度,结果使得光程长度稍微增加一些。相反,CCW 光束则稍微缩短了光程长度。在谐振状态下,根据萨格奈克效应产生的光程差将引起两束光的频率差。记两束光的振荡频率为 f,频差为 Δf,则频差与光程差成正比,即 $\Delta f/f=\Delta L/L$,因此有

$$\Delta f=\frac{4A}{L\lambda}\Omega \tag{3-3-20}$$

式中:$\lambda=f/c$ 为光束的波长,典型波长为 $0.633\mu m$。由此可知,检测出 Δf 就可以获得空间角速率 Ω。

在谐振腔顶部安装的反射镜可以透射两束光的一部分,再经过棱镜组合件投射到探测器上。如果陀螺仪相对惯性空间没有转动,则干涉条纹是静止的;如果出现转动,则干涉条纹会发生移动。检测出照射在探测器上的明暗变化的干涉条纹数,可以得出单位时间内转过的角度,即陀螺仪相对惯性空间的角速度 Ω。

由于激光腔内存在散射,顺时针和逆时针的两路激光会有耦合。在空间角速率 Ω 很小的情况下,耦合会导致两路激光不能产生差频,形成所谓的"闭锁"效应,即此时陀螺没有输出,如图 3-3-9 所示。换句话说,普通的环形激光陀螺不能检测低角速率的转动,存在闭锁现象。为了消除闭锁,有两种方案可供选择,一种是采用偏频方案,另一种是采用四频差动方案。

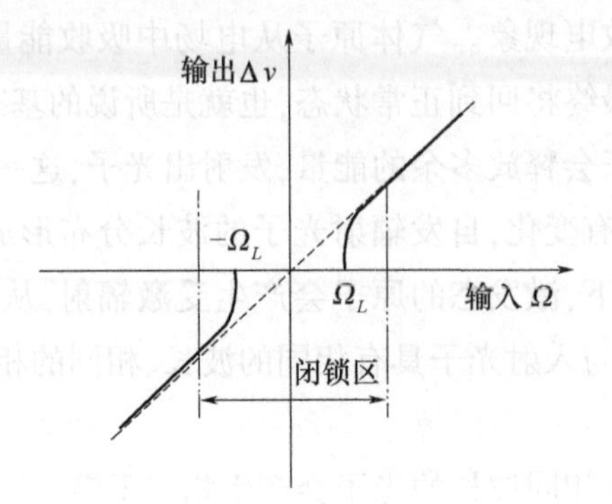

图 3-3-9 激光陀螺输出特性曲线

偏频方案包括单向速率偏频、机械抖动以及磁光效应等。最常用的偏频方案是机械抖动,即沿陀螺敏感轴向给腔体加入高频小幅的角振动。振动频率一般控制在几百赫兹以内。由于这种偏频方案不改变谐振腔内的结构,因此可以保证不会降低陀螺的测量精度。通常把这种陀螺称为“二频机抖激光陀螺”。机抖激光陀螺由于有抖轮,在组成导航系统时,各个陀螺的机械抖动会产生相互耦合作用,必须加以消除,否则会对导航系统精度带来不利的影响。

四频差动方案的基本工作原理如图 3-3-10 所示。由反射镜构成的空间闭合光路是异面的。异面腔可以产生互易的频率分裂效应,生成两种正交偏频振态。腔内的法拉第室是非互易偏频机构。经过异面腔和法拉第室的互易和非互易频率分裂效应后,环路中存在 4 个频率模式:左旋的顺时针模式和左旋的逆时针模式以及右旋的顺时针模式和右旋的逆时针模式。这样,一对右旋模式和一对左旋模式的激光束便可以分别组成右旋单陀螺和左旋单陀螺。在外界输入角速率 Ω 的作用下,左旋、右旋陀螺输出频率的和(f^+)与输出频率的差(f^-)分别为

$$f^+ = 2\Delta f_H$$
$$f^- = 2\Delta f_\Omega = \frac{8A}{L\lambda}\Omega \qquad (3-3-21)$$

式中:Δf_H 为法拉第室产生的频移量;Δf_Ω 为输入角速率 Ω 引起的频移量。

显然,此时陀螺采用的是差动输出,因此通常也将其称为“四频差动激光陀螺”。此外,根据式(3-3-19)不难看出,由法拉第室产生的频移量 Δf_H 的稳定性不会影响角速率 Ω 的测量精度。

大部分由激光陀螺组成的 IMU 包含 3 个独立的陀螺仪,也可以在一个激光腔体内,设计位于三个不同测量平面的激光模态,实现三轴角速率测量。采用这种设计方案构成的陀螺称为空间三轴激光陀螺。

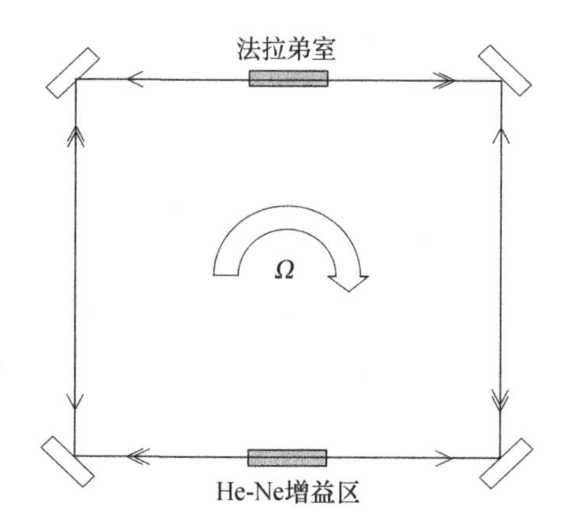

图 3-3-10 四频差动激光陀螺原理图

光纤陀螺的光纤环形干涉仪是检测光程差的核心器件。光纤陀螺的概念早在 1967 年就已经提出,由于当时还没有出现低损耗光纤,这一设想一直没有实现。1976 年,美国犹他州立大学的 V. Vali 和 R. W. Shorthill 教授在试验室中首次演示了世界上第一个光纤环形干涉仪,被认为是最早的光纤陀螺样机,如图 3-3-11 所示。

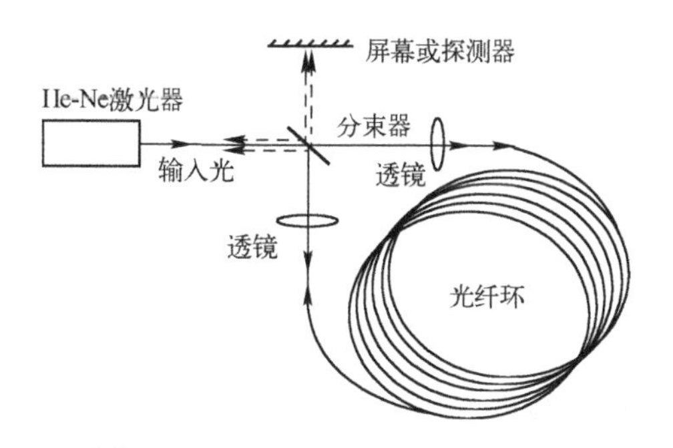

图 3-3-11 光纤环形干涉仪示意图

光纤环形干涉仪工作原理如图 3-3-11 所示。它由 He-Ne 激光器、分束器(半透反射镜)和光纤线圈等组成。从 He-Ne 激光器发出的平行光,通过分束器分成两束,经过透镜聚焦在光纤环的两个入射端面上,在光纤环中分别沿顺时针和逆时针方向传播一周,再次经过透镜,并形成平行光,返回到分束器。干涉光束投向屏幕,可以在屏幕上观察到一个干涉图样。由于 He-Ne 激光器辐射波长为 0. 633μm 的红光,若两束平行光完全重合,干涉图样是一个圆形的红色光斑。当光纤环沿其轴向有旋转时,由于萨格奈克效应,两束反向传播光之间会产生一个光程差 ΔL,进而产生一个相位差,屏幕上的圆形干涉光斑会发生明暗变化,即干涉光的强度发生了变化,可以表示为

$$I_D = I_0(1 + \cos\phi_s) \tag{3-3-22}$$

式中:I_0为入射光的强度;ϕ_s为旋转引起的相位变化,也称为萨格奈克相移,它与旋转角速度Ω的关系为

$$\phi_s = \frac{2\pi}{\lambda}\Delta L = \frac{4\pi RL}{\lambda_c}\Omega \tag{3-3-23}$$

式中:R为光纤环的半径;L为光纤环的长度,$L=2\pi RN$;N为光纤线圈的匝数。如果在屏幕处放置一个光电探测器,通过检测干涉光强的变化就可以获得转动角速度Ω。

根据式(3-3-22)绘制光纤陀螺输出光强与干涉相位差的关系如图3-3-12所示,曲线中心(相位差为0)与输入角速度为零时相对应。从图中可以看出,这种方式存在以下两点不足:一是输入角速度接近零时,输出电流的变化不灵敏。二是输入角速度在接近零的区域,输出电流的值都是减小,其变化无法反映出输入角速度的方向。因此,需要偏置调制技术克服相位检测的缺陷。最简单的方式是相位偏振法,即在环状光路的顺、逆时针传播的两光波之间施加$\pi/2$相位差,使得由萨格奈克效应引起的两光束之间的相位差的干涉输出随正弦曲线变化(如图3-3-13所示),以此来获得灵敏度的最佳化。

$$I_D = I_0\left(1 + \cos\left(\phi_s - \frac{\pi}{2}\right)\right) = I_0(1 + \sin(\phi_s)) \tag{3-3-24}$$

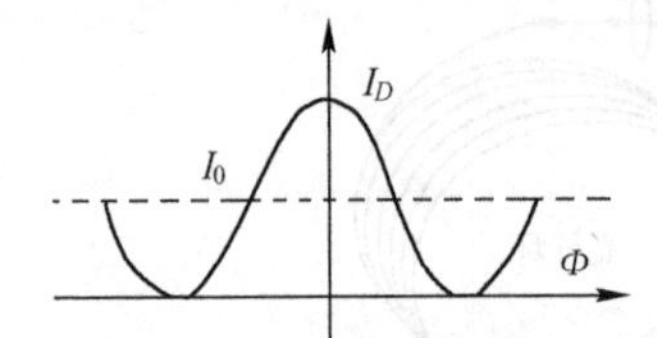

图3-3-12 光纤陀螺输出光强与干涉相位差的关系

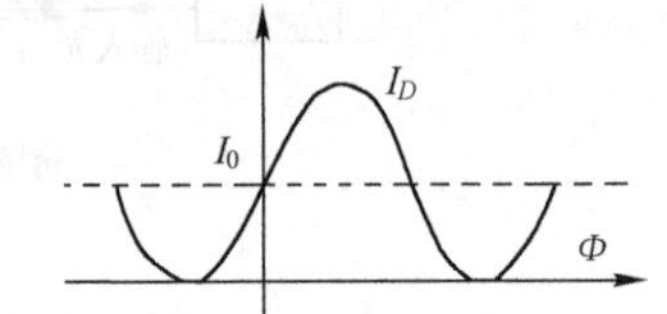

图3-3-13 相位偏置调制后输出光强与干涉相位差的关系

基于光纤环形干涉仪测量旋转角速度的装置称为干涉型光纤陀螺,通常简称为光纤陀螺。从信号检测的角度看,I_D(或ϕ_s)的变化越大,越有利于提高检测精度,即越有利于提高转动角速度Ω的测量精度。根据式(3-3-23),光纤环的长度L越长,同样的Ω引起ϕ_s的变化也就越大。当光纤环的半径R受到限制时,可以通过增加光纤线圈的匝数N来增加光纤环的长度L。高精度光纤陀螺的光纤长度一般在千米量级,此时,如果$R=0.05$m,$L=1500$m,那么光纤线圈就需要绕5000匝左右。光纤环形干涉仪的优势是可以采用多匝光路来增加萨格奈克相移。

目前,光纤陀螺有开环和闭环两种结构。开环光纤陀螺的工作原理如

图 3-3-14 所示。

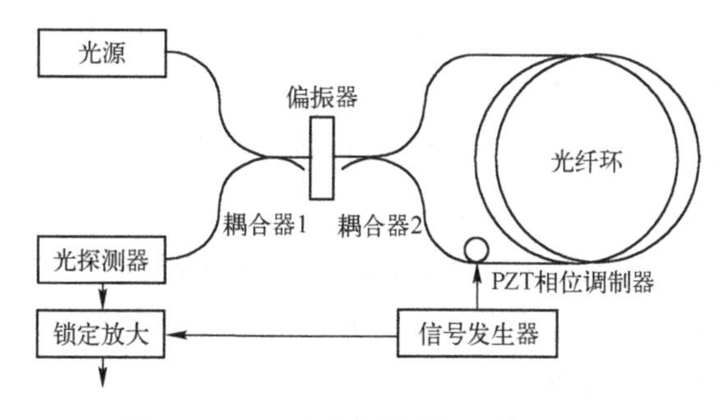

图 3-3-14 开环光纤陀螺工作原理图

开环光纤陀螺主要由光路和电路两部分组成。其中,光路部分包括超发光二极管光源、偏振器、光探测器、光纤线圈、光纤耦合器和压电陶瓷(PZT)相位调制器等。从光源发出的光束经耦合器 2、偏振器和耦合器 1 分为两束,在光纤线圈中分别沿顺时针和逆时针方向传播,然后在耦合器 1 上再次会合,发生干涉。干涉光经过偏振器、耦合器 2 达到光探测器组件,转换为电信号,随后进行放大、滤波和解调,最终解算出转动角速度 Ω。

由于各种性能的光纤陀螺可以采用同样的基本元件和组装技术,只要增减光纤线圈的直径或长度,就可以改变其测量范围,无需重新设计。对于某些应用,要求有较大的工作范围,可以采用长度较短、直径较小的线圈。这种结构设计的灵活性是干涉型光纤陀螺技术的一个重要优点。

开环光纤陀螺的输出信号是转动角速度的正弦函数,导致陀螺的测量范围有限、线性度较差等缺陷。为了进一步提高光纤陀螺的动态测量范围和线性度,在开环结构的基础上,增加一个伺服控制回路,进行闭环测量,这就是所谓的闭环光纤陀螺,其工作原理如图 3-3-15 所示。

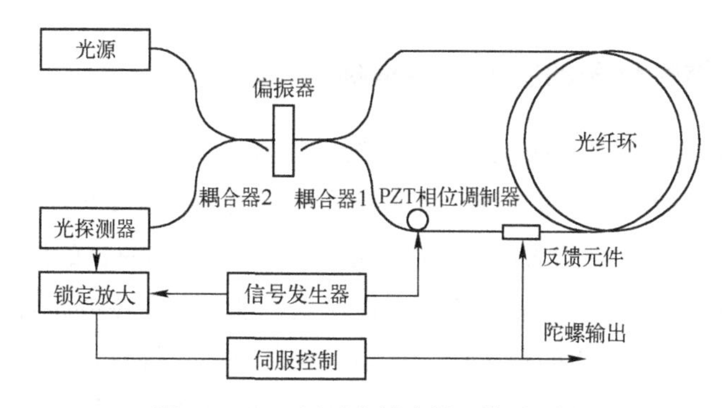

图 3-3-15 闭环光纤陀螺工作原理图

对于闭环光纤陀螺,还需要在陀螺的光纤环一端加入一个反馈控制元件,使两束反向传播的光波之间引入一个反馈相移(ϕ_{FB})来响应转动角速度 Ω。ϕ_{FB}与ϕ_s幅值相同,符号相反,因而可以补偿旋转引起的萨格奈克相移。在这种方法中,不管旋转角速度是多少,干涉光波之间的总相位差始终为常值(例如,$\phi_{FB}+\phi_s=0$)。检测出满足这一条件所引入的反馈相位 ϕ_{FB},将其作为陀螺仪的输出。由于检测的是与旋转角速度成线性比例的萨格奈克相移,因此,闭环光纤陀螺对旋转角速度的响应基本上是线性的。与开环光纤陀螺相比,闭环光纤陀螺的一个主要优势是角速度测量范围大,输出线性度好。

随着光电技术的进步,目前实际的闭环光纤陀螺结构中,采用一个多功能的集成光学器件(称为 Y 波导器件)就可以实现图 3-3-15 中耦合器 1、偏振器、PZT 相位调制器和反馈控制元件的所有功能,如图 3-3-16 所示。

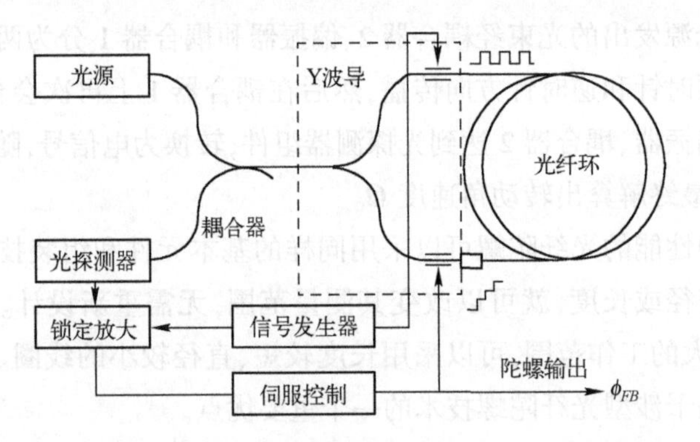

图 3-3-16 采用 Y 波导器件的闭环光纤陀螺工作原理图

随着光学器件技术的进步,谐振式光纤陀螺重新引起人们的关注,其特点是可以大幅度减少光纤环的光纤长度,有利于陀螺的小型化和一体化设计。关于谐振式光纤陀螺更加详细的介绍,感兴趣的读者可参阅相关文献。

3.3.3 惯性仪表的主要性能指标

惯性仪表的性能直接决定了惯导系统的性能。衡量惯性仪表性能优劣的技术指标大致可分为两类,即与测量精度相关的性能指标以及与环境适应性相关的性能指标。影响惯性仪表的误差因素很多,不同类型传感器的误差特性不同,其中零偏误差、标度因数误差是衡量惯性仪表性能的两个主要指标。零偏是指当输入为零时,惯性仪表的输出量。其物理意义是指惯性仪表输出值与输入真实值之间的零阶绝对偏差。一般以规定时间内测得的输出量均值与真实值之差来表示。标度因数是指惯性仪表输出量与输入量的比值。惯性仪表的输出量一般为不同形式的电信号,通过标度因数完成电信号和惯性信号的量纲转换。

理想情况下,惯性仪表的零偏和标度因数都应为常数。而实际中,零偏和标度因数不可避免地受不同因素的影响而发生变化。零偏误差和标度因数误差一般包含四个部分:常值项、逐次启动项、漂移项及随环境变化项。

(1) 常值项:每次启动都会存在的恒定不变项,可通过高精度转台等设备进行内场标定预先得到,并在正常工作中实时修正,因此是可以有效补偿的误差项。

(2) 逐次启动项:每次开机都不同,但一次开机过程中保持不变的项,代表了惯性仪表零偏或标度因数多次重复测量之间的一致程度。

(3) 漂移项:在一次开机过程中缓慢变化的项,代表了运行过程中输出量围绕其均值的离散程度。

(4) 随环境变化项:随外界环境如温度、磁场、动态性等条件变化而变化的项,代表了惯性传感器的环境适应性。

下面介绍陀螺仪和加速度计的主要性能指标。

1. 陀螺仪的主要性能指标

(1) 测量范围。一般指陀螺输入角速率从负最大值到正最大值的范围,测量范围越大表明陀螺敏感角速率的能力越强。最大输入角速率是指陀螺正反方向输入角速率的最大值,在此输入角速率范围内,陀螺标度因数非线性满足规定的要求。

(2) 零偏。在陀螺静止时,陀螺仪仍会输出信号。当输入角速率为零时,陀螺仪的输出量以规定时间内测得的输出量平均值相应的等效输入角速率来表示,单位(°)/h。在角速度输入为零时,陀螺仪的输出是一条复合白噪声信号缓慢变化的曲线,曲线的平均值就是零偏值。陀螺零偏可以通过标定进行补偿。

(3) 零偏稳定性。当输入角速率为零时,衡量陀螺仪输出量围绕其均值的离散程度,以规定时间内输出量的标准偏差相应的等效输入角速率表示,也可称为零漂,单位为(°)/h。在整个性能指标集中,零偏稳定性是评价陀螺仪性能优劣的最重要指标。

(4) 零偏重复性。在同样条件下及规定间隔时间内,重复测量陀螺仪零偏之间的一致程度,以各次测试所得零偏的标准偏差表示,单位为(°)/h。零偏重复性反映了陀螺逐次启动时的性能差别,决定了是否需要对零偏进行在线标定。

(5) 零偏温度灵敏度。相对于室温零偏,由温度变化引起的陀螺仪零偏变化量与温度变化量之比,一般取最大值表示,单位为(°)/h/℃,表征了零偏受环境温度的影响程度。

(6) 零偏磁场灵敏度。由磁场引起的陀螺仪零偏变化量与磁场强度之比,单位为(°)/h/mT,表征了零偏受环境磁场的影响程度。

(7) 标度因数。陀螺仪输出量与输入量之比。对于光学陀螺,它与闭合环路面积成正比,与光路总长度和工作波长成反比,单位为 $P/('')$,其中 P 表示脉冲数,标度因数越大,灵敏度越高。

(8) 标度因数重复性。在同样条件下及规定间隔时间内,重复测量陀螺仪标度因数之间的一致程度。以各次测试所得标度因数的标准偏差与其平均值之比表示,单位为 ppm。标度因数重复性对陀螺精度有重要影响。

(9) 标度因数非线性度。在输入角速率范围内,陀螺仪输出量与输入量的比值相对于标度因数的最大偏差与标度因数之比,单位为 ppm。表征了陀螺仪实际输入和输出数据的偏离程度,决定了线性拟合数据的可信度。标度因数非线性度大,则线性拟合数据的可信度低。

(10) 标度因数不对称度。在输入角速度范围内,陀螺仪正、反方向输入角速率的标度因数差值与其平均值之比,单位为 ppm。标度因数不对称度对线性拟合数据的可信度也有影响。

(11) 标度因数温度灵敏度。相对于室温标度因数,由温度变化引起的陀螺仪标度因数相对变化量与温度变化量之比,一般取最大值表示,单位为 ppm/℃或%/℃,表征了标度因数受环境温度影响的程度。

(12) 随机游走系数。由白噪声产生的随时间累积的陀螺仪随机角误差系数,单位为$(°)/h^{1/2}$。它反映的是陀螺仪输出的角速度积分(角度)随时间积累的不确定性(角度随机误差)。

2. 加速度计的主要性能指标

(1) 测量范围。一般指加速度计输入加速度从负最大值到正最大值的范围,测量范围越大表明加速度计敏感加速度的能力越强。最大输入加速度是指加速度计正反方向输入加速度的最大值,在此输入加速度范围内,加速度计标度因数指标满足规定的要求。

(2) 零偏。当输入加速度为零时,加速度计的输出量,单位为 g。加速度计零偏可以通过标定进行补偿。

(3) 零偏稳定性。当输入加速度为零时,衡量加速度计输出量围绕其均值的离散程度,单位为 mg 或 μg。在整个性能指标集中,零偏稳定性是评价加速度计性能优劣的最重要指标。

(4) 零偏重复性。在同样条件下及规定间隔时间内，重复测量加速度计零偏之间的一致程度，以各次测试所得零偏的标准偏差表示，单位为 mg 或 μg。零偏重复性反映了加速度计逐次启动时的性能差别，决定了是否需要对零偏进行在线标定。

(5) 标度因数。加速度计输出量与输入量之比，单位为 mA/g 或 P/s 等，其中 P 表示脉冲数。标度因数越大，灵敏度越高。

(6) 标度因数重复性。在同样条件下及规定间隔时间内，重复测量加速度计标度因数之间的一致程度。以各次测试所得标度因数的标准偏差与其平均值之比表示，ppm 或%。

(7) 二阶非线性系数。表示加速度计对输入加速度二次项的响应系数，单位为 g/g^2。

(8) 环境适应性指标。类似于陀螺仪，加速度计环境适应性指标也包含零偏温度灵敏度、零偏磁场灵敏度、标度因数温度灵敏度和标度因数磁场灵敏度等。此外，环境振动对陀螺仪和加速度计的性能指标也有影响。

在实际应用中，由于地球自转角速率约为 15(°)/h，其千分之一为 0.015(°)/h，习惯上，将精度达到 0.015(°)/h 的陀螺称为惯性级陀螺。这里的陀螺精度一般包含零偏重复性精度和零偏稳定性精度。导航级的加速度计精度一般要求零偏稳定性和零偏重复性优于 1×10^{-4}g。标度因数误差一般用 ppm(10^{-6})来表示。如激光陀螺的标度因数重复性低至 0.1~10ppm，而 MEMS 陀螺的标度因数误差较大，一般在 100ppm 以上。

3.4　惯性测量单元

惯性测量单元是惯性导航系统的核心部件。图 3-4-1 所示为典型惯性测量单元的主要构成，包括加速度计和陀螺仪，IMU 处理器，标定参数存储器，温度传感器和相关电源系统等。大多数 IMU 包含 3 个加速度计和 3 个单自由度陀螺仪，安装在 3 个正交敏感轴上。不过，也有一些 IMU 在斜交轴向上设计了冗余的惯性仪表，以保证在某一个传感器出现故障时，系统仍然能够正常工作。

首先，IMU 处理器需要对惯性仪表的输出进行量纲转换，对已知的误差项进行补偿，并根据输出量的范围检测传感器是否正常。所谓量纲转换，是指将惯性仪表的直接输出，比如电压差、电流或者脉冲信号，根据其说明文件提供的标度因数(或研制人员通过标定得出的标度因数)，转化为比力或角速率。其次，

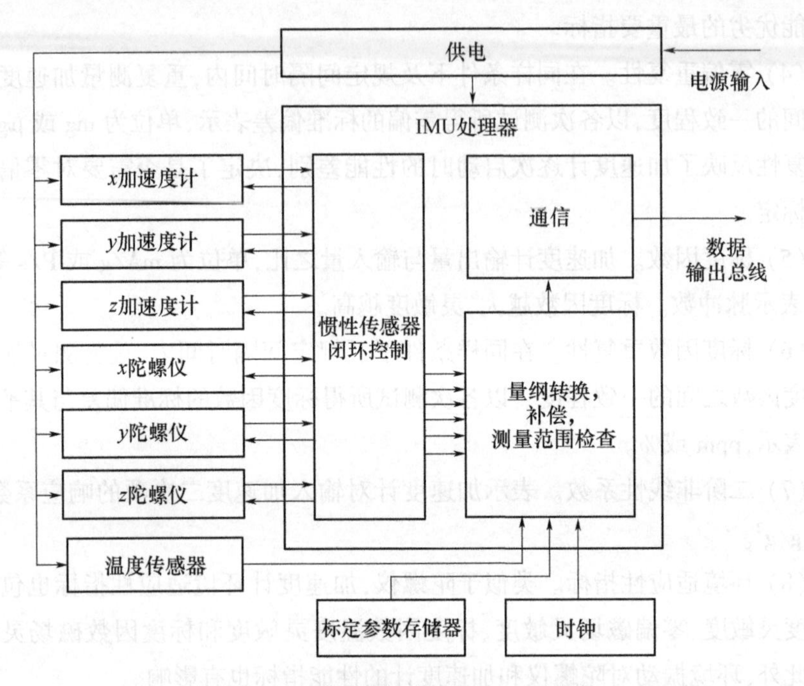

图 3-4-1 惯性测量单元(IMU)示意图

根据需要 IMU 处理器还可以对加速度计或陀螺仪提供闭环控制。然后,在采样周期内,对比力和角速率进行积分,得到速度和姿态增量,经过通信接口传输给导航处理器。IMU 处理器的典型输出频率在 100~1000Hz 之间。

惯性仪表的常值误差一般在内场进行标定,并存放在存储器中。实际工作时,IMU 处理器根据事先标定的误差结果,对传感器输出进行修正。标定参数一般包括加速度计和陀螺的零偏、标度因数误差、交叉耦合误差等。上述这些误差项都会随温度变化而变化,因此,需要在一定的温度范围实施标定。有时还需要在 IMU 中安装温度传感器,以便对于随温度变化的误差项进行温度补偿。对于某些高精度的 IMU,通常采取温度控制措施来代替温度补偿。

IMU 处理器的所有工作需要在统一的时间基准下完成,对于惯性导航系统与其他导航系统构成的组合导航系统而言, IMU 处理器还需要具备时间同步功能。

3.5 惯性导航计算机

惯性导航计算机的主要功能是实现惯性导航计算,结构组成如图 3-5-1 所示。

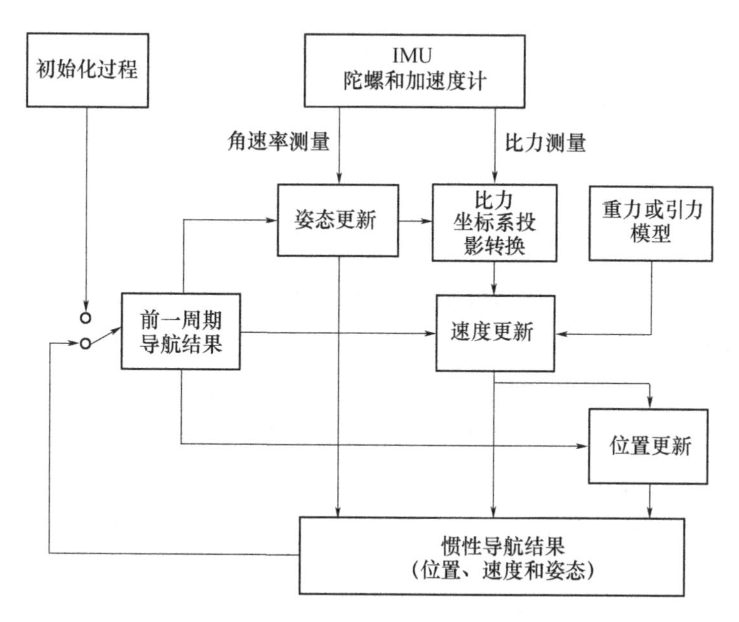

图 3-5-1 惯性导航计算机结构示意图

导航计算可以分为四步来完成,即姿态更新、比力坐标系投影转换、速度更新和位置更新。具体流程为:根据陀螺测得的角速度或角增量信号计算得到载体姿态(姿态更新);利用得到的姿态信息将由加速度计测得的比力或比力积分增量信号投影转换到合适的导航坐标系(投影转换),然后计算得到载体的速度信息(速度更新);对速度进行积分得到载体的位置信息(位置更新)。此外,将比力转化为载体加速度时,还需要用到重力或引力模型。从基本原理上讲,角速率测量值积分更新姿态,加速度积分更新速度,而速度积分则更新位置。

若取当地水平地理坐标系为导航坐标系 n,载体坐标系为 b,则姿态更新方程为

$$\dot{\boldsymbol{C}}_b^n = \boldsymbol{C}_b^n[\boldsymbol{\omega}_{nb}^b \times] \tag{3-5-1}$$

式中:$\boldsymbol{C}_b^n$ 为载体的姿态矩阵;$[\boldsymbol{\omega}_{nb}^b\times]$为由载体相对于导航坐标系的旋转角速率矢量$\boldsymbol{\omega}_{nb}^b$的元素构成的斜对称矩阵。

速度更新方程,即比力方程为

$$\dot{\boldsymbol{v}}_e^n = \boldsymbol{C}_b^n \boldsymbol{f}^b - (2\boldsymbol{\omega}_{ie}^n + \boldsymbol{\omega}_{en}^n) \times \boldsymbol{v}_e^n + \boldsymbol{g}^n \tag{3-5-2}$$

式中:$\boldsymbol{v}_e^n$ 为载体相对于地球的速度在导航坐标系的投影;$\boldsymbol{f}^b$ 是由三个加速度计

测量得到的比力矢量,通过姿态矩阵 C_b^n 把 f^b 投影到导航坐标系得到 f^n;ω_{ie}^n 为地球自转角速度在导航坐标系的投影;ω_{en}^n 为导航坐标系相对于地固坐标系的转移角速率;g^n 为当地重力矢量。

位置更新方程为

$$\dot{\varphi} = \frac{v_N}{R_0 + h}, \dot{\lambda} = \frac{v_E}{(R_0 + h)\cos\varphi}, \dot{h} = -v_D \tag{3-5-3}$$

式中:v_N, v_E, v_D 分别为北向、东向和地向的速度;R_0 为地球平均半径;φ、λ、h 分别为载体所在位置的经度、纬度和高程。

为了保证算法误差相对于由惯性仪表引入的误差而言可以忽略不计,这三个计算过程必须选择高精度的数值积分算法。在实际系统中,为了降低陀螺和加速度计的输出噪声对系统解算精度的影响,并且能够完全利用输出信息,陀螺和加速度计的输出一般采用增量形式,即加速度计输出为比力积分增量,陀螺输出为角增量。在此情况下,姿态解算和速度解算只能通过求解差分方程来完成。在高动态运行或恶劣振动环境下,刚体有限转动的不可交换性将会带来很大的负面效应,如圆锥效应和划摇效应(有时也称划船效应、划桨效应),前者引入姿态解算误差,后者引入速度解算误差,对应的姿态误差补偿方法称为圆锥算法,速度误差补偿方法称为划摇算法。

惯性导航计算是一个迭代计算过程,需要用到前一时刻的计算结果。因此,在INS正式工作前,必须对位置、速度和姿态进行初始化。惯性导航系统初始化的过程也称为对准,包括自对准、粗对准和精对准等。

3.6 初始化与对准

惯性导航系统(INS)通过对惯性仪表测量值的多次积分来计算导航结果,如图3-5-1所示。导航计算的每一次迭代,都需要利用前一次的导航结果作为其初始值。因此,在使用INS提供导航结果前,必须要对它进行初始化。初始位置和初始速度信息需要外部提供。初始姿态信息既可通过外部信息源提供,也可由INS自身通过敏感重力矢量和地球自转矢量来确定(自对准)。

如果载体静止或具有外部参考,惯性导航系统初始化的过程还常常伴随着一段时间(一般持续数分钟)的标校,这就是所谓的精对准。其主要目的在于减小姿态初始化误差。

3.6.1 位置和速度的初始化

惯性导航系统的初始位置和初始速度必须由外部信息提供。前次使用 INS 之后，如果载体的位置没有变化，那么前次存储的已知位置可以作为本次导航的初始位置。在连续导航过程中，为了防止导航结果产生的累积误差过大，在某些时刻还需要引入准确的外部位置参考对 INS 进行修正。

INS 的初始位置可以由其他导航系统提供。其他导航系统可能是另一个 INS、GNSS 的用户接收机或者地面无线电导航的用户设备等。此外，还可以将 INS 放置在预先测量好的已知位置点附近，或者移动到相对于某个地标的距离和角度都可测量的位置。不管采用哪种方式，均需测量 INS 和位置参考点之间的杆臂。如果仅知道载体系中的杆臂值，还需要利用 INS 的姿态将杆臂转换到参考位置的同一坐标系中予以表示。

保持 INS 对地静止，初始速度可以简单地设为 0。其他的导航系统，比如 GNSS、雷达、另外的 INS 等，都可以作为速度参考。采用其他导航系统的速度作为参考时，需要考虑杆臂和角速率，以便计算杆臂效应速度。

3.6.2 惯性导航系统的粗对准

载体静止时，除了由极低精度惯性器件构成的系统外，其他类型的 INS 均可采用自对准实现滚动角和俯仰角的初始化。如果方位角精确初始化也需采用自对准实现，则要求构成系统的陀螺具备导航级以上精度。

INS 在运动中对准时，必须由另外的导航系统提供姿态参考。例如，对于机载制导武器的 INS 而言，通常利用载机的主惯导信息对其进行初始化。对某些应用平台（舰船、航天器等）而言，实现外部姿态测量的另一选择是利用星体跟踪器、采用天文导航方法来确定姿态。不管采用哪种方案，INS 姿态初始化的精度取决于参考导航系统与 INS 之间的相对方向关系的精度，以及参考导航系统的姿态精度。

对大多数陆地车辆而言，车辆不转弯时可以假定行进的方向即为载体 x 轴方向。根据此假定，利用定位系统（比如 GNSS）测量的运动轨迹，可以对车载 INS 的俯仰角和航向角进行初始化。

INS 的自对准包含调平和罗经对准两个过程。前者初始化滚动角和俯仰角，后者则初始化方位角。一般先调平，然后进行罗经对准。

1. 调平的原理

当 INS 对地静止（或以固定速度行进）时，加速度计测量的比力仅由重力导致,且该比力方向与地球表面当地导航系地向的反方向近似重合,如图 3-6-1 所示。由于此时载体对地加速度为 0,因而,姿态矩阵 C_b^n 可以通过求解下面的方程得到:

$$f_{ib}^b = C_n^b g_b^n(L_b, b_b) \tag{3-6-1}$$

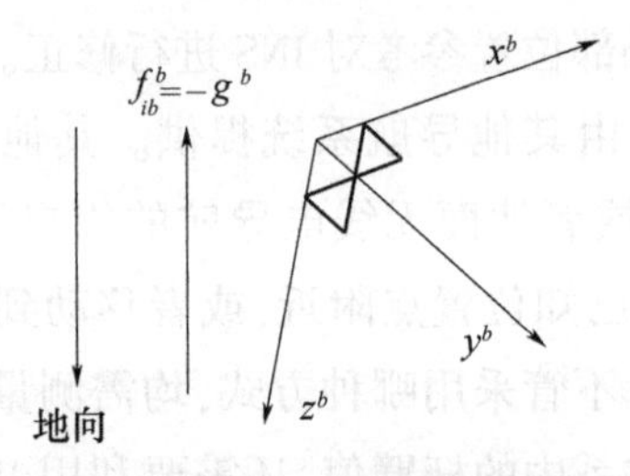

图 3-6-1 INS 调平原理图

取 C_b^n 的第三列,式(3-6-1)可以表示为欧拉角的形式,其中俯仰角为 θ_{nb},滚动角为 ϕ_{nb}:

$$\begin{pmatrix} f_{ib,x}^b \\ f_{ib,y}^b \\ f_{ib,z}^b \end{pmatrix} = \begin{pmatrix} \sin\theta_{nb} \\ -\cos\theta_{nb}\sin\phi_{nb} \\ -\cos\theta_{nb}\cos\phi_{nb} \end{pmatrix} g_{b,D}^n(L_b, b_b) \tag{3-6-2}$$

式中:$g_{b,D}^n$ 为由重力导致的地向加速度分量。式(3-6-2)为超定方程,因此,不需要知道重力,也不需要位置,便可确定俯仰角和滚动角。

$$\theta_{nb} = \arctan\left(\frac{-f_{ib,x}^b}{\sqrt{(f_{ib,y}^b)^2 + (f_{ib,z}^b)^2}}\right)$$

$$\phi_{nb} = \arctan2(-f_{ib,y}^b, -f_{ib,z}^b) \tag{3-6-3}$$

在 INS 相对地球静止时,调平的精度仅取决于加速度计的精度。例如,使用精度在$10^{-3}g$ 的加速度计,INS 的调平可以达到 1mrad 的水平姿态精度。机械振动、阵风以及人员活动等扰动因素,会影响调平精度。如果扰动可被平滑掉,则可通过对加速度计测量结果在数秒钟内取平均,消除其对调平过程的影响。

2. 罗经对准原理

当 INS 对地静止(或在惯性系中沿直线运动)时,INS 所敏感到的转动只有地球自转,且转动的方向为 ECEF 系的 z 轴方向。通过测量载体系中的地球自转,可以确定载体的方位,如图 3-6-2 所示。但值得注意的是,在非常接近地球南北两极的地区,由于重力矢量方向与地轴近乎重合,采用罗经对准方式难以确定方位。罗经对准方式有直接型和间接型两种。

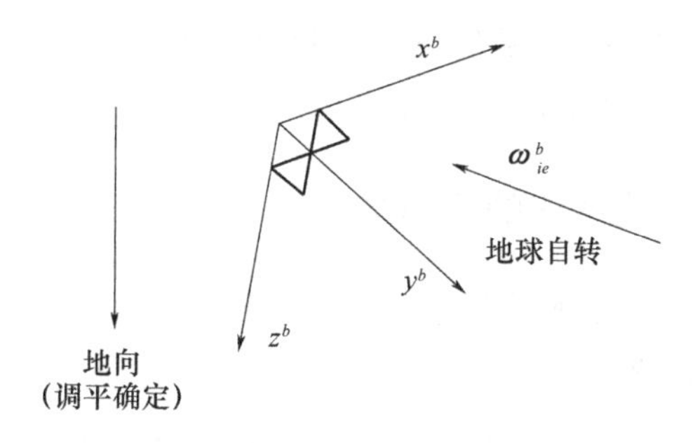

图3-6-2 INS罗经对准原理图

直接型罗经对准利用陀螺直接测量地球转动。由于载体对地转动角速度 $\boldsymbol{\omega}_{eb}^{\gamma}=0$,姿态矩阵 $\boldsymbol{C}_b^n$ 可以通过求解下面的方程得到:

$$\boldsymbol{\omega}_{ib}^b = \boldsymbol{C}_n^b \boldsymbol{C}_e^n(L_b,\lambda_b)\begin{pmatrix}0\\0\\\omega_{ie}\end{pmatrix} \tag{3-6-4}$$

其中,滚动角和俯仰角已经通过调平方法获取。

在当地导航坐标系中,地球自转角速度矢量在东向没有分量,据此,罗经对准时可以不需要事先获取位置。取 $\boldsymbol{C}_n^b$ 的第二列,代入式(3-6-4),重新整理,可以得到利用滚动角、俯仰角以及陀螺测量值表示的方位角 ψ_{nb}:

$$\begin{aligned}\psi_{nb} &= \arctan2(\sin\psi_{nb},\cos\psi_{nb})\\ \sin\psi_{nb} &= -\omega_{ib,y}^b\cos\phi_{nb}+\omega_{ib,z}^b\sin\phi_{nb}\\ \cos\psi_{nb} &= \omega_{ib,x}^b\cos\theta_{nb}+\omega_{ib,y}^b\sin\phi_{nb}\sin\theta_{nb}+\omega_{ib,z}^b\cos\phi_{nb}\sin\theta_{nb}\end{aligned} \tag{3-6-5}$$

存在干扰角运动时,直接型罗经对准中的陀螺测量值必须按时间平均。然而,即便是小量级的角振动,产生的角速率也远大于地球自转角速率。INS安装在任何载体上,采用直接罗经对准可能都需要数小时的平均时间。因而,使用直接型罗经对准方法往往会受到限制。

间接型罗经对准是利用陀螺测量计算出相对姿态,利用该姿态将比力测量值转换到惯性投影坐标系。在惯性系投影的重力矢量绕地轴旋转,从而可以确定地轴的方向。这一过程一般需要2~10min,具体时间长短取决于线振动和扰动的量级,以及要求达到的对准精度。间接型罗经对准一般与精对准一起使用。

罗经对准的精度取决于陀螺仪的性能。如果取地球自转角速度 $\omega_{ie}\approx 7\times$

10^{-5}rad/s,要获得1mrad的方位对准精度,则陀螺仪的精度(即零偏稳定性)需要在7×10^{-8}rad/s(或0.01(°)/h)的水平。显然,如果INS采用精度低于5(°)/h的陀螺仪,那么它根本不具备罗经对准的能力。值得注意的是滚动角和俯仰角的初始化精度,也会影响方位对准精度。

3.6.3 惯性导航系统的精对准

对高精度需求的应用领域而言,绝大多数情况下均要求惯性导航系统的姿态精度达到1mrad或者更高水平。但是,大部分粗对准技术都不能满足这一精度要求。因而,在初始对准之后,有必要进一步对姿态进行校准,也就是所谓的精对准。精对准技术可以通过测量速度误差的增长,间接敏感粗对准之后剩余的姿态误差。例如,1mrad的俯仰或滚动姿态误差,导致重力加速度投影产生误差,可能会引起水平速度误差以10mm/s^2的变化率增长。

精对准方法主要有三种:一种是准静态精对准,它假设INS的位置已知且对地静止,利用零速修正或零速度积分更新,实现精对准;另一种是GNSS精对准,它利用GNSS提供的位置和速度信息实现对准,该过程既可在对准阶段实施,也可在导航阶段进行;第三种是传递对准,它利用另外的INS或INS/GNSS组合系统提供的位置或速度信息(有时也会用到姿态信息),实现本地INS的精对准。对于机载或舰载等武器平台携带的制导武器而言,通常是利用平台使用的INS作为传递对准的"主惯导"。传递对准一般是在制导武器INS上电之后、发射之前实施。

绝大多数精对准算法在开始运行时,INS的位置、速度和姿态都概略已知。这对于确定系统误差如何随时间变化以及如何实施模型简化(比如小角度近似)都很重要。不管哪类精对准方法,都是将INS的输出与外部参考值之差作为观测量,输入给估计算法,比如卡尔曼滤波器,以标校出INS准确的速度、姿态等导航参数,有时也标校位置。至于具体标校哪些导航参数,取决于选择何种测量值。对准过程中,往往也一并估计出惯性传感器的误差,比如加速度计和陀螺的零偏。

采用何种精对准方法最为合适,取决于具体应用。如果INS在地面上静止,采用准静态精对准方法最合适,因为噪声水平最低。针对飞行对准应用,如果要在传递对准和GNSS对准二者中选择,那么利用INS/GNSS作为参考的传递对准方法是首选。原因在于,该方案结合了INS短期精度高、更新频率快和GNSS长期精度高的优点。如果既不能用GNSS对准,也不能用传递对准，还可以利用其他传感器进行对准，比如机载多普勒雷达、车载里程计等。

3.7 惯性导航系统的主要性能指标

3.7.1 精度指标

惯性导航系统的输出主要包括载体的姿态、速度和位置等导航参数。惯性导航系统的性能指标通常用输出导航参数的精确程度来衡量。

惯性导航系统精度评定，包括位置、首向、横摇（或横滚）、纵摇（或俯仰）以及速度5个导航参数的精度评定。姿态测量精度和速度测量精度一般用一次或多次测量过程中，多个采样误差的均方根值来表示。

二维位置精度一般用一次或多次测量过程中，多个位置采样误差径向误差的圆概率误差半径用R来表示，其物理含义是在以真实位置为圆心的圆内，偏离圆心概率为50%的二维点位离散分布度量，即位置参数输出结果的50%在圆半径R内、50%在圆半径R外。二维位置精度指标的常用单位是海里/小时。海里原是航海中的长度单位，指地球子午线上地理纬度1′对应的地球表面的弧线长度。由于地球略成椭球体状，不同纬度出的子午圈主曲率半径并不完全相同，1′弧长稍有差异。国际上采用1852m作为标准海里长度，海里的英文缩写为nm，即有1nm=1852m。在惯性导航技术领域，将导航精度优于1nm/h的系统称为导航级系统，此时，通常要求陀螺仪的精度优于0.01(°)/h、加速度计的精度优于1×10^{-4}g。

1. 定位精度

系统定位精度用径向误差率的圆概率误差半径(R)衡量，圆概率误差半径(R)按式(3-7-1)计算。

$$R = K\sqrt{\frac{1}{n}\sum_{i=1}^{n}\frac{1}{m_i}\sum_{j=1}^{m_i}RER^2(t_{ij})} \tag{3-7-1}$$

式中：R为圆概率误差半径；K为系数，例如，计算通常专用技术规范中所规定的50%圆概率误差半径时，K=0.83；计算95%圆概率误差半径时，K=1.73，n为有效试验次数；m_i为第i次试验数据采样点数；$RER(t_{ij})$为第i次试验第j个采样点的径向误差率，按式(3-7-2)计算。

$$RER(t_{ij}) = \frac{1}{T_{ij}}\sqrt{(\Delta\varphi_{ij})^2 + (\Delta\lambda_{ij}\cos\varphi_{ij})^2} \tag{3-7-2}$$

式中:T_{ij}为第i次试验,系统从零时刻至第j个采样时刻所经过的导航时间,单位用h表示;$\Delta\varphi_{ij}$为第i次试验第j个采样时刻的纬度误差,单位用(′)表示;$\Delta\lambda_{ij}$为第i次试验第j个采样时刻的经度误差,单位用(′)表示;φ_{ij}为第i次试验第j个采样时刻的纬度观测值,单位用(°)表示。

2. 航向精度

系统航向精度用航向误差值RMS_H来表示。除非另有规定,RMS_H值按下面公式计算,即

$$RMS_H = \sqrt{\frac{1}{n}\sum_{i=1}^{n}\frac{1}{m_i}\sum_{j=1}^{m_i}\Delta H_{ij}^2} \tag{3-7-3}$$

式中:RMS_H为多个采样时刻航向误差的平方平均均方根值,单位用(′)表示;ΔH_{ij}为第i次试验第j个采样时刻的航向误差,单位用(′)表示;m_i为第i次试验数据采样点数;n为有效试验次数。

3. 横摇(或横滚)精度

系统横摇(或横滚)精度用横摇(或横滚)误差RMS_θ值来表示。RMS_θ值的计算公式如下:

$$RMS_\theta = \sqrt{\frac{1}{n}\sum_{i=1}^{n}\frac{1}{m_i}\sum_{j=1}^{m_i}\Delta\theta_{ij}^2} \tag{3-7-4}$$

式中:RMS_θ为多个采样时刻横摇(或横滚)误差的平方平均均方根值,单位用(′)或(″)表示;$\Delta\theta_{ij}$为第i次试验第j个采样时刻的横摇(或横滚)误差,单位用(′)或(″)表示;m_i为第i次试验数据采样点数;n为有效试验次数。

4. 纵摇(或俯仰)精度

系统纵摇(或俯仰)精度用纵摇(或俯仰)误差RMS_ψ来表示。RMS_ψ值的计算公式如下:

$$RMS_\psi = \sqrt{\frac{1}{n}\sum_{i=1}^{n}\frac{1}{m_i}\sum_{j=1}^{m_i}\Delta\psi_{ij}^2} \tag{3-7-5}$$

式中:RMS_ψ为多个采样时刻纵摇(或俯仰)误差的平方平均均方根值,单位用(′)或(″)表示;$\Delta\psi_{ij}$为第i次试验第j个采样时刻的纵摇(或俯仰)误差,单位用(′)或(″)表示;m_i为第i次试验数据采样点数;n为有效试验次数。

5. 速度精度

系统速度精度由系统速度误差RMS_v来表示。RMS_v值计算公式如下:

$$RMS_v = \sqrt{\frac{1}{n}\sum_{i=1}^{n}\frac{1}{m_i}\sum_{j=1}^{m_i}\Delta V_{ij}^2} \tag{3-7-6}$$

式中：RMS_v 为多个采样时刻速度误差的平方平均均方根值，单位用 K_n 或 m/s 表示；ΔV_{ij}为第 i 次试验第 j 个采样时刻的速度误差，单位用 K_n 或 m/s 表示；m_i 为第 i 次试验数据采样点数；n 为有效试验次数。

3.7.2 环境适应性指标

惯性导航系统的环境适应性是指，系统在其寿命期预计可能遇到的各种环境的作用下，能实现其所预定功能和性能和/或不被破坏的能力，它是导航系统的重要质量特性之一。环境因素对装备使用效能发挥的影响很大，它和可靠性、维修性、保障性、测试性、安全性构成了导航系统重要的质量特性。环境适应性简单地说就是系统在预定的所有环境中功能和性能保持正常状态的能力。

环境条件主要指在装备的运输、贮存和使用过程中可能会对其能力产生影响的环境应力。它分为：

（1）自然环境，指在自然界中由非人为因素构成的那部分环境。通常包括：①气候环境，如温度辐射、大气压力、降雨量、湿度、臭氧、盐雾、风、霜冻、雾等；②地形环境，如标高、地面等高形、土壤、地上水、地下水、植物和昆虫、微生物等；③辐射条件，如电场、磁场以及其他射线的辐射等；④生物条件如霉菌等。

（2）诱发环境，指任何人为活动、平台及其他设备或设备自身产生的局部环境，通常包括：①平台环境，指装备连接或装载于某一平台后经受的环境，受平台和平台环境控制系统诱发或改变的环境条件影响。②感应环境，包括冲击波、振动、加速度、核辐射、电磁辐射、空气污染物质、噪声、热能、变化了的生态等。其他环境如运输、使用、操作、维护等。

惯性仪表和惯性导航系统的环境适应性指标要根据其应用环境要求来定，常用的环境适应性指标有：

（1）温度环境：高温贮存环境、低温贮存环境，高温工作环境，低温工作环境，高温短时工作环境，温度冲击环境，温度变化环境。

（2）压力环境：高原或高空贮存环境、高原或高空工作环境、快速减压环境、爆炸减压环境、水压环境、其他环境。

（3）盐雾环境。

（4）湿热环境：恒定湿热环境、交变湿热环境。

（5）生物环境：霉菌环境、生物污损环境、其他生物环境。

（6）水环境：有风源淋雨环境、防水性环境、浸渍环境、潮差环境、飞溅环境。

（7）太阳辐射环境：太阳辐射引起的热环境、长期太阳辐射引起的光老化环境。

(8) 砂尘环境:吹砂环境、吹尘环境、降尘环境。

(9) 爆炸大气环境:直接暴露于爆炸大气环境、间接(有外壳隔离)暴露于爆炸大气环境。

(10) 加速度环境。

(11) 冲击环境:一般机械冲击环境、弹道冲击环境、爆炸分离冲击环境、舰船冲击环境。

(12) 振动环境:运输振动环境、使用振动环境、其他振动环境。

(13) 噪声环境。

环境适应性是通过设计纳入产品,通过试验来得到提高和进行验证,通过一系列的环境管理措施来得到保证。环境适应性验证一般采用试验室试验方法,也可采用分析法,包括相似产品比较分析和仿真方法,可以通过现场使用验证。试验方法可以直接采用GJB150《军用设备环境试验方法》或其他有关标准中规定的相应试验程序进行或适当剪裁后进行。

参考文献

[1] 高钟毓. 惯性导航系统技术[M]. 北京:清华大学出版社,2012.

[2] 张维叙. 光纤陀螺及其应用[M]. 北京:国防工业出版社,2008.

[3] 杨培根,等. 光电惯性技术[M]. 北京:兵器工业出版社,1999.

[4] 李涛,等,译. GNSS与惯性及多传感器组合导航系统原理[M]. 北京:国防工业出版社,2008.

第4章　无线电导航

无线电导航是利用无线电技术测量运动载体的导航参数,具有不受时间和气候的限制、定位精度高、设备简单、使用方便、用途广泛等诸多优点,主要缺点是易受自然或人为的干扰。无线电导航系统主要由设在陆地的导航台和运动载体上的导航装置组成,两者通过无线电波相联系。本章主要介绍无线电导航的一些基本知识,包括基本原理、系统分类、工作流程、典型的无线电导航系统等内容。

4.1　无线电导航的基本原理

无线电导航的过程就是利用无线电导航信号的电参量特性,测量出运动载体相对于导航台的方向、距离、距离差等导航参量,进而确定其空间位置和速度。

4.1.1　无线电导航系统组成与工作流程

无线电导航系统主要由四个主要部分组成:发射部分、传输部分、接收部分和数据处理部分。无线电导航系统的工作流程如图4-1-1所示。

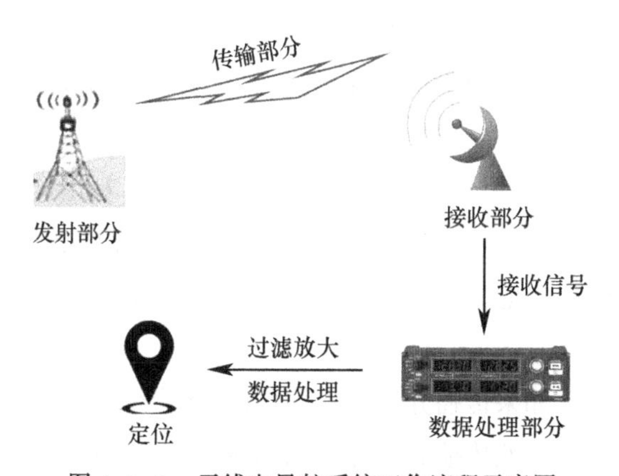

图4-1-1　无线电导航系统工作流程示意图

发射部分的工作主要由导航台完成。导航台可以设在陆地上,也可以设在舰船和飞机等移动载体上,甚至可以设在卫星上。导航台根据导航系统的要求产生无线电导航信号并发射出去,经过传输部分到达各个接收点。传输部分由各种媒质组成,如大气。由于电波传播的特性,导航信号经过传输部分后其信号强度可能会受到很大的损耗。接收部分主要由导航用户设备组成,经过信号匹配接收后,进入数据处理部分,对信号进行滤波、放大和处理等工作,最后转化为定位或测速信息。

4.1.2 无线电导航信号的传播

无线电导航是建立在无线电波传播基础上的。所谓无线电波传播是指由发射部分天线所辐射的无线电波,通过自然条件下的媒质到达接收设备天线的过程。在传播过程中,电波有可能受到反射、折射、绕射、散射以及吸收等影响,进而引起无线电导航信号的畸变与传播速度的变化。下面简要介绍无线电波传播的基本知识。

1. 无线电波传播的特性

无线电波传播的物理特性主要体现在以下几个方面。

(1) 直线传播特性。在理想均匀媒质中,无线电波是直线传播。利用这个特性,可以进行目标辐射电波方向的测定,这是实现无线电测向的理论基础。

(2) 等速传播特性。在理想均匀媒质中,无线电波传播的速度是常数。比如,在自由空间的传播速度为299792.45km/s。利用这个特性,可以通过测定电波传播的时间,得到传播距离,这是实施无线电测距、测距离差、测距离和的理论基础。

(3) 反射特性。电波在任何两种媒质的边界上必然产生反射,部分电波被介质表面反射回原介质。利用这个特性,可以发现和搜索目标,也可以确定目标的方向和距离,这是实施导航雷达的理论基础。此外,地基导航台发射的无线电波经电离层反射后,入射波和反射波在同一铅垂面内。利用这个特性,可以克服地球曲率对电波传播的影响,实施天波导航,扩大导航系统的作用距离。

(4) 折射特性。当电波从一种介质斜射入另一种介质时,传播方向会发生变化。

(5) 散射特性。如果传播介质是不均匀的,将会引起电波向四周传播。

(6) 绕射特性。电波传播到物体边沿后通过散射特性会继续向空间发射。换句话说,绕射特性是指在传播过程中遇到障碍时,电波会改变直线传播而绕过障碍物继续传播的特性。

(7) 吸收特性。特殊的材料可以将电波的能量转化成其他形式的能量,即电波的能量可以被吸收的特性。

2. 无线电导航信号的电参量

通常，将无线电导航信号的传输形式表示为

$$s(t) = a\sin(\varphi + \omega t) \tag{4-1-1}$$

式中：a 为信号的振幅；φ 为信号的初始相位；ω 为信号的角频率；t 为信号的传输时间；$\psi = \varphi + \omega t$ 则为信号在 t 时刻的相位。

上述5个参量称为无线电信号的有效资源。实际上整个无线电导航的运作过程就是怎样合理利用这些有效资源的过程，也就是将这些有效资源，通过发射、传输、接收、处理并转换成接收点相对于导航台站坐标的导航几何参量，再根据无线电导航的几何定位原理得到用户的位置。

在无线电导航中，测量并判断出无线电信号的振幅信息，可以得到运动体方向信息。频率信息是无线电导航信号的基本特征，利用频率测量出发射信号的多普勒频移，并将其积分，可以得到相应时间间隔观测点与发射点之间的距离信息；利用无线电信号的时间信息，根据无线电波直线和等速传播特性，可以测量出用户观测点与多个导航台站之间的距离、距离差；同样，利用无线电信号的相位信息，也可以测量距离、距离差；利用无线电信号的初始相位信息，系统可以根据起始信号的正、负电平，实现导航信号的编码调制，为用户的相关接收提供依据。

3. 无线电波频段的划分

无线电波是一种电磁波，在自由空间（包括大气和真空）传播的频率在几Hz到几千GHz的频段范围内。通常，按照无线电波的不同用途，将无线电波的频率划分为不同的频段，如表4-1-1所列。

表4-1-1　无线电波频段的划分

序号	频段名称	频率范围	波段名称	主要应用领域
1	极低频	3~30Hz	极长波	水下通信 地下通信
2	超低频	30~300Hz	超长波	
3	特低频	300~3000Hz	特长波	地质勘探 地震预警
4	甚低频(VLF)	3~30kHz	甚长波	长距离导航
5	低频(LF)	30~300kHz	长波	长距离无线电 民航战略通信
6	中频(MF)	300~3000kHz	中波	中等距离广播
7	高频(HF)	3~30MHz	短波	全球广播

(续)

序号	频段名称	频率范围	波段名称	主要应用领域
8	甚高频(VHF)	30~300MHz	米波	中短距离移动通信、视频广播
9	特高频(UHF)	300~3000MHz	分米波	中短距离移动通信、视频广播、卫星通信
10	超高频(SHF)	3~30GHz	厘米波	中短距离移动通信、视频广播、卫星通信
11	极高频(EHF)	30~300GHz	毫米波	中短距离移动通信、卫星通信
注:VLF:Very Low Frequency;MF:Middle Frequency;HF:High Frequency; UHF:Ultra-High Frequency;SHF:Super-High Frequency;EHF:Extremely-High Frequency;LF:Low Frequency;VHF:Very High Frequency				

4. 无线电波传播的主要方式

不同介质对不同频段的无线电波的传播有不同的影响,根据介质及不同介质分界面对电波传播产生的主要影响,电波传播分为地波传播、天波传播、视距波传播和波导模传播等几种主要方式。

地波传播是指天线发射出的电磁波沿地球表面传播的过程,此时,无线电信号的最大辐射方向是沿地面展开的。地波传播有如下规律:城市的钢筋混凝土建筑、森林、湖泊、海洋等介质对电波有吸收作用,其中海水的吸收作用最小;地波在同一介质中传播时,衰减程度随频率的升高而增大,地面对低频电波的吸收较少,因此,地波通常采用中、长波传输。目前,潜艇的无线电导航和通信一般都采用长波段的地波传输。

天波传播是指由地面发射的无线电波,在高空被电离层反射后返回地面的传播方式。显然,天波传播方式可以扩大无线电导航系统的作用距离,但由于电离层实际上是一种随机、色散、各向异性的介质,电波在其中传播时会产生各种效应,例如,多路径传播、多普勒频移、非相干散射等,都会对传输信号产生较大影响,对提高导航精度不利。因此,高精度无线电导航系统一般不采用天波传输方式。

视距波传播是指在发射天线和接收天线之间能相互"通视"的距离内,电波直接从发射点传播到接收点的一种传播方式。受地球曲率的影响,电波在地球表面的传播距离一般只有几十千米,为了增大传播距离,通常采用加高天线高度或中继方式,例如,把发射天线建于高山顶上,或者像手机通信那样建设许多中继转发站,构成"蜂窝"状通信覆盖网等。按照无线电波的发射点和接收点所处的空间位置的不同,视距波通常有地面与地面、地面与空间、空间与空间等传播方式。卫星导航与通信技术的出现为视距波开辟了新的应用领域。地面与卫星之间的视距波传播,需要穿过电离层和对流层,电离层分布在离地面几十千米至几百千米的区域,而对流层则分布在离地面几十千米以下的区域。电波在电离层和对流层中的传播特性与其在真空中的传播特性不同,会产生折射效应,需要进行修正。

波导模传播是指电波在电离层下缘与地面构成的同心球壳形波导内的传播,在甚低频频段,电波的波长与电离层的高度相当。波导模传播的主要特点是传播损耗小、相位稳定、作用距离可至全球。例如,"欧米伽"导航系统工作在甚低频频段,以波导模方式传播导航信号,仅用8个地面导航台就能够覆盖全球。

4.1.3 无线电导航定位的位置线与位置面

在无线电导航中,各种无线电导航系统的特点千差万别,但有一点是相同的,即都是通过接收和处理无线电信号来实现导航。不同的导航系统,无线电信号可以是振幅、频率、相位或延迟时间等电参量,然后再转换成为导航所需的几何参量,如接收点相对于导航台站的方位角、距离、距离差、距离和等。

通常把某种几何参量相等的点轨迹称作位置线。常见的位置线有直线、圆、双曲线、椭圆等,如图4-1-2所示。

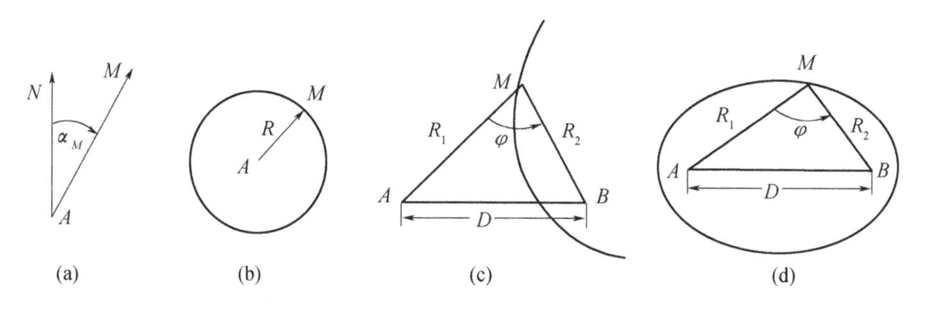

图4-1-2 无线电导航的位置线

(a) 直线; (b) 圆; (c) 双曲线; (d) 椭圆。

图4-1-2(a)是直线位置线,由方位角α_M相等的点形成的直线轨迹。其中A为参考点,AN为基准方向,通常取为北向。图4-1-2(b)是圆位置线,由运动点到导航台A的距离相等的点组成的圆轨迹。图4-1-2(c)是双曲线位置线,由运动点到两个导航台A与B的距离差相等的点组成的双曲线轨迹。图4-1-2(d)是椭圆位置线,由运动点到两个导航台A与B的距离和相等的点组成的椭圆轨迹。

如果要确定目标的空间位置,则某种几何参量是恒定的,其相应的轨迹可能为一个几何曲面,称为位置面。常见的位置面有平面、球面、双曲面、椭球面等。显然,利用上述的两条位置线或三个位置面,便可以唯一确定运动体在平面或空间的位置。根据两条位置线的交点来确定运动体位置的方法,通常称为平面定位法。显然,当运动体位于地球表面时,也可以利用两条位置线来定位,不过此时的位置线是位置面与地球这个椭球体的交线,皆变成了曲线。

依据位置线形状不同,无线电定位的方法也不同,常用的方法有测向法、测距定位法、测距差定位法、综合法定位、无线电测量高度法等。

1. 测向定位法

如图 4-1-3(a)所示,A 为参考点,AN 为地球子午线北向,若在运动体 P 上测得 A 点的方位角 α_A,则 AC 与真北方向的夹角为$180°+\alpha_A$。同理,在通过参考点 B 点作出另一条位置线 BD,对于地球表面的运动体,由两条位置线的交点可得到运动体的位置。在测向定位法中,位置线是以参考点为起点的经向线。在航海中,通常也将位置线称为船位线。

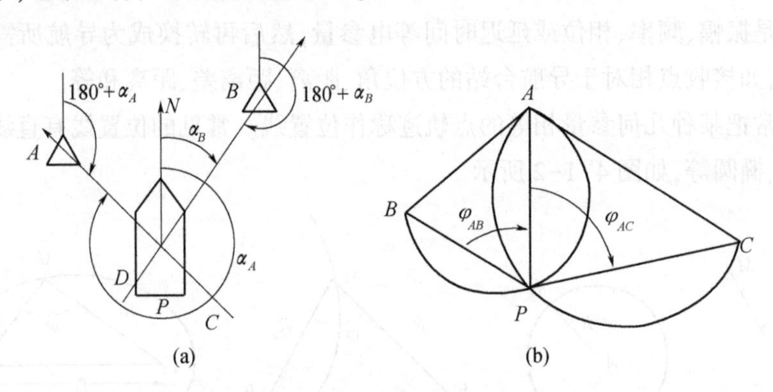

图 4-1-3　测向定位法示意图

显然,在上述测向定位法中,需要已知真北方向,当不能确定真北方向时,也可通过在运动体上观测两个参考点之间的夹角来确定位置线,如图 4-1-3(b)所示。这时的位置线是以参考 A、B 为弦、圆周角为 φ_{AB} 的圆弧。若同时测定三个参考点的夹角,便可以得到两条圆弧,由两条圆弧的交点也可以获得运动体的位置。

测向定位法的优点是设备简单,缺点是定位误差与运动体离导航台的距离成正比,因此,该方法通常用于近距离定位。

2. 测距定位法

在测距定位法中,所测量的几何参量是运动体与导航台之间的距离 R,所以位置线是以导航台为中心、以 R 为半径的圆。对于平面定位而言，只要从运动体上测得其相对两个导航台的距离，便可得到两条圆位置线，两条圆位置线的交点有两个，即 P_1 和 P_2，通过求解所谓的模糊度问题，便可确定两者中哪个是运动体的真实位置，如图 4-1-4 所示。

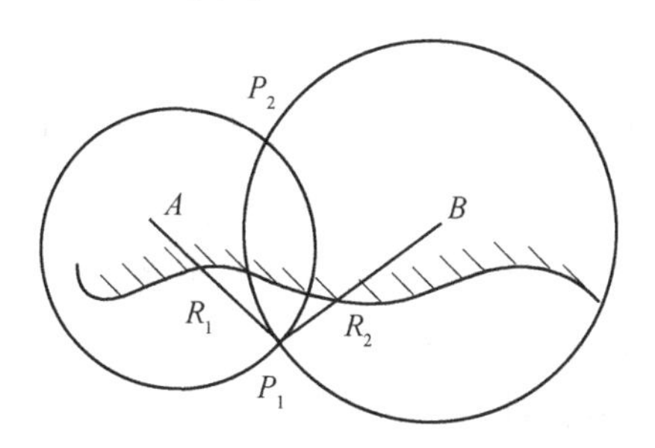

图 4-1-4　测距定位法示意图

用无线电技术测量距离的方法有很多种，最常用的是测量两点间电波传播的时间间隔以确定其距离。根据电波在均匀介质中等速直线传播的特点，两点间距离与电波传播的时间成正比，即

$$R = c \cdot \Delta t \tag{4-1-2}$$

式中：c 为电波传播的速度；Δt 为电波在两点间传播的时间。

因此，测出电波传播的时间 Δt，也就得到了两点间的距离 R。通过测量电波传播时间来测距的方法有单向测距法和双向测距法两种。

（1）单向测距法。该方法是直接测量电波在两点之间的传播时间，这就要求运动体的时钟与导航台的时钟长时间保持精确同步，这在实际工作中很难做到。解决这一难题的有效途径是多个导航台联合测距定位，即所谓的测伪距法。

测伪距法的基本思路是：多导航台以广播方式向外发射导航定位信息（或称导航电文），运动体接收到这些导航信息后，通过解联立方程组来确定自身的位置。

下面讨论怎样建立定位方程组。设 T_b 为标准时钟，T_d 为导航台时钟（在导航电文中提供），T_p 为运动体接收机时钟（由接收机提供），用下标 $i(i=1,2,3,\cdots,n)$ 表示导航台编号，R_i 为运动体到第 i 个导航台的距离，电波传播的时间为 Δt_i，则有

$$\Delta t_i = T_{bp} - T_{bi} \tag{4-1-3}$$

式中：T_{bp} 为接收时刻对应的标准时钟；T_{bi} 为第 i 个导航台发射时刻对应的标准时钟。

若记 $\delta t_{di} = T_{bi} - T_{di}$ 为第 i 个导航台相对于标准时钟的钟差（可以定期对此钟

差进行标校,并通过导航电文将钟差修正量发至用户),$\delta t_p = T_{bp} - T_p$ 为接收机相对标准时间的钟差(未知),$\delta t_{\rho i} = T_p - T_{di}$(已知,由接收机获得),根据式(4-1-3),有

$$\Delta t_i = (T_{bp} - T_p) - (T_{bi} - T_{di}) + (T_p - T_{di}) = \delta t_p - \delta t_{di} + \delta t_{\rho i} \tag{4-1-4}$$

两边乘以光速 c,并记 $\rho_i = c \cdot \delta t_{\rho i}$,$r_{di} = c \cdot \delta t_{di}$,$r_p = c \cdot \delta t_p$,则有

$$\rho_i = R_i + r_{di} - r_p \tag{4-1-5}$$

显然,在式(4-1-5)中,由接收机所获得的距离 ρ_i 并非运动体到第 i 个导航台的真实距离,所以称其为伪距,将式(4-1-5)称为伪距观测方程。因此,接收机获得的伪距除了运动体相对于导航台的真实距离(R_i)外,还包含了由导航台钟差和接收机钟差引起的等效距离误差(r_{di}和 r_p)。

对于平面定位而言,运动体的位置可用两个参量来描述,加上 r_p 一共有三个未知量,因此,只要接收机能同时接收到三个导航台发出的导航信息,联立求解三个伪距方程,便可以确定运动体的位置。

(2) 双向测距法。该方法实际上是测量电波往返两点之间的时间:当运动体需要定位时,向导航台发出询问信号,导航台在接收到这一信号后,随即发出应答信号,运动体接收到该应答信号,并与询问信号相比较,测出信号往返所经过的时间间隔(记为 ΔT)。如果将信号转发所耗时间记为 τ(对于同一台接收机,τ 一般为常量),则有 $\Delta T = 2\Delta t + \tau$,那么,根据式(4-1-2)有

$$R = c \cdot \frac{\Delta T - \tau}{2} \tag{4-1-6}$$

(3) 相位测距法。除了测量电波在两点间的传播时间来确定距离这种方法外,通过测量电波的相位,也可以测距,这是因为电波传播时,相位的变化与传播时间有关。

设 φ 为 t 时间间隔内电波信号的相位变化,ω 为信号振荡角频率,λ 为信号波长,则有

$$\varphi = \omega \cdot t = 2\pi \frac{c}{\lambda} \cdot \frac{R}{c} = \frac{2\pi}{\lambda} \cdot R \tag{4-1-7}$$

即

$$R = \frac{\lambda}{2\pi} \cdot \varphi \tag{4-1-8}$$

根据式(4-1-8),如果能够测量出 φ,也就能够得到电波传播的距离 R。在无线电导航中,测量相位的装置称为相位计。显然,为了测出相位变化值 φ,必

须使相位读数的起始值与发射电波起始的相位同步,并且需要一个频率与发射频率相同,且非常稳定的本振信号源。

相位测量可以通过测定接收机接收的导航信号与本机振荡器产生的参考信号的相位差来实现,如图4-1-5所示。

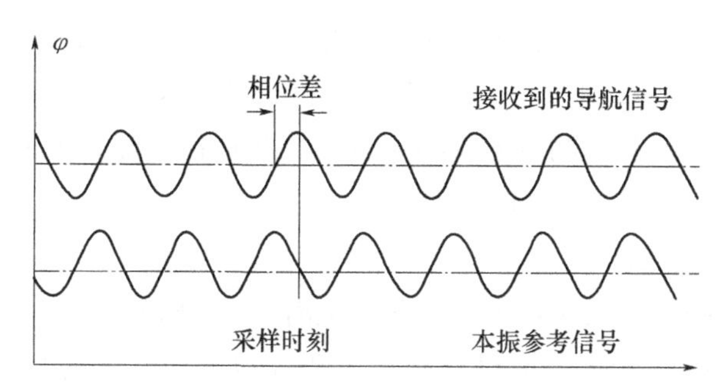

图4-1-5 相位测量示意图

测量这个相位差的方法为:将接收到的信号与本地信号进行混频,取得差频后得到中频信号,那么该中频信号的相位值即是所接收的信号与本机参考信号的相位差。因此,测定上述中频信号的相位值,即可得到所接收到的信号与本机参考信号的相位差,如图4-1-6所示。

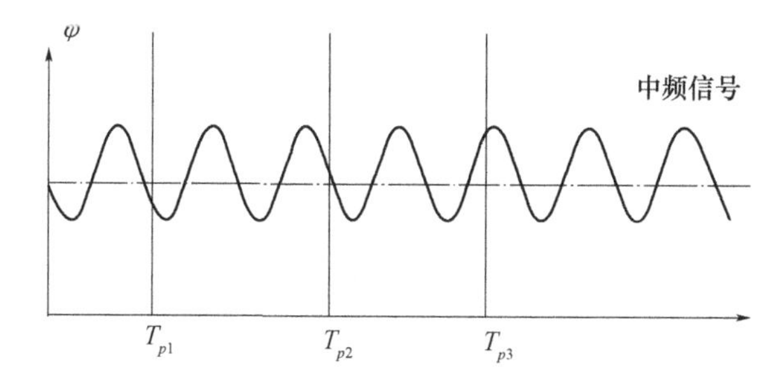

图4-1-6 中频信号的相位测量

在初始采样时刻T_{p0}仅能测定不足一周的小数部分,而整周数N_{p0}是无法测定的,通常称其为整周模糊度参数;在T_{p0}以后的T_{p1},T_{p2},…各时刻,既可测定不足一周的小数部分,也可测定T_{p0}至$T_{pi}(i=1,2,3,\cdots,n)$的整周数。各次相位测量中的整周数由计数器取得,整周以下的小数部分由通常的相位测量方法得到。

设接收机在接收机钟面T_p时刻接收到导航台发射的导航信号,则相位观测量值可以写成如下形式

$$\Phi_p(T_p)=\varphi_d(T_p)-\varphi_p(T_p)+N_{p0} \tag{4-1-9}$$

式中:$\varphi_d(T_p)$为接收机在T_p时刻所接收到的导航信号的相位值;$\varphi_p(T_p)$为在T_p

时刻接收机本地参考信号的相位值;$\Phi_p(T_p)$为所需要测定的混频后中频信号的相位值。

通过中频信号测定相位差,可进行连续相位测量。相位是周期性函数,一般的相位测量方法只能给出一周以内的相位值,如果对相位的整周变化进行计数(例如对正过0点进行计数),则自某一初始采样时刻以后就可以取得连续的相位测量值。显然,在式(4-1-9)中,确定整周模糊度参数N_{p0},即是所谓的求解整周模糊度问题,这对相位测量的成功与否以及测量精度都是至关重要的。关于整周模糊度的求解方法这里不再讨论。

3. 测距差定位法

在许多实际情况下,不需要直接测量距离,而是测量运动体与两个导航台的距离差。如图4-1-7所示,假设导航台A和B以脉冲波方式工作,在时间上是精确同步的,如果以发射信号瞬间为基准,运动体接收到导航台A和B发射来的信号延时分别为Δt_A和Δt_B,则有

$$\begin{aligned} R_A &= c \cdot \Delta t_A \\ R_B &= c \cdot \Delta t_B \end{aligned} \tag{4-1-10}$$

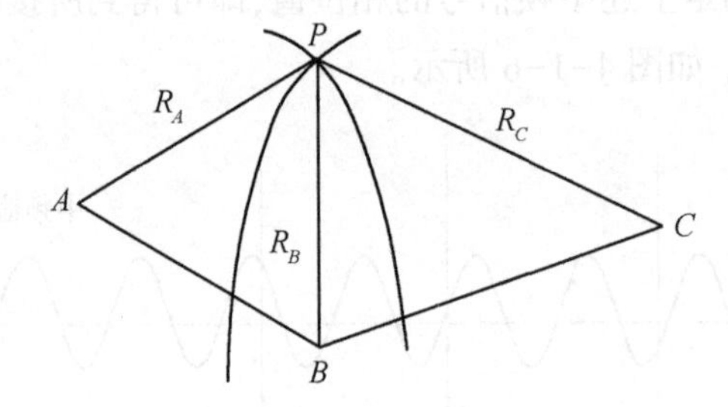

图4-1-7 测距离差定位法示意图

距离差为

$$\Delta R_{AB} = c \cdot (\Delta t_A - \Delta t_B) \triangleq c \cdot \Delta t_{AB} \tag{4-1-11}$$

显然,Δt_{AB}为导航台A与B同时发射出的信号到达运动体的时间差,可以由接收机精确地测得,进而避免了直接测量Δt_A和Δt_B的困难。如果运动体保持接收信号的时间差不变,即Δt_{AB}为常数,则运动体位于ΔR_{AB}为常数的双曲线位置线上,该双曲线的焦点为A和B。同理,如果再增加一个导航台C,测得距离差$\Delta R_{CB}=R_C-R_B$,可以得到以C和B为焦点的另一条双曲线位置线。两条位置线的交点P便是运动体的位置。这种方法又称为双曲线定位法。

此外,如果导航台A和B以连续波方式工作,发射信号的起始相位一致,接收信号的相位差为$\Delta\varphi_A$和$\Delta\varphi_B$,则有

$$R_A = \frac{\lambda}{2\pi} \cdot \Delta\varphi_A$$
$$R_B = \frac{\lambda}{2\pi} \cdot \Delta\varphi_B \tag{4-1-12}$$

那么距离差为

$$\Delta R_{AB} = \frac{\lambda}{2\pi} \cdot (\Delta\varphi_A - \Delta\varphi_B) \tag{4-1-13}$$

记 $\Delta\varphi_{AB}=\Delta\varphi_A-\Delta\varphi_B$。显然，$\Delta\varphi_{AB}$表示导航台 A 和 B 的发射信号到达运动体接收机的相位差，可由接收机直接测量，这样就避免了直接测量 $\Delta\varphi_A$ 和 $\Delta\varphi_B$ 的困难。同样，如果保持相位差 $\Delta\varphi_{AB}$不变，则也可以得到以 ΔR_{AB}为常数的一条双曲线位置线。如果再增加导航台 C，可以得到以 ΔR_{CB}为常数的另一条双曲线位置线。换句话说，通过测量相位差也能够确定运动体的位置。

4. 综合定位法

综合定位法的思路是：同时测量运动体相对某个导航台的几种不同的几何参量，例如距离与方位，从而得到几种不同形状的位置线，其中两条不同形状位置线的交点便是运动体的位置。如图 4-1-8 所示，运动体同时测得相对于导航台 A 的方位角 θ 和距离 R，得到一条直线和一条圆位置线，其交点 P 便是运动体的位置。原则上任何不同形状的位置线都可以组成相应的综合定位法，例如圆-双曲线方式、椭圆-双曲线方式等。但是，由于测量方法的可实现性、经济性和测量精度等方面的原因，上述方法到目前还没有成功应用的案例。

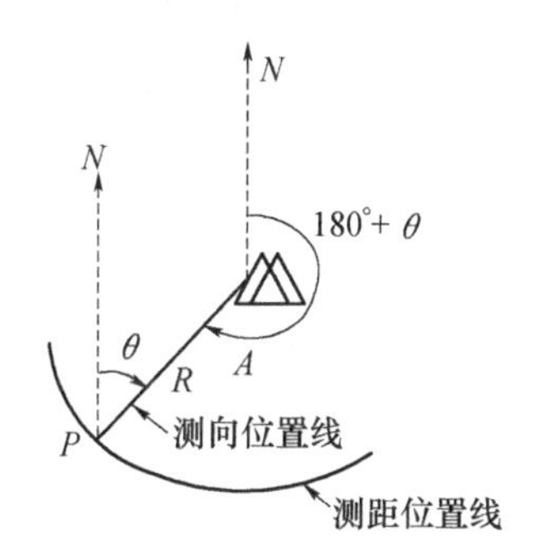

图 4-1-8　测距-测向定位法示意图

5. 无线电测量高度法

当需要测量运动体的飞行高度时，可由运动体上的测高设备（如雷达高度表）向地面发射无线电波，电波经地面反射后，被测高设备接收，测量出电波往返地面的传播延时 Δt_H，可得出高度 H 与延时 Δt_H 的关系：

$$H=\frac{1}{2}c\cdot\Delta t_H \tag{4-1-14}$$

当测高设备以脉冲波方式工作时，Δt_H 可由发射脉冲与回波脉冲之间的间隔时间直接求出。当以连续波方式工作时，可以通过测量频率的方法求出运动体的飞行高度：

$$H=\frac{\lambda}{4\pi}\cdot\Delta\varphi_H \tag{4-1-15}$$

式中：$\Delta\varphi_H$ 为电波往返地面产生的相位差。

4.2 无线电导航系统的分类

无线电导航系统的种类有很多，对其进行分类的方法有多种。有的是按位置线的形状来分类，有的是按作用距离来分类，有的是按测量的电信号的不同电参量来分类，还有的是按导航台(站)的安装地点来分类。

下面简要介绍几种按位置线的形状分类的无线电导航系统，包括测距定位系统、测距离差定位系统、测角定位系统、测距-测角定位系统等。

1. 测距定位系统

用无线电波测定运动体与地面导航台之间的距离的系统称为“测距定位系统”。根据测距定位法的原理，一个导航台仅决定一条圆位置线，是不足以确定运动体的位置的，为了确定运动体的位置，必须有两条相交的位置线。因此，测距定位系统需要至少两个导航台 A 和 B 联合工作。首先由运动体上的设备测量出其到达导航台 A 与 B 的距离 r_A、r_B，然后根据两条圆位置线的交点，定出运动体的位置，如图 4-2-1 所示。这类导航系统的关键设备是无线电测距器(DME)。

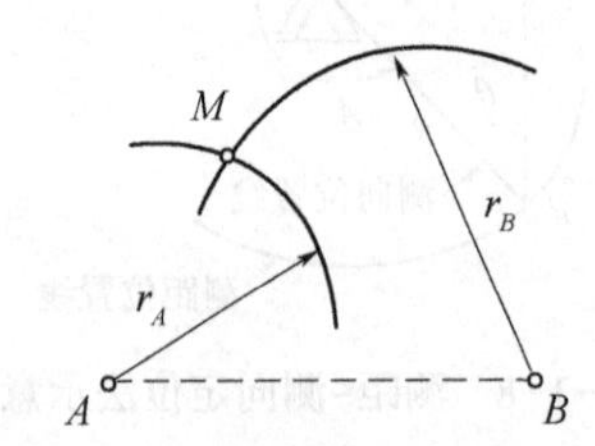

图 4-2-1 测距定位系统原理图

2. 测距离差定位系统

用无线电波测定运动体到两个地面导航台之间的距离差的系统称为“测距离差定位系统”。根据几何原理可知，平面上一动点到二定点距离差为常数的轨迹是一条双曲线,因此,这个系统又称为“双曲线定位系统”,如图4-2-2所示。显然,有两个导航台才能得出一组双曲线位置线,为了测定运动体的位置,至少需要有两条相交的位置线。因此,必须有四个导航台,组成两两联合同步工作的导航台,才能定出运动体的位置。如果只有三个导航台,从原理上讲也可以定位。

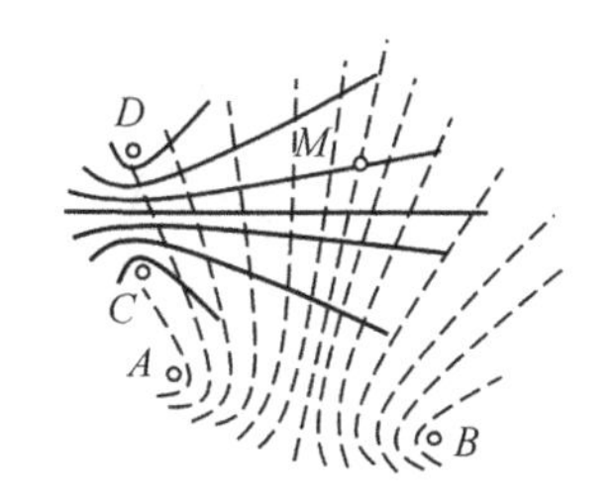

图4-2-2 双曲线定位系统原理图

目前,在各种陆基无线电导航系统中,这类导航系统应用最为广泛。典型的“双曲线定位系统”有:美国的“罗兰”系统(Loran)、英国的“台卡”系统(Decca)、俄罗斯的“海鸥”系统(Chayka)、中国的“长河”系统(该系统与“罗兰-C”系统类似)等。

3. 测角定位系统

用无线电波测定运动体相对于地面导航台的方位角的系统称为“测角定位系统”。测角的位置线是一根径向线,因此又可称作“径向线系统”。确定运动体的位置至少需要两条相交的径向线,因此也就必须有两个地面导航台 A 和 B 联合工作。由运动体测出其相对于两个导航台的方位角,确定出两条径向位置线,然后根据两条位置线的交点,测定出运动体的位置,如图4-2-3所示(SN为地球北向)。

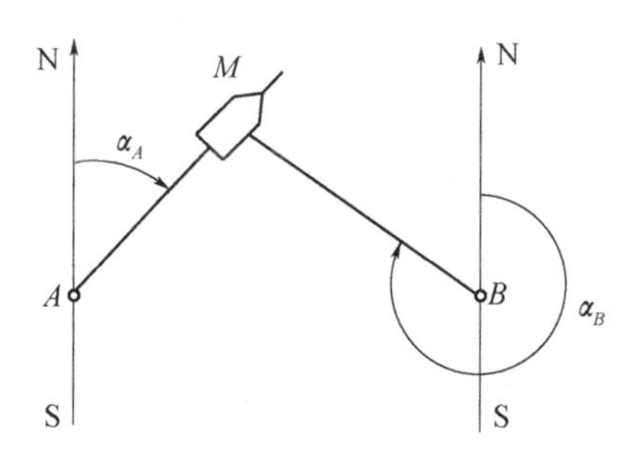

图4-2-3 测角定位系统原理图

典型的“测角定位系统”有:无线电测向仪(DF)、VHF全向信标伏尔(VOR)、仪表着陆系统(ILS)等。

4. 测距-测角定位系统

这类系统是测距系统与测角系统的综合系统。测距系统的位置线是以导航台为圆心的圆,测角系统的位置线是以导航台为中心的径向线。两条位置线(圆、径向线)的交点即为运动体的位置,如图4-2-4所示。

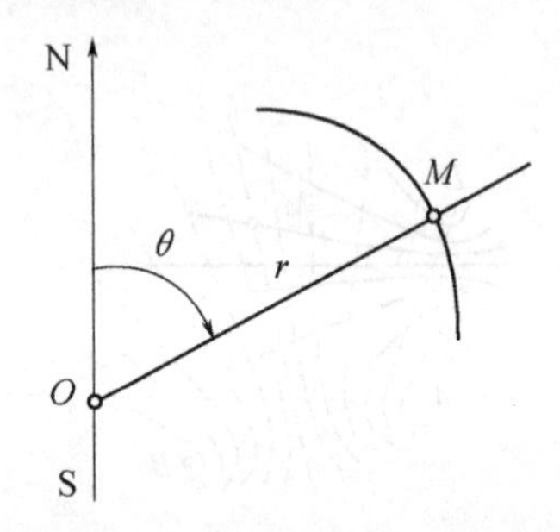

图4-2-4 极坐标系统原理图

因为只需一个导航台就可以确定出运动体的位置,避免了两个导航台联合工作带来的时间同步的麻烦,因此,这类系统在近距离导航中应用比较广泛。因为这类系统通常是以极坐标(r,θ)的形式给出运动体的位置,故有时又将其称作"极坐标系统"。

这类系统主要有:雷达(Radar)、雷达信标(Radar Bercon)、美国的塔康(Tacan)等。

4.3 无线电导航系统的性能指标

无线电导航系统的基本作用是为载体航行服务,其中主要包括交通运输航行与军事航行,它所提供的服务应该满足航行所提出的特定要求,即安全性、服务的连续性以及其他要求。无线电导航系统的性能指标是表示系统特征和衡量系统质量的依据。一般说来,要评价一个无线电导航系统的优劣,可以从导航精度、覆盖范围、可靠性与可用性、导航信息更新率、导航信息多值性、系统容量和导航信息的维数等方面来衡量。

1. 导航精度

导航精度(有时也称为导航误差)是指系统为载体所提供的位置与载体当时的真实位置之间的重合度。导航精度分为绝对精度、相对精度和重复精度等。受各种各样因素的影响,这种重合度有时好有时差,或者说导航误差是一个随机变化的量,通常只能用统计的度量单位来描述,即用导航误差不超过某一个数值的概率来描述。

绝对精度是指导航结果相对于地图上标出的位置而言的重合度。相对精度是指用户测量出的位置相对于另一个同时用同一导航系统测量出的位置的重合度。重复精度是指用户返回至曾经用相同导航系统测定过的位置的重合度。

2. 覆盖范围

覆盖范围是指导航系统能够有效工作的一个区域或立体空间。在覆盖范围内,要求导航设备能够按规定的精度要求确定出载体的位置。覆盖范围受到系统几何关系、发射信号功率电平、接收机灵敏度、大气噪声条件以及其他因素的影响。

3. 可靠性与可用性

导航系统应能全年365天、每天24小时提供服务。这就要求无论在什么天气、地形和电波传播条件下都要能提供符合要求的导航服务。然而,导航系统受各种各样因素的影响,有时仍可能会停止工作。比如,有些导航台每年要有几天定期检修,太阳黑子活动有时会影响低频电波传播,系统的任何故障都有可能造成系统不能正常工作。为了评价导航系统提供导航服务的能力,引入了可靠性和可用性指标。

可靠性是指导航系统在给定的使用条件下,在规定的时间内,以规定的性能完成其功能的能力。可靠性通常用可靠度、故障率、平均无故障时间、平均故障间隔时间和维修度等参数来衡量。

系统在规定的条件下和规定的时间内无故障地发挥其规定功能的概率,称为系统的可靠度。显然,可靠度是用概率表示系统的可靠程度,它是时间的函数。故障率是指系统设备在工作时段内单位时间发生故障的概率。平均无故障工作时间(Mean Time to Failure,MTTF)是指系统设备从开始使用到发生失效不经修理的平均工作时间。平均故障间隔时间(Mean Time Between Failure,MTBF)是指系统设备发生故障后,经过排除故障或修理后再投入工作,两次故障之间的平均时间。

可用性是指导航系统为用户提供可用的导航服务的时间百分比,它是评价导航系统在其覆盖范围内提供有用的导航服务的能力指标。当用概率表示可用性(记为A)时,它可以将系统的可靠性与可维修性归纳在一起,有如下关系:

$$A = \frac{\mathrm{MTTF}}{\mathrm{MTBF} + \mathrm{MTTF}} \tag{4-3-1}$$

显然,从数理统计学的角度看,可用性的含义是指系统在规定工作期间内,在某一时刻上正常工作的概率。

4. 导航信息更新率

导航信息更新率是指导航系统在单位时间内提供定位或其他导航参数的次数,对更新率的要求与载体的航行速度和所执行的任务有关系。比如对于航空来说,如果导航信息更新率不够,在两次为飞行员提供定位数据的时间间隔内,飞机的当前位置与上一次的指示位置有可能已相差很远,这就会使导航服务的实际精度大打折扣。

5. 导航信息多值性

有些无线电导航系统为载体给出的位置信息可能有多个解释,比如"奥米伽"系统,大约每隔288海里,其位置指示便要发生重复,这便产生了多值性问题。为了认定其中正确的一个,必须采用辅助手段。因此一旦存在多值性时,具有解决多值性的手段也是对导航系统提出的要求之一。

6. 系统容量

由于交通运输的发展,在一定范围内的用户数量越来越多。有些无线电导航系统的工作方式是导航台发射信号,载体上只需载有导航接收机,因此无论有多少载体都没有关系,即可以为无限多的用户提供导航服务。这种用户设备由于工作时不发射信号,称为无源工作。有些导航系统则不然,一个导航台只能与数目有限的用户设备配合工作,即系统只能为数目有限的载体服务。通常要求导航系统能在其覆盖区内同时为所有用户提供服务。

7. 导航信息的维数

导航信息的维数指的是导航系统为用户所提供的是一维、二维或是三维的位置信息。导航系统从导航信号中导出的第四维(例如时间)信息也属于导航信息的维数。

8. 系统抗干扰性

抗干扰性是指在自然干扰或人为干扰的情况下,无线电导航系统或用户设备能够保证其性能指标的能力。卫星导航系统是无线电导航系统的一类典型系统,在军事和民用的各个领域得到越来越广泛的应用。但由于自身导航信号的脆弱性使其抗干扰能力受到严峻的挑战,特别是在军用导航应用领域,必须采取有力的抗干扰措施。在信息化战争中,对卫星导航系统的人为干扰实质上是一种无线电攻击方式,主要分为压制性干扰和欺骗性干扰两大类。压制性干扰是采用无线电干扰设备发射某种干扰信号,使干扰信号进入敌方卫星导航接收机后的强度远高于导航信号强度,导致接收机性能严重降低或者失去正常工作的能力。欺骗性干扰则是采用特殊的卫星导航信号发射设备,产生虚假信号或者转发真实信号,以欺骗或诱导敌方卫星导航接收,使其在虚假信号下工作,进而得出错误的导航结果。因此,抗干扰性是评价无线电导航系统的一个重要的战术性能指标。根据图 4-4-1 所示的系统工作流程,若要提高无线电导航系统的抗干扰能力,可以通过系统的发射部分、传输部分和接收部分等环节进行实施。

4.4　双曲线导航

在陆基无线电导航中,双曲线导航应用最为广泛。根据 4.1 节所述的测距离差定位原理,求解双曲线导航问题可以等价为求解双曲线交点的纯数学问题。"罗兰-C"系统是最典型的双曲线导航系统。本节首先讨论双曲线导航的基础问题,然后简要介绍"罗兰-C"系统。

4.4.1　双曲线导航问题的求解

如果无线电导航系统包含了至少三个基站,采用测距离差定位方法将产生两条双曲线位置线,此时,求解双曲线导航问题就转化为确定这两条双曲线的交叉点位置。

如图 4-4-1 所示,α 为基线方位角,D 为两基站间的基线距离(即双曲线两焦点间的距离),设 ΔR 为测量得到的距离差,则双曲线的离心率 e 为

$$e = \frac{D}{\Delta R} \tag{4-4-1}$$

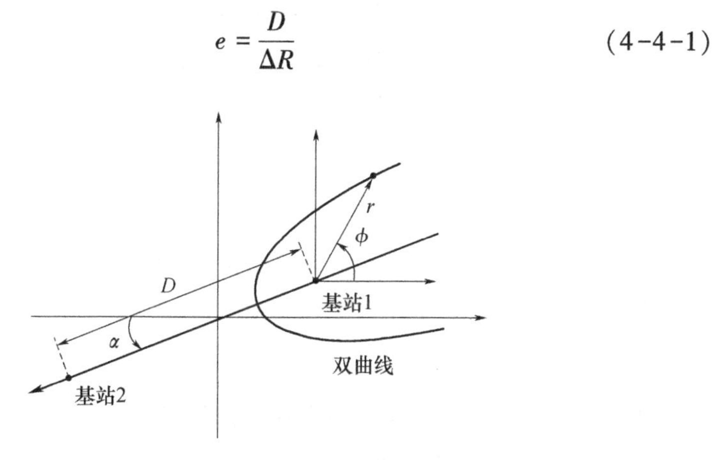

图 4-4-1　双曲线导航原理示意图

对于双曲线而言,$e \geqslant 1$,即要求 $D \geqslant \Delta R$,换句话说,要求基线距离要足够远。如果记 $p=\frac{D}{2}(1-1/e^2)$,则极坐标形式的双曲线方程可以表示为

$$r = \frac{p}{1/e - \cos(\phi - \alpha)} \tag{4-4-2}$$

显然,当基站的位置确定后,D 和 α 为已知参数,离心率 e 由距离差 ΔR 确定,而双曲线的形状完全由参数(D,α,e)决定。当距离差 ΔR 接近0时,离心率 e 接近无穷大,此时双曲线趋于一条直线,即

$$r \to \frac{-D}{2\cos(\phi - \alpha)} \tag{4-4-3}$$

下面讨论怎样求解双曲线导航问题。如果系统的基站两两组对,获得两条双曲线位置线"1"和"2",那么,它们的交点处即为载体的位置,相交的条件应该满足 $r_1=r_2,\phi_1=\phi_2(\triangleq\phi)$,则可以得出下列三角函数式

$$\frac{p_1}{1/e_1 - \cos(\phi - \alpha_1)} = \frac{p_2}{1/e_2 - \cos(\phi - \alpha_2)} \tag{4-4-4}$$

对上式进一步整理后得到

$$\frac{p_1}{e_2} - \frac{p_2}{e_1} = p_1\cos(\phi - \alpha_2) - p_2\cos(\phi - \alpha_1) \tag{4-4-5}$$

这是一个二次方程,求解该方程可以得到未知量 ϕ,根据式(4-4-2),可以得到 r,进而确定出两条双曲线交点的极坐标(r,ϕ)。在式(4-4-5)中,等式左边为测量得到的已知量,将右边的三角函数展开,并记

$$\begin{cases} a = p_1\cos\alpha_2 - p_2\cos\alpha_1 \\ b = p_1\sin\alpha_2 - p_2\sin\alpha_1 \\ c = \dfrac{p_1}{e_2} - \dfrac{p_2}{e_1} \end{cases} \tag{4-4-6}$$

式(4-4-5)可以写成下列形式

$$c = a\cos\phi + b\sin\phi \tag{4-4-7}$$

或者写成以下形式

$$c = a\cos\phi \pm b\sqrt{1 - \cos^2\phi} \tag{4-4-8}$$

显然,式(4-4-8)中等号右边存在±号是因为不能明确 $\sin\phi$ 的符号。因此,该方程的解也只能写成以下形式

$$\cos\phi = \frac{ac \pm b\sqrt{a^2 + b^2 - c^2}}{a^2 + b^2} \tag{4-4-9}$$

通常 $\cos\phi$ 存在两个解,将上式的解代入式(4-4-2),可以得到 r 的4个可能的解。显然,由式(4-4-9)确定的两条双曲线的交点极坐标(r,ϕ)就存在四

态模糊性。为了解决这个不确定性问题,可以引入约束条件

$$\begin{cases} |\sin\phi| \leqslant 1 \\ r > 0 \end{cases} \tag{4-4-10}$$

这样,(r,ϕ)的四态模糊性可以简化为至多两个解。从纯数学的角度是无法进一步消除这个模糊性问题的,因为两条双曲线相交时就存在两个交点。这时,如果利用用户的某些先验信息(如所在大致区域)或采用其他的解模糊度方法,可以唯一确定用户的位置。应该指出的是,对于实际的双曲线导航系统而言,当测量误差过大时,可能会出现两条位置线没有交点的情况。关于怎样解模糊度问题以及双曲线导航的误差分析,此处不作深入讨论。

4.4.2 "罗兰-C"系统

"罗兰"(Loran)是英文远程导航(Long Range Navigation)的意思,是一种双曲线导航系统,是"罗兰-A""罗兰-C"和"罗兰-D"等系统的统称,由美国研制。"罗兰-A"属于脉冲双曲线系统,是一种中程导航系统,1943 年在海上投入使用。白天利用地面波传播,作用距离 600~700 n mile;夜间利用天波传播,作用距离 1200 ~ 1400 n mile。"罗兰-A"系统的定位精度约为 0.5~1.0 n mile,由于其定位精度不能满足用户日益增长的要求,许多国家已经关闭了"罗兰-A"系统,而改由"罗兰-C"系统来代替。因此,本节重点介绍"罗兰-C"系统。

1. "罗兰-C"系统简介

"罗兰-C"系统是一种陆基、低频、脉冲-相位式、双曲线远程无线电导航系统,其地面设施包括形成台链的一组发射台、工作区域监测站和台链控制中心等。发射台提供无线电导航信号,工作区域监测站和台链控制中心则负责监视和控制系统的工作情况以及信号质量,使其满足使用要求。"罗兰-C"系统的台链由基线连在一起的若干个发射台对组成,每个台链一般包括一个主台和若干个副台,主台与每个副台都可以组成一个台对。对于测距离差的双曲线导航系统而言,一般情况下一个台链至少应包括三个发射台,常见的配置形式有链形、星形和梅花形等,如图 4-4-2 所示。"罗兰-C"系统的台链包括一个主台和 2~4 个副台,每个台链用来构成一定的工作区域,若干个台链便构成"罗兰-C"系统的覆盖区域。目前,"罗兰-C"系统在大西洋东海岸、阿拉斯加、夏威夷、西北太平洋、地中海、挪威海、北大西洋、太平洋中部和东南亚等地区都建有台链,覆盖了美洲、欧洲和亚洲的广大区域。

显然,台对的基线长度和台链的配置形式对系统的导航精度至关重要。"罗兰-C"系统每一台对的基线长度大约为 500 ~ 1200 n mile,台链的配置形式

则根据工作区域的设计要求,采用了图4-4-2中的某一种配置形式,这样,大大改善了系统的定位几何精度。

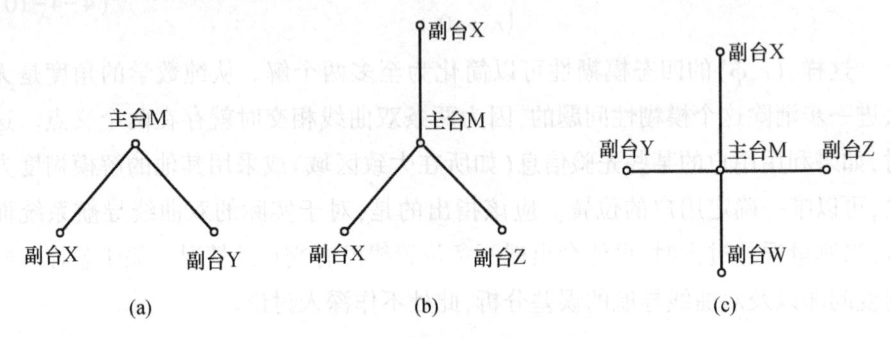

图4-4-2 常用台链配置形式

(a) 链形; (b) 星形; (c) 梅花形。

"罗兰-C"系统的工作载频为100kHz的低频波段,该频段的无线电波在传播过程中信号衰减较小,并且信号幅度和相位在传播中比较稳定,可以远距离传播,有利于实现远距离高精度的导航定位。系统的导航信号采用地面波和天波两种方式传播,通常白天利用地面波传播,作用距离为1000~1200 n mile,夜间利用天波传播,作用距离为2000~2300 n mile。

"罗兰-C"系统导航信号是由上述载频调制的脉冲信号,以脉冲组形式采用相位编码发射,以区分主台脉冲组和副台脉冲组,不同的台链则用不同的脉冲组重复周期来区分。脉冲信号的包络形状是经过特殊设计的,它能保证信号频谱能量的99%以上集中在90~110kHz的频带之内,有利于抑制天波的干扰。

用户设备接收来自发射台的导航信号,获取它们所需的各种定位和导航信息,根据所采用的几何体制、使用的信号形式等,计算得到用户的实时位置。

"罗兰-C"系统可提供二维导航定位服务,定位精度约460m(约0.25 n mile),相对定位精度18~90m,定位信息更新率10~20次/min,用户容量可以无限,系统可用性在99%以上。

2."罗兰-C"系统工作原理

"罗兰-C"系统采用双曲线无线电导航的定位方式,用户在其工作区内的某一点接收同一台链两个发射台信号到达的时间差转换为距离差,得到以两个发射台为焦点的一条双曲线位置线。如果获得两条或更多的位置线,其交点就是所要确定的用户的位置。显然,系统也存在多值性问题,但比较容易解决。

"罗兰-C"系统每个台链主台的功能是发射规定格式的9个脉冲组信号,建立台链的时间基准和脉冲组重调周期,监测副台信号。副台的功能是发射规定格式的8个脉冲组信号,保持规定的发射延迟,并按主控制台的要求在系统工作不正常时发射闪烁信号以实现向用户告警。

"罗兰-C"的信号格式包括以下内容:一个脉冲组中包含的脉冲数、脉冲之间的间隔、脉冲载波相位编码、发射时间、脉冲组重复周期、副台脉冲组相对主台脉冲组的发射时延、向用户告警的闪烁信号方式等。副台发射的每个脉冲组包含8个脉冲,相互间隔为1000μs;主台发射的每个脉冲组包含9个脉冲,前8个脉冲与副台一样,第9个脉冲与第8个脉冲间隔为2000μs,该脉冲信号不作导航信号使用,仅用于识别主副台。脉冲组的重复周期是指同一发射台相邻脉冲组之间的时间间隔(一般用GRI表示),"罗兰-C"系统规定,同一台链中所有发射台的GRI都相同,允许其取值范围是40000~99990μs,最小间隔为10μs。

根据双曲线定位原理不难看出,"罗兰-C"系统在台对的基线延长线附近,系统的导航精度很低,且存在时差多值性,因此,系统的覆盖区不包括基线延长线及其附近的区域。

3. "罗兰-C"系统的主要设备

"罗兰-C"系统的主要设备包括发射设备、地面同步监测与控制设备、用户接收设备三大部分。

(1) 发射设备。发射设备主要由时频分系统、发射机分系统和发射天线等组成。时频分系统的作用是为系统提供高稳定度的时间频率基准。发射机分系统的功能包括:接收时频分系统输出的5MHz的频率信号,形成发射台本地的时间基准;按系统规定要求的格式产生大功率标准信号;接受远方控制中心对发射状态的监控,包括状态检测、工作模式转换、本地相位调整、闪烁告警等。

(2) 地面同步监测与控制设备。地面同步监测与控制设备的作用是监测并控制主副台的同步工作状态,主要由系统工作区检测站、地面发射台的同步监测设备和系统控制中心等三部分组成。系统工作区检测站是一个位置已知的固定站,其作用是监测台链的同步工作状态和发射台的信号质量,并将测得的各种数据通过通信系统适时报送台链和系统控制中心。地面发射台的同步监测设备的主要任务是监测远方发射台与本地发射台时间基准之间的时差以及主副台工作频标之间的频率差。显然,这种监测对于提高系统导航精度是非常重要的,而且主台和副台都应该配置这种检测设备。系统控制中心的主要任务是收集并处理整个台链的工作数据,向各个发射台发布状态监测或控制调制指令,必要时可对主副台发射机以及监测站接收机的工作状态进行遥控。控制中心可以单独选址,也可以设在某个发射台站或监测站。

(3) 用户接收设备。用户接收机是完成"罗兰-C"系统定位功能的终端设备,典型的接收机通常由天线系统、射频信号处理单元、数字信号处理单元、键盘显示单元和电源系统等部分组成。天线系统包括接收天线、天线耦合器和馈线电缆等。射频信号处理单元的功能是对从天线耦合器传来的信号进行放大、限幅和延迟相加,提取载波相位和脉冲包络信息,主要由带通滤波器、射频放大器、自动增益控制电路、陷波器、限幅放大器和延迟相加电路等部件组成。数字信号处理单元的主要任务包括完成台链的选择,对信号的搜索、锁定和跟踪以及天地波的识别;进行时差测量并进行转换;实现各种导航参量的计算以及航行管理等。它主要由定时/计数器、数/模转换器、微处理器、存储器以及各种接口电路等部件组成。键盘显示单元的作用是实现人机对话,包括控制键盘(或旋钮)和显示器,如图4-4-3所示。

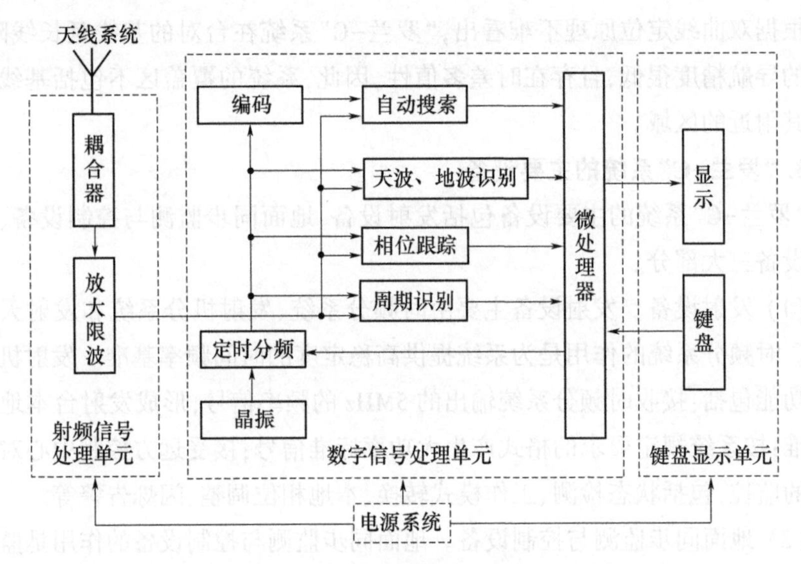

图4-4-3 接收机原理框图

4. “罗兰-C”系统的其他应用

“罗兰-C”系统建设初期主要应用于海上舰船的导航定位,后来逐步拓展应用到航空导航和高精度授时领域。

在航空导航应用方面,“罗兰-C”系统在其覆盖区内可以为飞机提供精确的导航信息,作用距离不受视距限制,一个台链可以提供比几个航空导航台还大的工作区,经济实用。“罗兰-C”系统还可以用于机场对飞机的飞行跟踪,机载接收机可以将其输出通过数传方式传回指挥塔,以便地面实时、直观地用图形显示飞机的飞行动态。此外,“罗兰-C”系统还可以应用于航空交通管制、航空营救、农林业的航空播种、空中地形测绘等。

在高精度授时应用方面，因为“罗兰-C”系统的地波信号相位十分稳定，而发射台的时间频率基准使用了高稳定度和高准确度的铯束原子频标，具有很强的守时能力，如果将发射台的信号发射时间与国际或国家的标准时间建立同步关系，用户就可以借助接收系统的信号获取精确的时间信息。

参考文献

[1] 黄智刚，孙国良，冯文全，等.无线电导航原理与系统[M].北京：北京航空航天大学出版社，2007.
[2] 吴苗，朱涛，李方能，等.无线电导航原理及应用[M].北京：国防工业出版社，2008.
[3] 贾玉涛．无线电导航[M].北京：国防工业出版社，1983.

第5章 卫星导航

卫星导航本质上是以人造地球卫星作为导航台的星基无线电导航。GNSS 能为全球陆、海、空、天的各类用户提供全天候连续高精度的三维位置、速度和精密时间信息。本章重点介绍卫星导航系统的构成、工作原理、系统应用等内容。

5.1 概述

目前已经建设完成并投入使用的卫星导航系统有美国的全球卫星定位系统 GPS、俄罗斯的 GLONASS 系统、中国的北斗卫星导航系统，欧盟正在建设的“伽利略”卫星导航系统。

5.1.1 卫星导航系统的构成

卫星导航系统一般由三部分构成：空间部分、地面控制部分和用户部分，如图 5-1-1 所示。

空间部分，也称为导航卫星星座，主要负责将信号广播给地面部分和用户设备。大多数的导航卫星分布在中高地球轨道，每天围绕地球运转大约 2 周。卫星广播的信号主要包含测距码和导航电文，用户设备使用测距码来确定所接收信号的发射时刻，导航电文包含时间信息和卫星轨道信息。每一颗星上都有多个原子钟，为卫星提供一个可靠、稳定、高精度的时间基准，从而保证导航卫星之间的时间同步。

地面控制部分，也称地面控制系统，包含一个监测站、一个或多个主控站和许多的上行注入站。监测站的位置精确已知，并且配备有高精度的原子钟，监测站接收从卫星到监测站的测距信息，并且将这些信息发送到控制站。控制站用这些信息确定卫星的轨道并计算出卫星的时钟误差，并预测每一颗卫星的导航电文信息，这些信息通过上行注入站发射给空间部分。地面控制系统也能够实现对卫星的变轨控制，但一般很少需要对卫星进行变轨校正，只需要进行轨道保

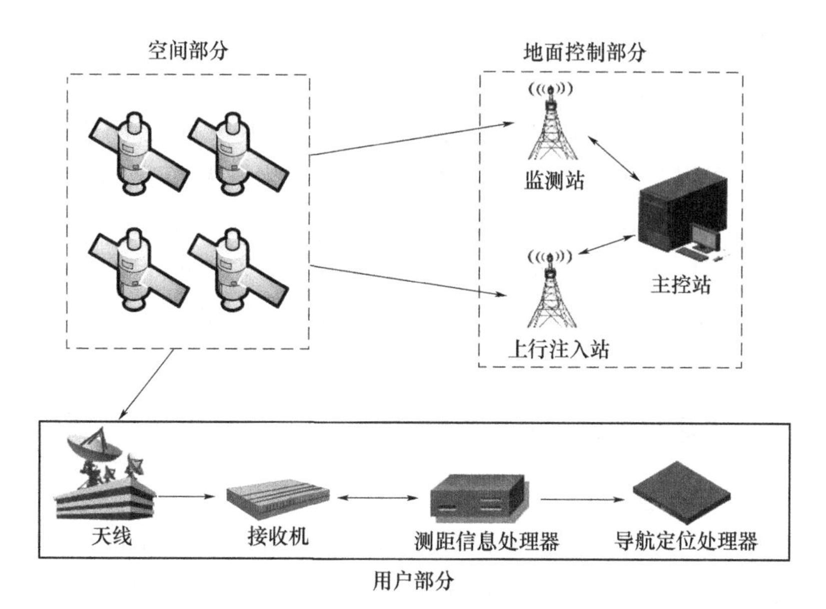

图 5-1-1　卫星导航系统体系结构示意图

持,即将卫星维持在设计的轨道上。如果卫星发生故障,则需要对卫星进行重新布置,可以用一颗新的卫星代替发生故障的卫星。

用户部分,也称用户接收机。接收机接收卫星发射的导航信号,并进行解调,利用跟踪算法确定天线至所收到的每一颗卫星的距离,同时对导航电文进行解码,从而计算得到用户的位置、速度和时间等信息。

5.1.2　卫星导航系统的特点

1. 覆盖面广

导航卫星的轨道通常是近圆轨道,高度一般在 10000km 以上,每颗卫星的地面覆盖区域很大,少者可覆盖地球表面积的 6.7%,多者可达 42%。因此,只需要少数几颗卫星组成导航星座,即可覆盖广阔的区域,甚至覆盖全球。卫星导航的范围包括地面和近地空间,卫星发播的无线电信号不受气象条件和昼夜的影响,也不会因地形不同而显著变化。

2. 全天候

卫星导航信号不受气象条件和昼夜变化的影响,是全天候和全天时的。虽然无线电波穿过电离层和对流层时会产生相应的延迟,电波的直线传输也会因高大的建筑、稠密的森林遮挡对信号跟踪带来一定影响,但这些并不影响卫星导航系统的全天候特性。

3. 高精度

卫星导航系统可为各类用户提供高精度的时间、三维位置和三维速度信息。一般情况下,卫星导航的单点绝对定位精度在10m量级,测速精度优于0.2m/s,如果采用差分技术可将定位精度提高至亚米量级,甚至厘米量级。用户相对导航卫星的几何构型,将直接影响导航精度。卫星导航系统可以通过星座的优化设计,保证全球都具有良好的导航精度。对卫星导航系统而言,精确测定和预报卫星星历、准确修正电离层和对流层产生的误差是提高导航精度的关键。

5.1.3 卫星导航定位基本原理

1. 三球交汇定位原理

卫星导航系统采用的是三球交汇定位原理,如图5-1-2所示。显然,卫星导航的定位面为以用户位置为圆心、用户至卫星的距离为半径的球面。当用户同时接收到两颗卫星的导航信号时,可确定两个圆球位置面,这两个球面相交为一个空间圆,圆上每一点都可能是用户的位置所在;如果用户再同时接收到第三颗卫星的导航信号,则第三个球面上与上述空间圆相交于两个点,此两点相对于卫星平面来说是互为镜像,用户可根据自身所处位置的相关先验信息,很容易确定其实际位置。

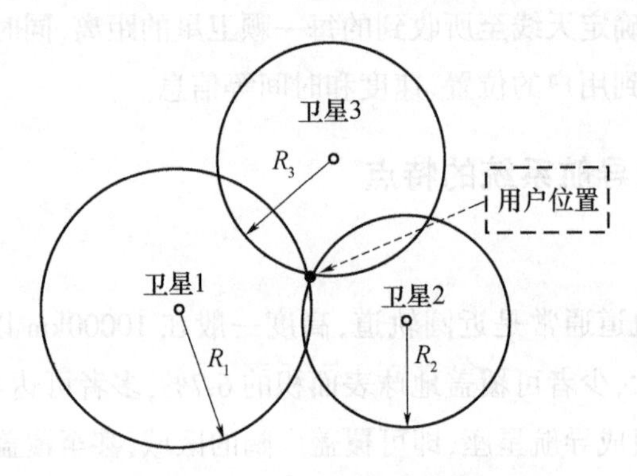

图5-1-2 三球交汇定位原理示意图

卫星导航系统的工作流程大致包括以下几个步骤:

(1) 确定卫星的位置。通过地面监测站(坐标已知)时刻监测卫星,测出监测站至卫星之间的距离,然后由监测站的已知坐标求出卫星的位置信息,编制卫星星历并将其发送至卫星,此时卫星的位置信息为已知参数。

(2) 测量用户至卫星的距离。用户同一时刻观测到至少3颗卫星,通过3

颗卫星发射测距信号和导航电文分别求得用户至卫星的距离,导航电文还包含有卫星的位置信息。

(3) 确定用户的位置。求解三球交汇定位方程,根据相关先验信息排除一个不合理点,得到用户的实际位置。

卫星定位算法可归结为求解以下方程组:

$$\begin{cases}\rho_1 = \sqrt{(x_1 - x)^2 + (y_1 - y)^2 + (z_1 - z)^2} \\ \rho_2 = \sqrt{(x_2 - x)^2 + (y_2 - y)^2 + (z_2 - z)^2} \\ \rho_3 = \sqrt{(x_3 - x)^2 + (y_3 - y)^2 + (z_3 - z)^2}\end{cases} \tag{5-1-1}$$

式中:(x_i, y_i, z_i)为卫星观测时刻的位置信息,$i=1,2,3$,可通过步骤(1)获得;ρ_1,ρ_2,ρ_3分别为用户至三颗卫星的距离,可通过步骤(2)获得;上述方程组的求解,即为步骤(3)。

2. 伪距定位原理

卫星导航系统观测的是距离,通过测量得到的距离与位置关系,反推出用户位置在WGS84坐标系中的三维坐标。对于距离的测量,是通过测量信号的传输时间或测量所收到的卫星信号与接收机内部信号的相位差而导出。卫星时钟与接收机时钟之间难以保证同步,存在时钟误差,卫星信号通过电离层和对流层时会产生传播延迟,这些误差导致用户观测得到的至卫星的距离并不是真实距离,是含有误差的距离,通常将这种距离称为“伪距”(Pesudo Range)。

卫星导航系统的定位,不仅可以通过利用伪随机码测量伪距实现,还可以利用载波信号,进行载波相位测量和积分多普勒测量,也可实现定位。其中伪随机码测距(测码伪距)的方法原理简单,技术成熟,许多实际中常作为卫星导航系统的优先选择方法。载波相位测量具有很高的定位精度,通常用于高精度的测量定位,而积分多普勒测量所需的观测时间较长,精度并不很高,故未获广泛应用。下面重点介绍通过伪随机码测量的伪距观测方程、定位解算和观测卫星的几何精度衰减因子等内容。

1) 伪距观测方程

利用伪随机码测距的原理就是通过卫星接收机的本地码与卫星信号的伪随机码进行相关处理,测定信号从卫星至接收机的传播时间,再乘以光速可得到伪距。

设卫星系统的统一标准时间为T,卫星s发射信号的理想时刻为T_s(理想时刻是指用统一标准时钟表示的时刻),用户接收机接收到该卫星信号的理想时刻为T_k,卫星s发射信号时的卫星钟时刻为t^s,用户接收机接收到该卫星信号的

接收机钟时刻为 t_k。由于卫星时钟、接收机时钟与卫星导航系统的标准时间 T 存在钟差,分别为 Δt^s 与 Δt_k,则有

$$\begin{cases} t^s = T_s + \Delta t_s \\ t_k = T_k + \Delta t_k \end{cases} \tag{5-1-2}$$

由此,在没有考虑电离层和对流层传播延迟的情况下,信号从卫星传播到用户接收机的时间 τ' 可表示为

$$\begin{aligned} \tau' &= t^s - t_k = (T_s + \Delta t^s) - (T_k + \Delta t_k) \\ &= (T_s - T_k) + \Delta t^s - \Delta t_k = \tau + \Delta t^s - \Delta t_k \end{aligned} \tag{5-1-3}$$

将上式两端乘以光速 c,得

$$\rho = c\tau' = c\tau + c\Delta t^s - c\Delta t_k = R + c\Delta t^s - b_k \tag{5-1-4}$$

式中:ρ 为实际测量的伪距;R 为 t^s 时刻的卫星位置至 t_k 时刻用户接收机之间的几何距离,如式(5-1-5)所示;b_k 为接收机钟差的等效距离;卫星时钟钟差 Δt^s 可通过导航电文得到。

$$R = \sqrt{(x^s(t^s) - x_k(t_k))^2 + (y^s(t^s) - y_k(t_k))^2 + (z^s(t^s) - z_k(t_k))^2} \tag{5-1-5}$$

在实际中,用户在观测时刻 t_k 可以同时测得多颗卫星 s_j 的伪距 $\rho_k^j (j=1,2,3\cdots)$,则依据式(5-1-4)就可得到伪距定位基本方程:

$$\rho_k^j = R_k^j + c\Delta t^{s_j} - b_k \tag{5-1-6}$$

根据伪距基本方程,如果考虑卫星信号在传输过程中的电离层延迟 $\Delta\rho_{k_n}^j$,对流层延迟 $\Delta\rho_{k_p}^j$ 以及观测噪声 ν_k^j,就可得到伪距观测方程:

$$\rho_k^j = R_k^j + c\Delta t^{s_j} - b_k + \Delta\rho_{k_n}^j + \Delta\rho_{k_p}^j + \nu_k^j \tag{5-1-7}$$

用户可从接收到的卫星信号(导航电文)中得到卫星位置和卫星时钟钟差 Δt^s,电离层和对流层的延迟可通过它们各自的模型计算得到,忽略观测噪声,则经过接收机的校正处理,式(5-1-7)就剩下4个未知量,即3个用户接收机的坐标和1个接收机钟差,因此,用户的接收机至少需要同时观测4颗卫星,才能得到每一时刻用户的位置和接收机的时钟误差。

2) 定位解算

将式(5-1-7)展开后得

$$\rho_k^j = \sqrt{(x^j - x_k)^2 + (y^j - y_k)^2 + (z^j - z_k)^2} + c\Delta t^{s_j} - b_k + \Delta\rho_{k_n}^j + \Delta\rho_{k_p}^j + \nu_k^j \tag{5-1-8}$$

由于式(5-1-8)为非线性方程,求解时需要先进行线性化处理。首先取接

收机的概略坐标为(x_0, y_0, z_0)，相应的修正参数为$(\Delta x_k, \Delta y_k, \Delta z_k)$，将式(5-1-8)按泰勒级数展开并略去高阶项，可得如下线性方程：

$$\nu_k^j = e_x^j \Delta x_k + e_y^j \Delta y_k + e_z^j \Delta z_k + b_k + \rho_k^j - \widetilde{R}_k^j + c \cdot \Delta t^{s_j} - \Delta\rho_{k_n}^j - \Delta\rho_{k_p}^j \tag{5-1-9}$$

式中：(e_x^j, e_y^j, e_z^j)为第 j 颗卫星视线方向的单位向量，有 $e_x^j = \dfrac{(x^j - x_0)}{\widetilde{R}_k^j}$，$e_y^j = \dfrac{(y^j - y_0)}{\widetilde{R}_k^j}$，$e_z^j = \dfrac{(z^j - z_0)}{\widetilde{R}_k^j}$；$\widetilde{R}_k^j$ 为用户至第 j 颗卫星的近似值，$\widetilde{R}_k^j = \sqrt{(x^j - x_0)^2 + (y^j - y_0)^2 + (z^j - z_0)^2}$；然后，令

$$L_k^j = \rho_k^j - \widetilde{R}_k^j + c \cdot \Delta t^{s_j} - \Delta\rho_{k_n}^j - \Delta\rho_{k_p}^j \tag{5-1-10}$$

在已知接收机概略位置(x_0, y_0, z_0)和卫星位置(x^j, y^j, z^j)及钟差 Δt_s^j 的情况下，并且电离层延迟和对流层延迟可通过导航电文得到，因此 L_k^j 的各项均已知，称其为观测方程的常数项或自由项。

将式(5-1-10)代入式(5-1-9)，整理后写成矩阵形式，为

$$\boldsymbol{V} = \boldsymbol{AX} - \boldsymbol{L} \tag{5-1-11}$$

式中：$\boldsymbol{X}$ 为待定参数向量，$\boldsymbol{X} = [\Delta x_k \quad \Delta y_k \quad \Delta y_k \quad b_k]^{\mathrm{T}}$；$\boldsymbol{A}$ 为未知参数的系数矩阵，即

$$\boldsymbol{A} = \begin{bmatrix} e_x^1 & e_y^1 & e_z^1 & 1 \\ e_x^2 & e_y^2 & e_z^2 & 1 \\ \vdots & \vdots & \vdots & \vdots \\ e_x^n & e_y^n & e_z^n & 1 \end{bmatrix} \tag{5-1-12}$$

L 为常数向量，$\boldsymbol{L} = [L_k^1 \quad L_k^2 \quad \cdots \quad L_k^n]^{\mathrm{T}}$；$\boldsymbol{V}$ 为噪声（残差）向量，$\boldsymbol{V} = [\nu_k^1 \quad \nu_k^2 \quad \cdots \quad \nu_k^n]^{\mathrm{T}}$。

根据观测卫星的个数 n，定位解算有两种情况：

(1) 当观测 4 颗卫星时，$n=4$

此时只能忽略观测随机误差，即 $\boldsymbol{V}=0$，求得式(5-1-11)的代数解：

$$\boldsymbol{X} = \boldsymbol{A}^{-1}\boldsymbol{L} \tag{5-1-13}$$

(2) 当观测 4 颗以上卫星时,$n \geqslant 4$

按照最小二乘原理进行参数求解,依据 $\boldsymbol{V}^{\mathrm{T}}\boldsymbol{V}=\min$,式(5-1-11)改写为:

$$\boldsymbol{A}^{\mathrm{T}}\boldsymbol{A}\boldsymbol{X}=\boldsymbol{A}^{\mathrm{T}}\boldsymbol{L} \tag{5-1-14}$$

即可解得未知参数

$$\boldsymbol{X}=(\boldsymbol{A}^{\mathrm{T}}\boldsymbol{A})^{-1}\boldsymbol{A}^{\mathrm{T}}\boldsymbol{L} \tag{5-1-15}$$

求解出 $\boldsymbol{X}$ 后,即可按

$$\begin{bmatrix} x_k \\ y_k \\ z_k \end{bmatrix}=\begin{bmatrix} x_0+\Delta x_k \\ y_0+\Delta y_k \\ z_0+\Delta z_k \end{bmatrix} \tag{5-1-16}$$

求得用户定点坐标,根据相关公式,可将空间直角坐标点(x_k, y_k, z_k)转换到地理坐标(L_k, B_k, H_k),即经度、纬度和高度。

需要说明的是,由于接收机的概略坐标(x_0, y_0, z_0)可能有较大误差,这样,在进行方程线性化时略去高阶项会引起线性化误差。另外,在计算卫星坐标时使用的时间参数也不准确,这些均会引起未知参数解算误差。此时,可以利用迭代解算,即得到第一次解后,用它作为近似值再重新解算。

3) 几何精度因子

一般情况下,用户可同时接收到多于 4 颗的卫星信号,用户与参与定位的卫星之间的几何关系的优劣会直接影响定位精度,为了确保用户能够选择相对几何构型最好的 4 颗卫星参与定位,引入了几何精度因子的概念。

几何精度因子 DOP(Dilution of Precision)是一个用卫星与接收机之间的几何构型来表征卫星定位精度的参数。如果考虑卫星与接收机间的几何构型对位置误差和时钟误差的综合影响,称为 GDOP(Geometric Dilution of Precision),其与所选的坐标系无关,可作为用户选星的主要依据。

通过最大矢端四面体体积法,可以达到 4 颗导航卫星的最佳几何配置方案,此过程也称为最佳选星。如图 5-1-3 所示,假设用户 U 到卫星的单位向量分别为$\boldsymbol{e}_1, \boldsymbol{e}_2, \boldsymbol{e}_3, \boldsymbol{e}_4$,则这些向量末端 A、B、C、D 都在以用户为中心的单位球面上。当四面体 $ABCD$ 体积最大时,可以达到最优的几何关系,此时,精度因子 GDOP 最小。

理论上讲,可见的导航卫星数越多,GDOP 越小,导航精度越高;反之,可见的导航卫星数越少,GDOP 越大,导航精度越差。目前,卫星接收机的软硬件性能大大提高,通道数也大大增多,因此,原则上讲可以利用所有可见的导航卫星信息来提高导航精度。但是,值得指出的是在实际应用过程中,往往不

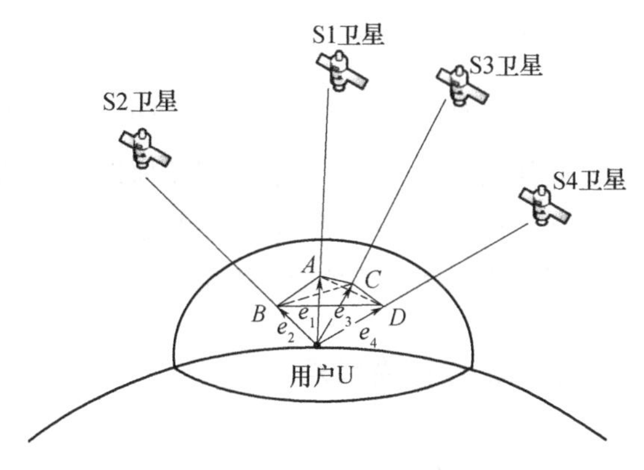

图 5-1-3 卫星几何四面体

能选择仰角过低的卫星，因为仰角过低时，大气传播误差增大，使伪距观测精度明显降低，严重影响导航精度。因此，在实际工作中，通常规定卫星的最低仰角不小于5°。

各DOP因子是参数协方差矩阵的对角线元素函数，可在地球坐标系或当地地理坐标系中表达。按照前面的最小二乘法，可以求得各参数的权逆阵 $\boldsymbol{Q}_{xx}$ 和协方差阵 $\boldsymbol{D}_{xx}$，即

$$\begin{cases}\boldsymbol{Q}_{xx}=(\boldsymbol{A}^{\mathrm{T}}\boldsymbol{A})^{-1};\boldsymbol{D}_{xx}=\sigma_p^2\boldsymbol{Q}_{xx}=\sigma_p^2(\boldsymbol{A}^{\mathrm{T}}\boldsymbol{A})^{-1}\\ \sigma_x=\sigma_p\sqrt{Q_{11}};\sigma_y=\sigma_p\sqrt{Q_{22}};\sigma_z=\sigma_p\sqrt{Q_{33}};\sigma_t=\sigma_p\sqrt{Q_{44}}\end{cases}\tag{5-1-17}$$

式中：σ_p 为伪距观测值的均方差，即 $\sigma_p=\pm\sqrt{\dfrac{\boldsymbol{V}^{\mathrm{T}}\boldsymbol{V}}{n-4}}$。

则用户的位置几何精度因子PDOP定义为

$$\mathrm{PDOP}=\sqrt{Q_{11}+Q_{22}+Q_{33}}\tag{5-1-18}$$

高程几何精度因子VDOP定义为

$$\mathrm{VDOP}=\sqrt{\frac{\boldsymbol{R}\cdot\boldsymbol{Q}}{|R|}}\tag{5-1-19}$$

式中：$\boldsymbol{R}=[x,y,z]^{\mathrm{T}}$；$\boldsymbol{Q}=[Q_{11}\quad Q_{22}\quad Q_{33}]^{\mathrm{T}}$。

水平位置几何精度因子HDOP定义为

$$\mathrm{HDOP}=\sqrt{\mathrm{PDOP}^2-\mathrm{VDOP}^2}\tag{5-1-20}$$

时钟几何精度因子TDOP定义为

$$\mathrm{TDOP}=\sqrt{Q_{44}}\tag{5-1-21}$$

综合几何精度因子 GDOP 定义为

$$\mathrm{GDOP}=\sqrt{Q_{11}^2+Q_{22}^2+Q_{33}^2+Q_{44}^2}=\sqrt{\mathrm{PDOP}^2+\mathrm{TDOP}^2} \quad (5-1-22)$$

由以上讨论可知,几何精度因子实际上就是误差加权因子,即伪定位误差和钟差估计误差,受星站几何构型的影响,是伪距观测误差被加权 PDOP 和 TDOP 倍。因此,几何精度因子对定位和钟差精度有着重要的影响。

5.1.4 卫星导航系统的主要误差

卫星导航系统主要误差可分为三部分:一是与空间卫星有关的误差;二是与卫星信号传播有关的误差;三是与接收机有关的误差。下面将分别讨论这几项主要误差。

1. 卫星的误差

1) 卫星星历误差

由导航电文所给出的卫星星历与其实际位置之差称为卫星星历误差。由于各监测站对卫星进行跟踪测量时的测量误差,以及卫星在空中运行受多种摄动力的影响,导致在预报星历中不可避免地存在着误差。同时,监测系统的质量,如监测站的数量及空间分布、轨道计算时所用的轨道模型及定轨软件的完善程度亦会导致星历误差。此外,用户得到的卫星星历并非实时,是由用户接收的导航电文中对应于某一时刻的星历参数推算而来,由此也会导致卫星位置的计算误差。

为了尽可能削弱星历误差对定位的影响,一般采用同步观测求差法或轨道改进法。前者是采用两个或多个近距离的观测站对同一颗卫星进行同步观测,然后求差,就可减弱卫星轨道误差的影响;后者是在数据处理中,引入表述卫星轨道偏差的改正数,并假设在短时间内这些改正参数为常量,将其作为待求量与其他位置参数一并求解,从而校正卫星星历误差。

2) 卫星时钟误差

卫星时钟误差是指卫星的时钟与卫星导航系统的标准时钟之间的不同步偏差,主要包括频偏、频漂,并且随着时间的增长,这些频偏和频漂还会发生变化。卫星时钟误差可通过地面监控站对卫星的监测,由主控站测定相应的参数,通过导航电文将其提供给用户接收机。经过钟差模型修正后,卫星时钟误差可保持在 20ns 之内,由此引起的等效距离误差不超过 6m。如果需要进一步减弱剩余卫星时钟误差,可以通过对观测量的差分技术来实现。

2. 信号传播误差

1）电离层传播延迟误差

电离层是指地面上空 50～100km 之间大气层。卫星导航信号在传播过程中，由于受电离层折射的影响，会产生附加的信号传播延迟，从而使所测的信号传播时间产生误差。电离层引起的误差主要与沿卫星至接收机视线主向上的电子密度有关，其影响大小取决于信号频率、观测方向的仰角、观测时的电离层状况等因素。电离层的电子密度随太阳及其他天体的辐射强度、季节、时间以及地理位置等因素的变化而变化，其中与太阳黑子活动的强度相关尤为密切。对于卫星信号来讲，白天正午前后，当卫星接近地平线时，电离层延迟的影响可能超过 150m，在夜间，当卫星处于天顶方向，电离层的影响小于 5m。

为了减弱电离层误差的影响，通常有以下几种方法：一是接收机采用双频观测得到卫星信号，经双频修正后的距离残差为厘米级，但在太阳黑子活动的异常期或太阳辐射强烈的正午，这种残差仍会明显增大。二是利用电离层模型修正，由于影响电离层折射的因素很多，无法建立严格的数学模型，有关资料表明，目前模型修正的有效性约为 75%，也就是说，当电离层对观测值的影响为 20m 时，模型修正后的残差仍可达 5m。三是利用同步观测值求差，利用两台或多台接收机，对同一颗或同一组卫星进行同步观测，再将同步观测值求差，以减弱电离层延迟的影响。对于观测站距离较近时（20km），此方法可显著减弱电离层延迟的影响，其残差不会超过 10^{-6}m，特别适合于单频接收机用户。

2）对流层传播延迟误差

卫星导航信号通过对流层时，由于其传播速度不同于真空中光速 c，从而产生延迟，其大小取决于对流层本身及卫星高度角。对流层误差由干分量和湿分量两部分组成。一般是利用数学模型，根据气压温度、湿度等气象数据的地面观测值来估计对流层延迟误差并加以改正，常用的模型有 Hopfield 模型、Saaslamoinon 模型等。这些模型可以有效地减小干分量部分的影响，而干分量约占总误差的 80%，湿分量难以精确估计，需用到气象数据的垂直变化梯度参数。静态定位时，可以利用水蒸气梯度仪等办法来解决这一问题，但在动态情况下难以实施。

目前应用较为广泛的是 Hopfield 模型，相应的公式及其推导可参见有关文献。此外，对流层模型改正的精度还取决于卫星高度角。当卫星高度角大于10°时，模型改正精度可达分米级；卫星高度角较小时，改正精度可降至米级。因此，在实践中应尽可能采用大的高度角，另外，差分处理技术也可有效减弱对流层误差的影响。

3）多路径效应

多路径效应也叫多路径误差，是指卫星向地面发射信号，用户接收机除了接收到卫星直射的信号外，还可能收到周边建筑物、水面等一次或多次反射的信号，这些信号叠加起来会引起测量参考点（卫星接收机天线相位中心）位置的变化，从而使观测量产生误差。

多路径效应对于伪码测距的影响要比载波测量严重得多，观测资料表明，对于P码的多路径效应最大可达10m以上，而对于L1或B1载波，此项误差约为5cm。多路径误差和用户的周围环境（如地形、地物及其发射特性）有关，并且在静态定位时此项误差呈现系统性误差特性，但却难以用误差模型来描述；在动态情况下，由于载体的运动，此项误差较多地表现为随机性误差特性。在实际应用中，通常采用地面RF吸收板、调整天线的位置等措施来减弱此项误差的影响。

3. 接收的误差

1）接收机钟差

接收机钟差是指接收机钟面时与卫星导航系统的标准时之间的偏差，其误差取决于钟漂大小。钟漂表示接收机钟差的漂移率，其大小取决于所采用的钟的质量。对于定位型接收机，钟漂相对而言较稳定，接收机钟差的大小一般为毫秒级。由于钟差与接收机的性能有关，并且同一接收机观测的全部卫星具有相同的钟差参数，所以在解算位置参数时可以一并估计出此项误差。另外，通过对观测量进行差分处理也可以消除此项误差的影响。

2）接收机观测误差

观测误差不仅与用户接收机的软硬件对卫星信号的观测分辨率有关。一般认为观测分辨率误差为信号波长的1%，表5-1-1列出了卫星码信号和载波信号的观测精度。

表5-1-1 观测分辨率引起的观测误差

信号	波长(码元宽度)	观测误差	信号	波长(码元宽度)	观测误差
P码	29.3m	0.3m	L1载波	19.05cm	2.0mm
C/A码	293m	2.9m	L2载波	24.45cm	2.5mm

在GNSS测量中，接收机测量的伪距和载波相位值是卫星天线相位中心到接收机天线相位中心之间的距离，理论上期望天线的相位中心与其几何中心保持一致。实际观测时，由于天线的相位中心随着信号输入的方向和强度不同而有所变化，导致与几何中心存在偏差，即天线相位中心偏差，量级为数毫米至数厘米。天线相位中心偏差对定位结果有一定影响，对于伪距测量而言一般可以

忽略,对于精密相对定位来说,由天线相位中心偏差造成的定位误差是不容忽视的。

5.1.5 卫星导航系统的应用

1. 民用领域

随着全球卫星导航系统建设的不断完善,卫星导航系统从最早应用于军用定位和导航逐步扩展到民用,应用的深度和广度也与日俱增。卫星导航在民用领域的主要应用有以下几个方面。

(1) 海洋应用:远洋船只的最佳航程和安全航线测定,海洋地球物理勘测与大地测量,海底与海面地形及水深测量,水文测量等;

(2) 航空和航天应用:飞机导航和姿态测量,飞机进场着陆系统,低轨卫星的实时轨道测量,摄影和遥感飞机的状态参数测量等;

(3) 陆地应用:智能交通系统,物流管理,地球物理资源勘测,基于位置的服务,大地测量,个人导航等。

2. 军事领域

卫星导航系统最初是为了军事目的而产生的,例如,GPS 是美国国防部影响最深远的计划之一,它可能对战略战术产生革新影响。全球卫星导航系统是现代武器装备的重要组成部分,已经成为高技术战争的重要支持系统,是战场数字化和建设数字化军队的重要信息采集源,是实施导航战的重要前提之一。从近几次高技术局部战争可以看出,卫星导航技术的应用体现在海陆空力量的指挥控制、战场机动、补给支援、火力协同、战场救援和保障精确打击等各个环节。

(1) 导航:在黑暗或陌生领域帮助军人找到目标,使部队和物资协调行动;

(2) 跟踪目标:跟踪敌方地面和空中目标、确保目标精确打击,指挥监控和作战平台系统;

(3) 导弹和射弹制导;

(4) 搜索和救援;

(5) 侦查和制图等。

北斗卫星导航系统具有定位、短报文通信和精密授时三大功能,在军事领域中发挥着重要作用。北斗卫星导航系统可在我国大陆、台湾、南沙及其他岛礁,日本海,太平洋部分海域及周边部分地区为我国各种军兵种低动态及静态用户提供快速定位、简短数字报文通信和授时服务,将极大地改善我军长期缺乏自主、有效的高精度实时定位手段的局面,使我军可以实现“看得见”的指挥、胸有成竹的机动、卓有成效的协同,从而大大增强我军快速反应、快速机动和协同作战的能力,逐步满足我军在执行训练、演习、边海防巡逻、抢险救灾等任务中对导航定位的需求。

5.2 GPS系统

GPS由美国政府出资研制和建设,主要为用户提供两类服务:标准定位服务(Standard Positioning Service, SPS),也称军用服务。标准定位服务可为所有具有合适设备的用户提供定位服务,而精密定位服务仅仅对美国政府授权的用户提供定位服务。精密定位服务用户可以访问加密信号,而标准定位服务用户则不行。

5.2.1 GPS的系统构成

GPS的系统构成主要包括空间星座部分、地面监控部分和用户设备部分。

1. 空间星座部分

GPS空间卫星星座如图5-2-1所示,标称配置由24颗卫星(另外配置3颗备用星)组成,并为所有运行的卫星均提供完全的服务。GPS卫星轨道半径为26660km(距离地面约平均高度为20100km),运行周期为11 h 58min。卫星分布在6个轨道平面上,其倾角为55°,轨道平面与地球赤道的交点是在地球赤道上每隔60°均匀分布,每个轨道平面至少包含4颗卫星,呈不均匀分布。这样的星座分布保障了GPS全球性、全天候地连续实时定位的优势。空间部分的3颗备用星,可在必要时根据指令代替发生故障的卫星工作,这对于保障GPS空间部分正常而又高效地工作极为重要。

GPS卫星的基本功能:

(1) 接收和存储由地面监控站发来的导航信息,接收并执行监控站的控制指令;

(2) 卫星上设有微处理器,进行部分必要的数据处理工作;

(3) 通过星载高精度原子钟提供精密的时间标准;

(4) 向用户发送导航信息;

(5) 在地面监控站的指令下,通过推进器调整卫星的姿态。

2. 地面监控部分

GPS地面监控部分由1个主控站、4个注入站和6个监测站组成。其主要任务是跟踪所有的卫星以及进行轨道和时钟测定、预测修正模型参数、卫星时间同步和为卫星加载导航电文等。主控站设在美国本土的科罗拉多;4个注入站分别设在大西洋的阿森松群岛、印度洋的狄哥加西亚、太平洋的卡瓦加兰以及佛

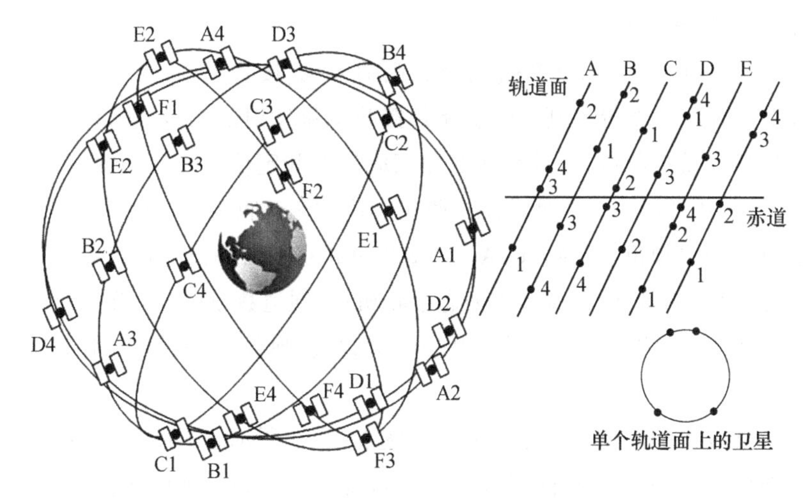

图 5-2-1　GPS 空间卫星星座示意图

罗里达州的卡纳维拉尔角;6 个监测站除主控站和 4 个注入站以外,第 6 个监测站位于太平洋中部的夏威夷。地面监控部分主要组成及其功能分配如图 5-2-2所示。

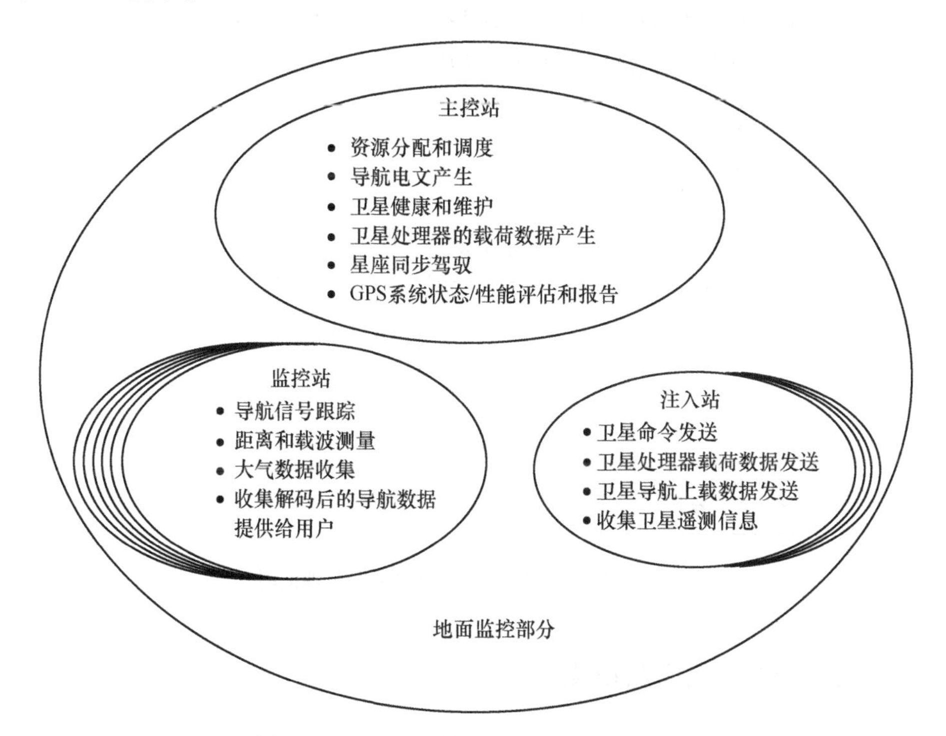

图 5-2-2　地面监控部分组成及其功能总览

3. 用户设备部分

用户设备部分主要是GPS接收机,包括天线、接收机、微处理器、数据处理软件和控制显示设备等。其主要功能是接收卫星发射的信号,获得必要的导航和定位信息以及观测量,并经数据处理完成导航和定位工作。GPS接收机有许多种类:按使用环境可分为低动态接收机和高动态接收机;按所使用的信号种类和精度可分为单频粗捕获码(C/A码)接收机和双频精码(P码)接收机;按用途可分为导航型、测量型、授时型和姿态接收机;按通道数量可分为单通道、双通道和多通道接收机;按载体应用形式可分为机载式、弹载式、星载式、舰载式、车载式和手持式接收机等。

GPS接收机的简化工作原理框图如图5-2-3所示。天线接收卫星发射的扩频导航信号L1和L2,经前置放大后进行变换。变频器把射频信号变成中频信号,经放大、滤波、送给伪码延时锁定环路和载波锁定环路,对信号进行解扩、解调,得到基带信号。从载波锁定环路提取与多普勒频移相应的伪距变化率,从伪码延时锁定环路提取伪距。参考振荡器和频率综合器产生需要的各种参考振荡信号。导航定位计算部分从基带信号中译出星历、卫星时钟校正参数、大气校正参数、时间标记以及概略星历等,用这些参数结合伪距和伪距变化率以及一些初始数据,完成用户位置和速度的计算以及最佳星座选择等工作。

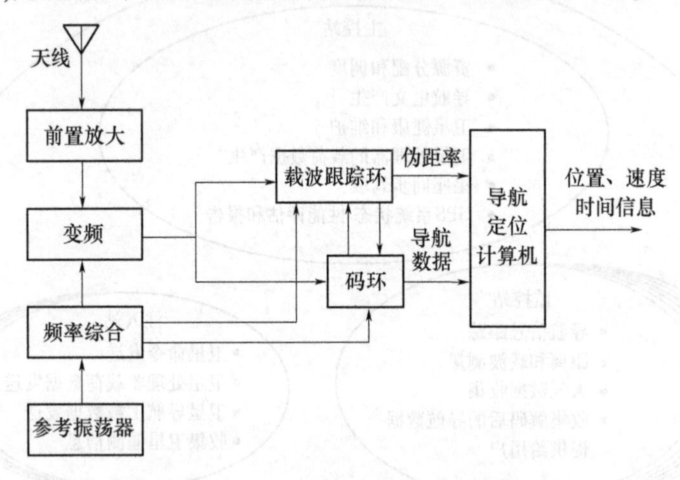

图5-2-3 GPS接收机的简化工作原理框图

5.2.2 GPS信号与电文

1. 信号

GPS导航信号包含10种不同的信号,通过三个频段广播,这三个频段分别为 L1、L2 和 L5。L1 载波频率为 1575.42MHz;L2 载波频率为 1227.60MHz;L5 载波频率为 1176.45MHz。对于每一个频段,所包含的双边信号带宽为 30.69MHz。表 5-2-1 对所有的信号进行了总结,其中许多的信号是在 GPS 现代化过程中才引入的,并没有被所有的卫星所广播。

由于粗/捕获(Coarse/Acquisition, C/A)码和精密(Precise, P(Y))码信号在 GPS 现代化实施之前已经存在,因此将它们称为传统的 GPS 信号,GPS 信号特性详见表 5-2-1 所列。C/A 码的命名源于它比 P(Y)码提供的导航精度要低,且传统 PPS 用户设备在 P(Y)码捕获之前需先捕获 C/A 码。C/A 码的码长为 1023chips,重复周期为 1ms,C/A 码容易捕获。每颗卫星发射 36 种 C/A 码序列中的一种。每种 C/A 码分配一个 PRN 号用来识别该颗卫星。每个 Gold 码的码长为 2^n-1,其中 n 为整数。为了使 C/A 码的重复周期为 1ms,C/A 码的码速率选择为 1.023M chip/s。

表 5-2-1 GPS 信号的特性总结

信号	频段	中心频率/MHz	服务类型	数据速率/(bit/s)	卫星批次
C/A	L1	1575.42	SPS/PPS	50	所有
P(Y)	L1	1575.42	PPS	50	所有
M 码	L1	1575.42	PPS	未公布	从ⅡR-M 开始
L1C-d	L1	1575.42	PPS	100	从Ⅲ开始
L1C-p	L1	1575.42	PPS	未公布	从Ⅲ开始
L2C	L2	1227.60	SPS	50	从ⅡR-M 开始
P(Y)码	L2	1227.60	PPS	50	所有
M 码	L2	1227.60	PPS	未公布	从ⅡR-M 开始
L5I	L5	1176.45	SPS	100	从ⅡF开始
L5Q	L5	1176.45	SPS	未公布	从ⅡF开始

加密的精密码(Y 码)由公开精密码(P 码)乘以一加密码所构成,只有授权的 PPS 用户才能够使用。对于敌方来说,它很难通过广播复制信号来欺骗 GPS 用户设备,因此该加密技术称为抗欺骗。通常所有的 GPS 卫星广播的是 Y 码,但是也能够切换到广播 P 码。标识符 P(Y)码通常用来表示对 P 码和 Y 码的统称。P 码是两个 PRN 码序列的乘积,其中一个 PRN 码的长度为 15345000chips (1.5s),另一个比它长 37 码片,从而产生的 P 码周期大于 38 个星期。因此,将 P 码分成许多段,每一段码长为 1 星期,每颗卫星分配一个不同的星期段,P 码分别调制到 L1、L2、L5 频段上。

L2C(Link 2 Civil)信号是时分复用(Time-Division Multiplex, TDM)的两路

信号:一路是调制有导航电文的民用中等长度(Civil Moderate, CM)码,另一路是没有调制导航数据的民用长(Civil Long, CL)码,二者的码速率均为511.5kchip/s。有导航电文调制的CM码和无电文调制的CL码组合成L2C信号,L2C信号轮流发送两种信号,产生的L2C信号的码速率为1.023Mchip/s。CM码的长度为10230码片,周期为20ms,与导航电文符号的长度相同。CL码的长度为CM码的75倍,有767250chips,周期为1.5s。接收机可以采用CM码、CL码,或者二者都采用。相对CL码来说,CM码的捕获速度要快或者计算量要少一些。而没有调制数据的CL码,在低信噪比环境下,其载波跟踪精度和性能要好。虽然CM码相对于C/A码来说,捕获的难度大一些,但是CM码在主自相关峰值和互相关峰值之间提供了45dB的余度。由于在L2频段上存在许多干扰,所以L2C信号并不适用于与生命安全相关的应用。

新的军码信号是首次采用BOC调制的GPS信号。这样做的目的就是使M码的频谱与SPS信号的频谱相分离,从而允许使用干扰防止敌方使用GPS服务,并在不干扰民用GPS服务的条件下加大军用信号的发射功率。尽管M码使用长码且码速率高,但是M码是可以直接捕获的。

对初始M码设计的修改,引入了时分数据多路复用(Time-Division Data Multiplexing,TDDM),因此,导航电文信息仅仅调制在PRN码的交替码片上,用户获益于无调制电文的信号分量。和L2C信号一样,接收机可以采用调制导航电文的信号,没有调制导航电文的信号,或者两者都采用。

L5信号的多路复用包含两个10.23Mchip/s的SPS复合信号。同相信号L5I上调制导航电文信息,而正交相上没有调制导航电文信息,两个信号都采用分层的测距码。基码的长度为10230chips,周期为1ms。同相和正交信号分别采用不同的码结构。将基码乘以1kchip/s的Neumann-Hoffman码,就产生全码即SpV码。L5I的SpV码周期为10ms,和导航电文的长度一致,而L5Q码的重复周期为20ms。

调制导航电文的L1C信号将使用10230chips长度的码,其重复周期为10ms。没有调制导航电文的L1C信号将使用分层码,基码的长度为10230chips,从码或层叠码的长度为1800chips,产生的全码周期为18s。

2. 电文

GPS卫星广播包括三种不同的导航电文信息。传统的导航电文信息同时在C/A码和两个P(Y)码信号上广播,MNAV(Military NAVgation)导航电文信息在M码信号上广播,CNAV(Civil NA Vgation)导航电文信息在L2C信号(CM分量)和L5I信号上广播。将来,在L1C信号上将引入C2NAV导航电文。

传统的导航电文没有采用前向纠错编码(FEC)的固定帧格式广播,数据率为50bit/s。电文分解成30位的字,每个字的传播时间为0.6s,包含一个奇偶校验。一个完整的导航电文信息,其持续时间为12.5min。

导航电文是卫星以二进制码的形式发送给用户的导航定位数据,它包括卫星工作状态信息、卫星星历、卫星钟差校正参数、电离层延迟改正、全部卫星的概略星历等内容。

卫星钟校正参数包括 a_0、a_1 和 a_2,t 时刻卫星时钟改正数按下式计算:

$$\Delta t_s = a_0 + a_1(t - t_{0c}) + a_2(t - t_{0c})^2$$

式中:t_{0c}为数据块参考时间,是GPS系统时间,从每星期六或星期日子夜零时开始度量,以秒为单位。

GPS卫星星历主要用于计算卫星的位置和速度,以开普勒轨道参数及其扰动项表示,主要包括:

- M_0:参考时刻 t_{0c}的轨道平近点角;
- Δn:平均轨道角速率的修正量;
- e:卫星椭圆轨道的偏心率;
- $\sqrt{a}$:卫星椭圆轨道长半轴的平方根;
- Ω_0:参考时刻 t_{0e}的轨道升交点赤经;
- i_0:参考时刻 t_{0e}的轨道倾角;
- ω:轨道近地点角矩;
- $\dot{\Omega}$:升交点赤经的变化率;
- $\dot{i}$:轨道倾角变化率;
- C_{uc}、C_{us}:升交点角距的改正系数;
- C_{rc}、C_{rs}:轨道矢径的改正系数;
- C_{ic}、C_{is}:轨道倾角的改正系数;
- t_{0e}:从每星期六/星期日子夜零点起计算星历的参考时刻;
- AODE:星历表的数据龄期,$AODC = t_{0e} - t_L$。

GPS的概略星历没有星历表的数据精确,但是用户只要收到一颗卫星的信号,接收一个完整的概略星历后,就可粗略地知道全部卫星的情况。它有助于较快地捕获和选择卫星信号。

MNAV和CNAV导航电文和传统导航电文的构造不同,它们的子帧帧头里有信息类型指示,因此子帧可以按照任意次序发射。这样设计具有极大的灵活性,可以采用不同的速率发射不同的信息,从而使卫星健康状态的变化能够很快通知到用户。MNAV导航电文子帧的长度为400bit,而CNAV导航电文子帧的长度为300bit。CNAV导航电文信息采用1/2速率的FEC,也就是数据的速率为符号速率的一半,因此,在L2C上导航电文的数据速率为25b/s,在L5I上导航电文的数据速率为50b/s。与传统的导航电文相比,MNAV导航电文广播的精密星历参数和卫星时钟参数的精度更高,同时也计划提高CNAV导航电文中这些参数的精度,这些导航电文的详细描述请参考相应的ICD/IS文档。

5.3 北斗卫星导航系统

北斗卫星导航系统(BDS)是由中国自主发展、独立运行的全球卫星导航系统,能够向覆盖区域内的用户提供高质量的定位、导航、授时服务,是联合国卫星导航委员会认定的四大核心供应商之一。

北斗卫星导航系统具有以下特点:一是系统空间段采用三种轨道卫星组成的混合星座,与其他卫星导航系统相比高轨卫星更多,抗遮挡能力强,尤其低纬度地区性能优势更为明显;二是北斗系统提供多个频点的导航信号,能够通过多频信号组合使用等方式提高服务精度;三是北斗卫星导航系统创新融合了导航与通信能力,具备定位导航授时、星基增强、地基增强、精密单点定位、短报文通信和国际搜救等多种服务能力。

值得说明的是,北斗卫星导航系统是在北斗一代的基础上发展而来,但北斗一代的定位原理与一般的GNSS定位原理不同,采用的是有源定位体制,如图5-3-1所示。地面中心站C通过卫星S1和S2向用户U发射询问信号,如果用户需要定位,则接收并转发应答信号,应答信号通过原路径返回地面中心站,在地面中心站测得距离$r_{s1}+r_1$和距离$r_{s2}+r_2$;由于地面中心站及卫星的空间位置均为已知,因此,r_{s1}和r_{s2}为已知,分别从$r_{s1}+r_1$和$r_{s2}+r_2$中减去r_{s1}和r_{s2},得到r_1和r_2两个导航定位参量,即得到分别以S1和S2为球心,以r_1和r_2为半径的两

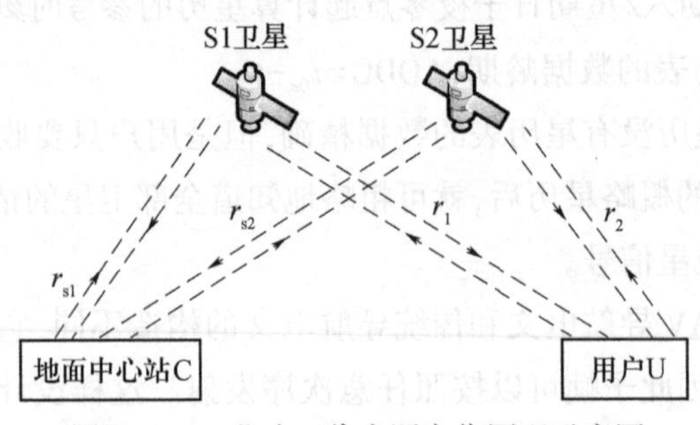

图5-3-1 北斗一代有源定位原理示意图

个球面,用户应该在这两个位置面上,然后根据地面中心站存储的数字地图或用户自带测高仪测出的高程算出用户到地心的距离,根据这三个位置就可通过三球交汇测量原理确定用户的位置。

5.3.1　系统组成与服务

1. 系统组成

北斗卫星导航系统由空间部分、地面部分和用户部分组成。

1) 空间部分

北斗卫星导航系统标称空间星座由30颗卫星组成,包括3颗地球静止轨道卫星(GEO)、3颗倾斜地球同步轨道卫星(IGSO)、24颗中圆地球轨道卫星(MEO)。3颗地球静止轨道卫星高度为35786km,分别位于东经80°、110.5°和140°;3颗倾斜地球同步轨道卫星高度为35786km,卫星轨道倾角为55°;24颗中圆地球轨道卫星在倾角为55°的3个轨道面上,各轨道面均匀分布,分别间隔120°,轨道高度为21528km。图5-3-2为北斗卫星导航系统的卫星星座示意图。

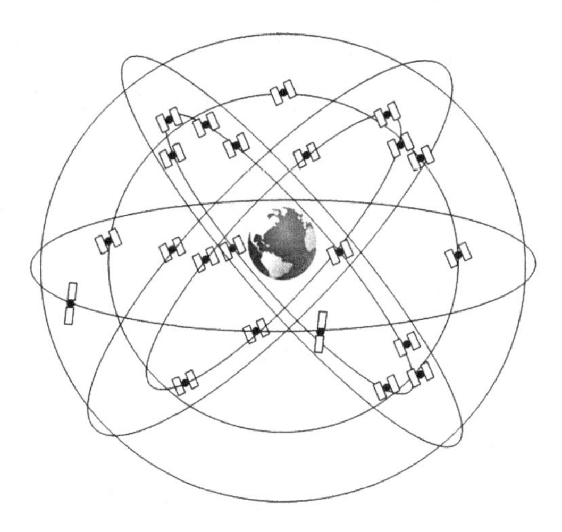

图5-3-2　北斗卫星导航系统的卫星轨道示意图

由于北斗卫星导航系统是由分布在不同轨道高度的异质卫星组成的混合星座导航系统,不同轨道上的卫星具有不同的轨道误差,所以适用于其他卫星导航系统的等精度观测方法并不能真实地反映实际情况。在非等精度的情况下,根据不同类卫星的不同测距误差对观测值赋以相应的权值,通过加权计算得出的几何精度因子,可以更加客观地评定定位精度。

2) 地面部分

北斗卫星导航系统的地面部分包括1个主控站、2个注入站和30个监控站,是导航系统的控制、计算、处理和管理中心。主控站位于北京,控制整个系统工作。其主要完成的任务是收集各个监测站的观测数据,进行数据处理,生成卫星导航电文和差分完好性信息,完成任务规划与调度,实现系统运行管理与控制等。注入站的主要任务是在主控站的统一调度下,完成卫星导航电文、差分完好性信息注入和有效载荷的控制管理。监测站接收导航卫星信号,发送给主控站,实现对卫星的跟踪、监测,为卫星轨道确定和时间同步提供观测资料。

3) 用户部分

用户部分是指用户终端,既可以是专用于北斗卫星导航系统的信号接收机,也可以是同时兼容其他卫星导航系统的接收机。北斗卫星导航系统的用户终端不仅可以为用户提供卫星无线电导航服务,而且具有位置报告及短报文通信功能。

2. 系统服务

北斗卫星导航系统自2012年12月27日起正式提供卫星导航服务,范围涵盖亚太大部分地区:南纬55°到北纬55°、东经55°到东经180°,如图5-3-3所示。该系统提供开放服务和授权服务两种服务。开放服务是在服务区免费提供定位、测速和授时服务,定位精度为10m,授时精度为50ns,测速精度为0.2m/s;授权服务是向全球用户提供更高性能的定位、测速、授时服务,以及为亚太地区提供广域差分和短报文通信服务,广域差分定位服务精度为1m,短报文通信最多为120个汉字。

北斗卫星导航系统相对于GPS和GLONASS系统的特点,在于它不仅能使用户知道自己的所在位置,还可以告诉主控站自己的位置在什么地方,特别适用于需要导航与移动数据通信场所,如交通运输、调度指挥、搜索营救、地理信息实时查询等。我国在2020年7月已完成了北斗三号全球卫星导航系统的开通服务,为全球用户提供定位、导航和授时服务。至2035年我国基于北斗三号还将建设完善更加泛在、更加融合、更加智能的综合时空体系。

与其他卫星导航系统相比,北斗卫星导航的服务还具有以下5个特征:

(1) 同时具备定位与通信功能,无需其他通信系统支持;

(2) 覆盖亚太大部分区域,提供24小时全天候服务,无通信盲区;

(3) 特别适合集团用户大范围监控与管理和数据采集、数据传输等应用;

(4) 融合北斗导航定位系统和卫星增强系统两大资源,提供更丰富的增值服务;

(5) 自主系统、高强度加密设计,安全、可靠、稳定,适合关键部门应用。

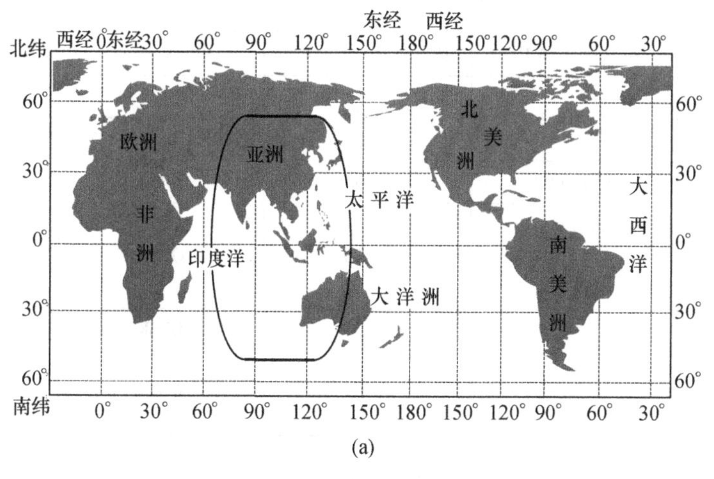

(a)

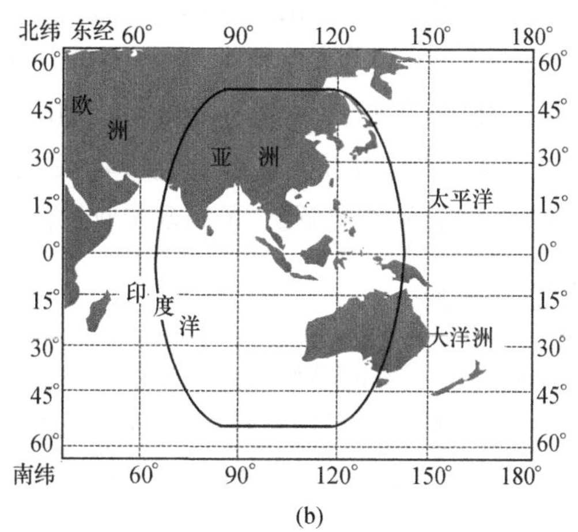

(b)

图 5-3-3 目前北斗卫星导航系统的服务区域示意图

(a) 亚太大部分区域；(b) 局部放大图。

5.3.2 卫星信号

北斗卫星导航系统与 GPS、“伽利略”系统在载波频率、信号结构和定位原理等方面有很多相似之处。北斗系统采用码分多址技术，与 GPS 和“伽利略”系统一致，但不同于 GLONASS 的频分多址技术。在频谱资源非常有限的情况下，码分多址的抗干扰能力强，并且更容易与其他卫星导航系统兼容。北斗卫星导航系统将发射 B_1、B_2、B_3 三个频段信号，这些信号采用 BPSK、正交相移键控调制（QPSK）、二元偏置载波（BOC）、正交复用二元偏置载波（MBOC）等调制方式，表 5-3-1 对目前北斗卫星信号特性进行了总结。

表 5-3-1　北斗卫星导航系统信号

频　带	载波频率/MHz	码片速率/$Mc \cdot s^{-1}$	调制方式	服务类型
B1-C_D	1575.42	1.023	BOC(1,1)	开放
B1-C_P			QMBOC(6,1,4/33)	
B1I	1561.098	2.046	BPSK	
B2-A_D B2-A_P	1176.45	10.23	QPSK	开放
B2I	1207.14			
B3I	1268.52	10.23	BPSK	开放
B3-A_D		未公开	未公开	授权
B3-A_P				

北斗卫星导航系统在L波段的B1、B2、B3频点上发送服务信号,包括开放服务信号和授权服务信号,B1频点为1559.052~1591.788MHz,B2频点为1166.220~1217.370MHz,B3频点为1250.618~1286.423MHz。

北斗卫星导航系统发射的导航电文经扩频、载波调制后向其覆盖区域广播,接收机接收信号后,对信号进行解调与解扩,可实现接收机位置坐标的解算。

5.3.3　系统应用及发展

北斗卫星导航系统是我国重要的基础设施,也是全球卫星导航系统的重要组成部分,发展独立自主的卫星导航系统也是国家的重大国策。北斗卫星导航系统具有快速定位、短报文通信和精密授时3大功能,在军事领域和国家建设中发挥着重要作用。

1. 军事领域

北斗卫星导航系统建成后,可在我国大陆、台湾、南沙及其他岛礁,日本海,太平洋部分海域及周边部分地区为我国各种军兵种低动态及静态用户提供快速定位、简短数字报文通信和授时服务,将极大地改善我军长期缺乏自主有效地高精度实时定位手段的局面,使我军可以实现“看得见”的指挥、胸有成竹的机动、卓有成效的协同,从而大大增强我军快速反应、快速机动和协同作战的能力,初步满足我军在执行训练、演习、边海防巡逻、抢险救灾等任务中对导航定位的需求。

2. 民用领域

北斗卫星导航系统的民用领域范围广泛,是服务国家经济建设、社会发展和公共安全的重要空间基础设施。北斗卫星导航试验系统自建成以来,在国家的重大工程和重点行业中发挥着重要作用,主要体现由交通运输、防灾减灾、农林水利、气象、国土资源、环境保护、公安警务等领域。

我国北斗卫星导航系统的发展原则如下。

(1) 开放性:对全世界开放,为全球用户提供高质量的免费服务;

(2) 自主性:在同时考虑国家安全和用户利益的基础上,向用户独立提供服务,未来系统的建设、运行和发展均是独立自主的;

(3) 兼容性:在全球卫星导航系统国际委员会(ICG)和国际电联(ITU)框架下,与其他卫星导航系统实现兼容与互操作,使所有用户都能享受到卫星导航发展的成果;

(4) 渐进性:依据国家技术和经济发展实际,遵循循序渐进的发展模式,积极稳妥地推进系统建设,不断完善服务,并实现各阶段的无缝衔接。

目前国家一直在推进北斗系统与其他国家的GNSS系统的合作,以实现多导航卫星系统资源利用与共享,主要体现在推进发展导航系统的兼容性与互操作性两个方面。兼容性是指分别或综合使用多个全球卫星导航系统及区域增强系统,不会引起不可接受的干扰,也不会伤害其他单一卫星系统及其服务,主要包括无线电频率兼容、坐标系统兼容、时间系统兼容、发射功率兼容等。互操作性是指综合利用多个全球卫星导航系统、区域卫星导航系统、增强卫星导航系统及相应服务,能够在用户层面比单独使用一种服务获得更好地能力,使得用户获得更可靠、更丰富的PNT(定位、导航、授时)服务,主要内容包括:①同时处理不同卫星导航系统信号并不显著增加用户接收机的成本和复杂性;②多卫星星座播发公用互操作信号将改善观测卫星的几何结构,减少卫星信号受遮挡范围,提高卫星的可用性和可视性;③坐标框架的实现及时间系统应极大限度地固联于国际现有的同一标准;④鼓励任何其他改善互操作的决策。

总之,建设和发展北斗卫星导航系统是我国的一项重大国家战略,可以预期,随着北斗卫星导航系统的不断完善,必将在国防建设和国民经济发展的各个领域发挥越来越重要的作用。

5.4 其他卫星导航系统

5.4.1 GLONASS卫星导航系统

GLONASS是苏联在1976年开始研究规划,于1996年建成并正式投入使用,由俄罗斯国防部控制的卫星导航系统。该系统由三个分系统组成,即空间卫星分系统、检测与控制分系统和导航用户设备。目前,GLONASS的空间卫星共有31颗在轨卫星,其中24颗卫星运行在工作状态,4颗卫星处于备份状态,1颗卫星正进行分行参数测试,其余2颗卫星处于维护中。24颗工作卫星均匀分布在三个轨道平面上，每个轨道平面上均匀分布8颗卫星，卫星轨道倾角为64.8°，每个轨道为高度约19100km的近圆轨道，相邻轨道上的卫星相位差为45°，运行周期约为11h。图5-4-1为GLONASS的卫星星座示意图。

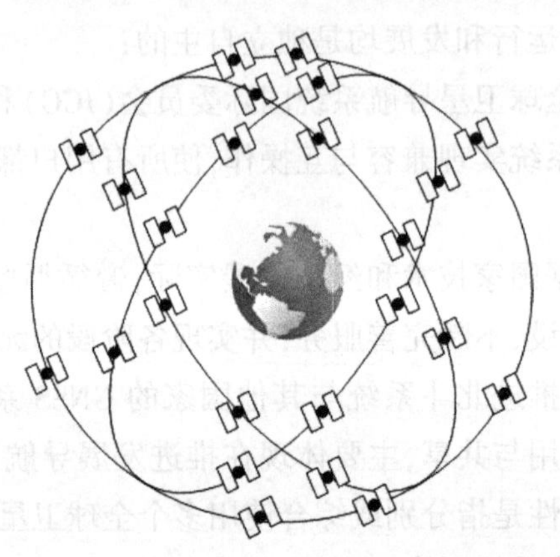

图5-4-1 GLONASS的卫星星座示意图

GLONASS与GPS有许多基本的共同点，例如，其地面检测与控制分系统也是由主控站、监测站和注入站组成，由俄罗斯军方控制，主要负责测量和预报各卫星的星历并监视导航信号，并且控制每颗卫星的在轨运行情况。GLONSS是一个具有双重功能的军用/民用系统，所有的军用和民用GLONASS用户构成用户部分，并能够与GPS在性能上实现互补，潜在的民用前景巨大。

GLONASS的卫星射频都为L波段，采用伪随机码进行扩频调制的伪码测距系统，各卫星的发射功率相同。GPS/GLONASS兼容接收机可大大改善卫星空位的几何图形，提高定位精度，更重要的是可以打破了美国垄断GPS的局面，充分利用导航卫星资源。GLONASS与GPS的主要不同点如表5-4-1所列。

表5-4-1 GLONASS与GPS的区别

项目	GLONASS	GPS
卫星数	21+3	21+3
轨道面数	3	6
轨道高度	19100km	20200km
轨道倾角	64.8°	55°
坐标系	SGS-85	WGS-84
测距信号	伪随机噪声码(C/A)	伪随机噪声码(C/A)
卫星信号区分	频分多址	码分多址
卫星射电频率	1602.5625~1615.5MHz 1246.4375~1256.5MHz	1575.42MHz 1227.60MHz

GLONASS 提供两种类型导航服务:标准精度通道(CSA)和高精度通道(CHA)。CSA 类似于 GPS 的标准定位服务,主用于民用;CHA 类似于 GPS 的精密定位服务,主用于特许用户。GLONASS 的导航定位精度正随着系统的完善不断提高,系统设计初期的精度目标是定位误差小于 100m,高度误差小于 150m,至 2021 年,GLONASS 可用卫星数已达 24 颗,它的定位精度已提高到 5m 左右。

由于 GLONASS 导航系统一直由俄罗斯军方控制,因此政府并未完全开发 GLONASS 的民用市场,从而大大限制了其使用范围,而且系统的构建一直受俄罗斯国内经济的影响,系统的完善建设进程缓慢。进入 21 世纪后,随着俄罗斯经济的复苏,政府正逐步通过发射寿命长、质量较小的改进型 GLONASS 卫星,以实现新型 GLONASS;并且俄罗斯正通过建立卫星增强系统 SDCM(System of Differential Correction and Monitoring)的方式进一步增强 GLONASS 的性能,同时全面启动 GLONASS 的商业服务计划,以拓展民用卫星导航市场,通过加强国际合作,将 GLONASS 推向世界民用市场。

5.4.2 伽利略卫星导航系统

“伽利略”卫星导航系统是欧盟正在建设中的全球卫星导航定位系统,它是世界上第一个完全向民用开放的具有商业性质的卫星定位系统,既能够为民众提供高精度导航信号,又可以提供给政府和军方高度安全的机密信号。“伽利略”计划于 2002 年 3 月正式启动,已经分别于 2005 年 12 月和 2008 年 4 月发射了两颗在轨试验卫星,目前已有 26 颗卫星在轨运行,系统已为全球提供导航定位授时服务。

“伽利略”卫星导航系统由全球部分、区域部分、局地部分、用户部分和服务中心组成。

1. 全球部分

全球部分分为空间部分和地面部分。空间部分是由 30 颗卫星组成的一个全球星座,卫星按最优化方案分布在 3 个中等高度地球轨道平面上,轨道平均高度约为 2.4×10^4km,轨道倾角 56°,卫星运行周期约为 14h,每个轨道平面上有 9 颗工作星和 1 颗备份星。地面部分有 2 个位于欧洲的伽利略控制中心和分布于全球的 5 个 S 波段上行站及 10 个 C 波段上行站。图 5-4-2 为“伽利略”的卫星星座示意图。

2. 区域部分

区域性地面设施由 1 个附加网站和 1 个处理中心组成。附加网站负责监控信号的完好性,处理中心负责提供“伽利略”卫星导航服务。

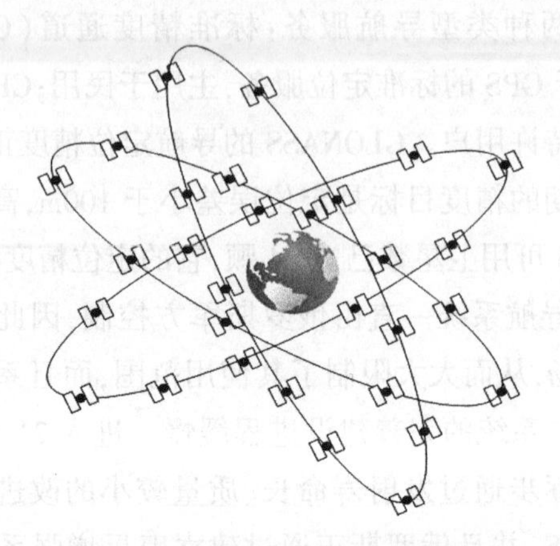

图 5-4-2 “伽利略”的卫星星座示意图

3. 局地部分

局地设施部分除了提供差分校正量与完好性报警外,还提供下列各项服务:商业数据(差分校正量、地图和数据库);附加导航信息(伪卫星);在接收 GSM 和 UMTS 基站计算位置信号不良的地区(如地下停车场和车库),增强定位数据信号和移动通信信道等服务。

4. 用户部分

接收机是“伽利略”系统中的一个重要环节。根据市场的需求,有各种不同类型的接收机利用“伽利略”系统的各种信号实现不同的服务;“伽利略”接收机还应有外部辅助系统(GPS、GLONASS 和“罗兰”等)接口,可组成综合服务。

5. 服务中心

服务中心提供“伽利略”系统用户与增值服务供应商(包括局地增值服务商)之间的接口。根据各种导航、定位和授时服务的需要,服务中心能提供下列信息:性能保证信息或数据登录;保险、债务、法律和诉讼业务管理;合格证和许可证信息管理;商贸中心;支持开发应用与介绍研发方法。

与美国的 GPS 相比较,“伽利略”系统具有以下特点:

(1) 更精确:GPS 精确度为 10m,“伽利略”系统则为 1m;

(2) 更可靠:如果使用“伽利略”系统,飞机能在任何机场降落,而不必考虑机场的导航设施,火车能在没有驾驶员的情况下高密度行驶,轮船即使在大雾中也能安全航行,如果卫星失灵,系统在几秒内就能发出警报;

(3) 用途更广泛:“伽利略”系统更多地考虑民用,除了可以对固定和移动的民用设施定位以外,还可以运用在地质勘探、考古、天气预报等多个领域;

（4）兼容性："伽利略"系统可与其他卫星导航系统兼容，例如可兼容美国的 GPS 和俄罗斯的 GLONASS。

"伽利略"卫星导航系统采用完全非军方的控制和管理模式，旨在建立一个高效经济的民用导航定位服务系统。由于欧洲经济危机，并且参与建设的多个国家在投入问题上存在分歧，导致"伽利略"计划一再推迟，系统目前在轨运行 26 颗卫星，基本具备了全球导航服务功能。系统项目负责人宣称将在 2024 年底之前发射第二代伽利略卫星，基于灵活配置和数字化设计的卫星数目达 12 颗。随着系统的建成和投入使用，其应用将会渗透到各个领域，包括公路、铁路、航海以及航空，甚至是航天领域。特别是将为民用航空领域带来一系列直接和间接效益，使得全球卫星导航系统的性能更加完善。

参考文献

[1] Hofmann-Wellenhof B, Lichtenegger H, Wasle E. GNSS-Global Navigation Satellite Systems: GPS, GLONASS, Galileo and More. Springer, 2007.

[2] Kaplan, Elliott D., Hegarty C J., et al. Understanding GPS Principles and Applications. Artech House, 2005.

[3] 刘建业，曾庆化，赵伟，等. 导航系统理论与应用[M]. 西安：西北工业大学出版社，2010.

[4] 胡小平. 自主导航理论与应用[M]. 长沙：国防科技大学出版社，2002.

[5] 赵琳，丁继成，马雪飞. 卫星导航原理及应用[M]. 西安：西北工业大学出版社，2011.

[6] Groves P.D. GNSS 与惯性及多传感器组合导航系统原理[M]. 李涛，等，译. 北京：国防工业出版社，2011.

[7] 袁建平，罗建军，岳晓奎. 卫星导航原理与应用[M]. 北京：中国宇航出版社，2003.

第6章　特征匹配导航

特征匹配导航是指通过观测环境特征并与事前已经获得的相关参考数据库进行匹配,进而确定用户位置的导航技术。导航可以利用的环境特征包括地形高度、环境图像、地球磁场、地球重力场等。相应的特征匹配技术可称为地形匹配、图像匹配、地磁匹配、重力匹配等。

特征匹配导航与惯性导航、卫星导航等导航方式相比,具有显著的特点。首先,特征匹配导航误差不随时间累积。其次,特征匹配导航自主性强,在无线电导航或卫星导航性能严重下降甚至失效的场合往往是特征匹配导航的用武之地。本章主要介绍几种典型的特征匹配导航方法,包括地形匹配导航、图像匹配导航、地图匹配导航以及地磁匹配导航等。

6.1　地形匹配导航

地形匹配导航,也称作地形参考导航、地形辅助导航或地形等高线匹配等,是指通过比较地形高度测量值和地形参考数据库来确定载体位置的特征匹配导航技术。地形可以是陆地或者海床。广义的地形匹配导航是指利用地形相关特征匹配导航技术,其中地形相关特征除了地形高度,还包括地形地貌特征。除了导航功能外,地形匹配导航系统还可以具有地形跟踪、威胁回避、地形掩蔽、障碍告警等扩展功能。

经过几十年的发展,地形匹配导航技术已经成功应用于巡航导弹和飞机导航,到目前为止出现了多种地形匹配导航的方法。根据所采用的估计准则不同,这些匹配方法本质上可以分为以下两种。第一种是地形相关匹配方法,又称作批处理算法,其原理是载体的航迹经过某些特定的地形区域时,利用雷达高度计、声纳等设备测量航线的地形标高剖面,将测得的实时图与预存的地形参考图指示的标高剖面进行相关计算,按最佳匹配确定运动载体的位置。地形轮廓匹配系统(TERCOM)采用的是一种典型的地形相关匹配方法,该系统由美国E系统公司于20世纪70年代开始研制,至今仍应用于“战斧”巡航导弹。第二种是基于扩展卡尔曼滤波的方法，又称作序贯处理方法，其原理是利用测量的地形高度数据，通过卡尔曼滤波技术实现从起点到目标点连续不断地对INS进行修改。该方法把雷达测得的每个地形高度数据都作为卡尔曼滤波处理的测量数据进行递归处理，以估算和补偿导航系统的误差。在每次测量更新时刻，都要利用当时的状态估算值和存储的地形数据来求取地形高度的预测值，然后把测量数据与预测值数据加以比较，估算导航系统的状态误差。桑地亚惯性地形辅助导航系统（SITAN）采用的是一种典型的基于扩展卡尔曼滤波的方法，该系统由美国Sandia国家试验室研制，主要应用对象是直升机和战斗机。

下面简要介绍地形轮廓匹配导航算法的原理以及几种典型的地形测量设备。

6.1.1　地形轮廓匹配导航原理

1. 地形轮廓匹配导航系统组成和应用

图6-1-1给出了地形轮廓匹配导航系统的组成，与气压高度表配合的导航仪（以惯性导航系统、多普勒或大气数据测量为基础）提供水平位置和高度估算值。从海拔高度估算值中减去雷达高度表的离地高度测量，可求出实测的地形高度，再与地形参考图中的地形高度进行相关运算，并进行位置修正。

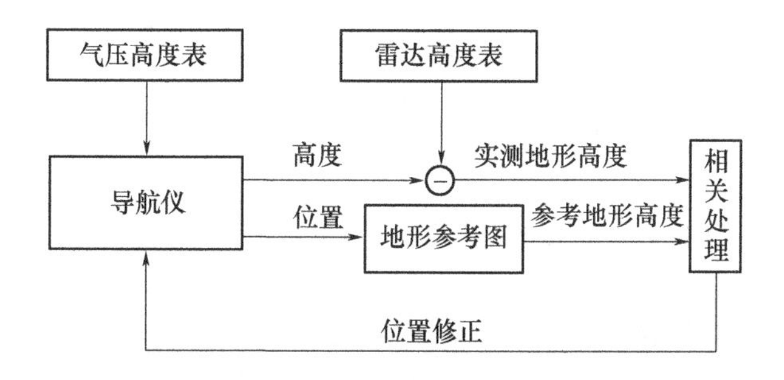

图6-1-1　地形轮廓匹配导航系统的组成

图6-1-2给出了地形轮廓匹配导航系统在实际应用中的示意。地形轮廓匹配导航系统通过使地形剖面与存储的地形参考图匹配来减小惯性导航系统的累积误差。

2. 地形轮廓匹配导航系统的工作原理

在地球陆地表面上任何地点的地理坐标，都可以根据其周围地域的等高线

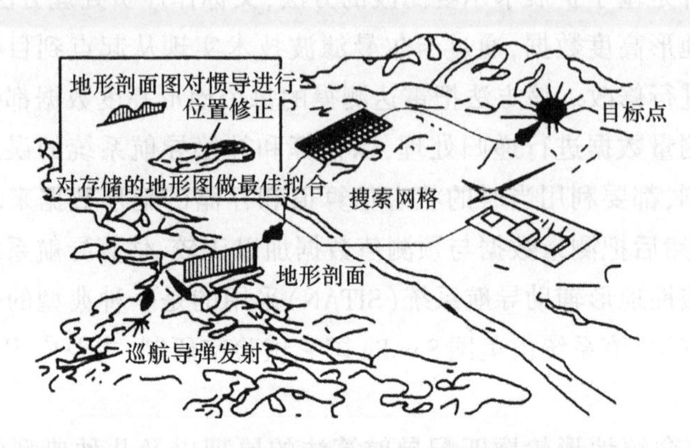

图 6-1-2　地形轮廓匹配导航系统的应用示意图

地图或地貌来确定。下面简单介绍地形轮廓匹配导航系统的工作原理。

如图 6-1-3 所示,当飞机飞越某块已经数字化的地形时,机载雷达高度表测得飞机离地面的相对高度 h_r,同时气压式高度表与惯性导航系统相组合测得飞行器的绝对高度 h(或海拔高度),h 与 h_r 相减即可求出地形高度 h_t。

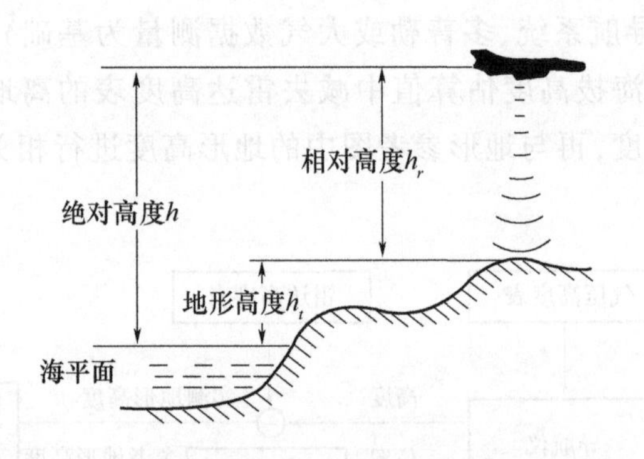

图 6-1-3　地形高度与绝对高度和相对高度的关系

如图 6-1-4 所示,当飞机飞行一段时间后,即可测得其真实航迹下的一串地形高程序列。将测得的地形轮廓数据与预先存储的地形参考图进行相关分析,具有相关峰值的点即被确定为飞行器的估计位置。这样,便可用这个位置来修正惯性系统指示的位置。在做相关处理的过程中,可根据惯性导航系统确定的飞机位置从数字地图数据库中调出某一特定区域的地形参考图,该图应能包括飞机可能出现的位置序列,以保证相关分析处理得以进行。

地形轮廓匹配导航系统相关处理的主要任务是在存储的地形参考图上寻找

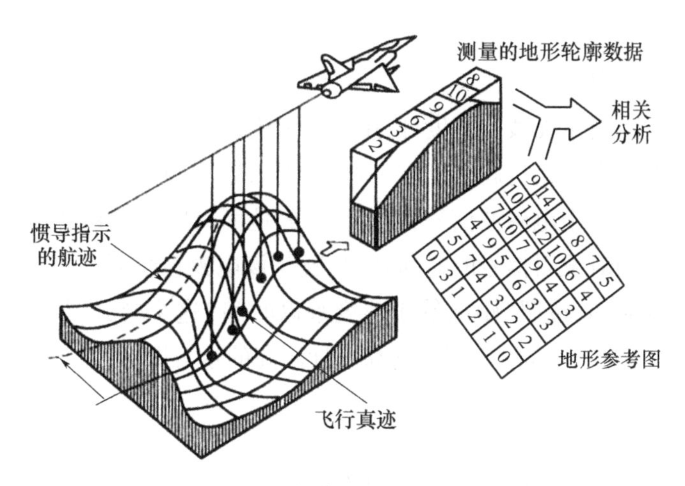

图 6-1-4　地形轮廓匹配导航原理示意图

一条路径，这条路径平行于导航系统指示的路径并最接近于高度表实测的路径。常用的相关性原则如表 6-1-1 所列，h_t^k 为雷达高度计测量的地形高度，h_s^k 为根据惯性导航指示位置从地形参考图中读取的地形高度。表中，积相关算法、归一化积相关算法强调度量对象间的相似度，平均绝对差算法与均方差算法强调度量变量间的差异度。这四种算法都广泛应用于相关分析中，其中均方差算法是比较精确的一种。

表 6-1-1　常用的相关性准则

相关算法	公式($i=-m,\cdots,m;j=-n,\cdots,n$)	最佳匹配度量
积相关算法 PROD	$\text{prod}_{ij}=\frac{1}{N}\sum_{k=1}^{N}h_{s(i,j)}^k h_t^k$	最大值
归一化积相关算法 NPROD	$\text{nprod}_{ij}=\frac{\sum_{k=1}^{N}h_{s(i,j)}^k h_t^k}{\left[\sum_{k=1}^{N}h_{s(i,j)}^k\right]^{1/2}\left[\sum_{k=1}^{N}h_t^k\right]^{1/2}}$	最大值
平均绝对差算法 MAD	$\text{mad}_{ij}=\frac{1}{N}\sum_{k=1}^{N}\mid h_{s(i,j)}^k-h_t^k\mid$	最小值
均方差算法 MSD	$\text{msd}_{ij}=\frac{1}{N}\sum_{k=1}^{N}(h_{s(i,j)}^k-h_t^k)^2$	最小值

6.1.2 地形测量设备

1. 雷达高度计

雷达高度计属于无线电高度计,用于测量飞行器到地面的垂直距离,也就是飞行器所飞的高度。雷达高度计有一对小型天线,分别用于发射和接收。发射系统向地面发射一个电磁波信号,这个信号经地面反射后被其接收系统接收,接收的反射信号相对发射信号的时间延迟,就是该电磁波信号从飞行器到地面再返回飞行器的时间,按照"距离等于速度乘以时间"这个公式,就可确定飞行器当时的高度。图6-1-5给出了雷达高度计测高的示意图。

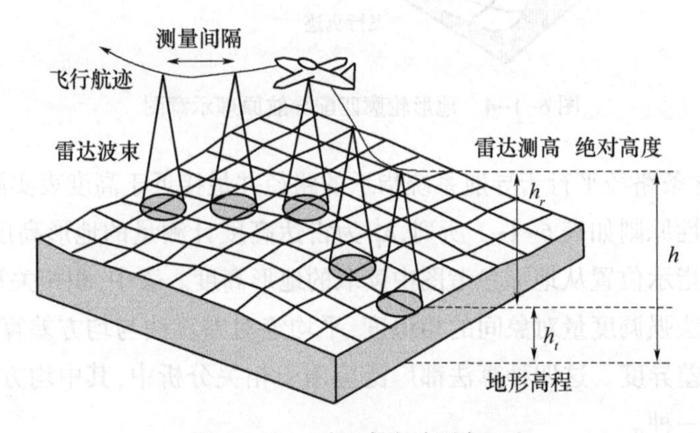

图6-1-5 雷达高度计测高示意

雷达高度计天线的波束宽度必须宽到足以与飞行器的标准仰角及倾斜角相适应,以防止飞行器接收不到回波。干涉雷达高度计的波束宽度较小,从而降低了测距误差。

2. 机载激光雷达

机载激光雷达(Light Detection and Ranging,LIDAR)是一种主动式对地观测系统。它通过激光雷达传感器发射的激光脉冲经地面反射后被系统接收,能直接获取高精度的地形数据。机载激光雷达系统主要包括:①卫星定位接收机,用于确定扫描投影中心的空间位置;②姿态测量装置,用于测量扫描装置主光轴的空间姿态参数;③激光扫描测距系统,用于测量传感器到地面点的距离;④成像装置,用于获取对应地面的影像。

激光测距的基本原理是利用光在空气中的传播速度以及光波在被测距离上往返传播的时间来求得距离。一束激光脉冲一次回波只能获取航线下方的一条扫描线上的回波信息,为了获取一系列激光脚点的距离信息,需采用一定的扫描方式进行作业。如图 6-1-6 所示,利用飞行器的姿态参数,根据时间和扫描角换算得到地面上激光反射点相对于飞行器的位置。

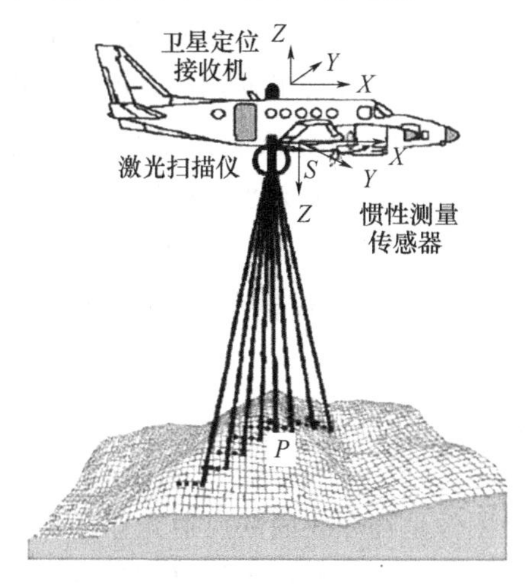

图 6-1-6　激光雷达测量

如果飞行器前后装有两个激光雷达,那么对两个激光雷达的测量数据进行相关计算,可以确定飞行器的速度。此时不需要地形参考数据库,便可以进行航位推算。

6.2　图像匹配导航

图像匹配是建立在同一场景不同图像传感器、不同时刻或者不同视角所获得的图像中像素点的对应关系,它解决的是图像间像素对应性问题。图像匹配导航是在图像传感器技术、计算机技术、图像处理及模式识别技术的基础上发展起来的一门新技术,对提高导航系统的定位精度、抗干扰能力、自主性、可靠性和可用性等方面具有重要作用。与地形匹配导航相似,图像匹配导航不是在所有的地理条件下都能工作,因为它需要独特的地貌特征,如房屋、道路、桥梁、树丛等来进行匹配。在平坦的地形上,地形匹配导航性能很差,而图像匹配特征往往比较丰富,因此这两种技术具有互补性。

根据获取图像方式的不同,图像匹配大致可以分为三种:雷达图像匹配、光学图像匹配和红外图像匹配。雷达图像主要使用合成孔径雷达,这是一种全天候主动式高分辨率的微波遥感成像雷达。该技术主要运用于弹道导弹中,最早使用雷达景像匹配末制导技术的是美国“潘兴 2”地地导弹,该技术的应用使得“潘兴 2”的制导精度从“潘兴 1”的 400m 提高到 50m。光学图像导航将相机实时拍摄的可见光图像与存储在弹上计算机中的基准图相匹配,从而获得导弹的准确位置,并修正导弹飞行轨迹,提高导弹命中精度。战斧巡航导弹Block2和Block3都采用了下视光学图像匹配末制导技术,从而大幅度提高了制导精度,降圆概率误差至10m左右。红外图像导航使用的是红外摄像机,主要探测8μm~14μm的远红外波,具有较好的昼夜和低能见度下工作的能力。"幼畜"AGM-65中的D/E/F三种型号、"风暴前兆"和"金牛座"KEPD350,都采用了红外成像导引头进行匹配制导。

本节主要以光学图像匹配为例,简要介绍图像匹配导航原理、图像特征提取算法以及各种图像传感器。

6.2.1 图像的描述方法

广泛使用的可见光图像是物体表面的反射光穿过相机镜头后,经成像传感器光电转化后形成的。以普通灰度相机为例,如图6-2-1所示,其输出图像中的每一个像素在计算机中都是以0~255的整型数据存储的。导航计算机利用图像进行匹配定位,首先需要对图像进行描述,即形成向量或张量形式的图像描述子。一种简单的描述方法是直接利用图像的灰度值描述图像,其优点是不需要对图像进行复杂的转换,缺点则是图像描述子的维度较高,造成计算和存储资源的浪费;另一种方法则是利用图像中的特征信息对图像进行描述。

200	180	190	150
160	130	150	180
180	120	100	110
140	90	50	0

图6-2-1 相机成像示意图

本小节主要介绍基于全局图像特征和基于局部图像特征的描述方法。

1. 基于局部图像特征的描述方法

局部图像特征是一幅图中具有代表性的点、区域、边缘或是直线。图6-2-2给出了不同的局部图像特征,其中(a)中给出的是角点(Corners)特征,如房屋的拐点;(b)中给出的是区域(Blobs)特征,表征了一个区域的结构和方向信息;(c)中给出边缘特征(Edges),具有很好的轮廓信息;(d)中显示的是直线特征(Lines),通常在结构化的环境中(如房屋、城市街道)具有较丰富的直线特征。

在结构化环境中,图像中的轮廓或是直线方向能够很好地刻画图像。边缘

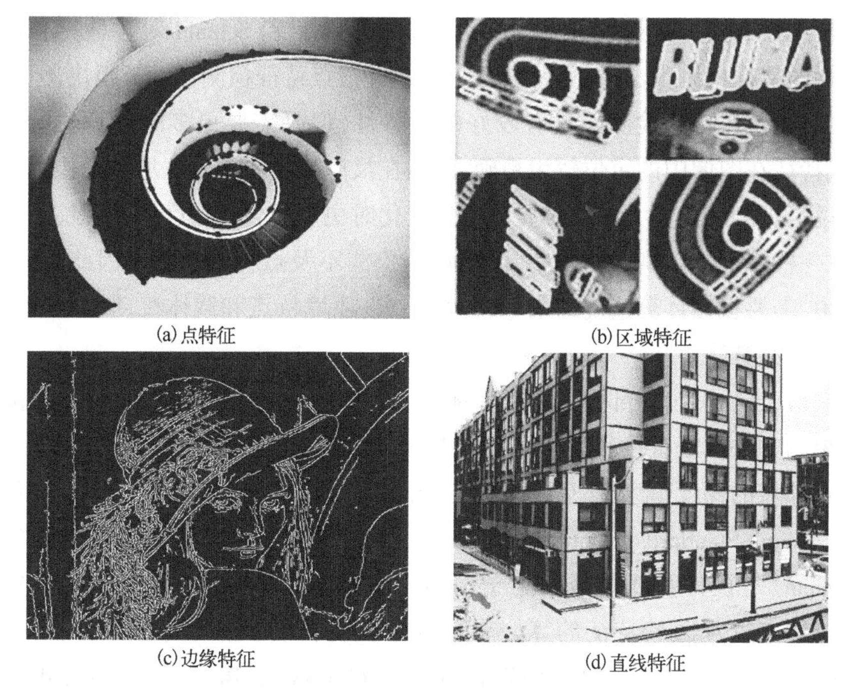

(a)点特征 (b)区域特征

(c)边缘特征 (d)直线特征

图 6-2-2 描述不同图像使用的不同特征

是组成两个图像区域之间的边界像素,一般被定义为图像中拥有大的梯度的点组成的子集。一个边缘的形状可以是任意的,还可能包括交叉点。直线特征是图像中具有一致方向像素点的子集。一个角点是指多个边缘的交点,而一个区域描述的是一幅图像块的结构特征,区域内部与外部在亮度、颜色以及纹理上有区别,它既不是边缘特征,也不是角点特征,可以用区域的中心点来表示。

利用局部特征对图像进行描述,首先需要利用图像特征检测器(Feature Detector)检测图像中相应特征出现的位置。为了保证图像匹配的成功率,图像特征检测器应该具有如下特性:①准确性,能够确定特征在图像中的位置以及特征的尺度;②独特性,即不同的特征具有不同的表示;③可重复性,可以将相同特征从不同的图像中提取出来;④鲁棒性,可以很好地应对图像噪声以及图像变换,如旋转变换、平移变换、尺度变换、光强变换、图像模糊等;⑤快速性,具有较高的计算效率。图像匹配领域已经发展了很多的特征提取算法。常用的边缘特征检测方法是边缘检测算子(Canny Edge Detector)以及边缘描绘算子(Edge Drawing Detector)。常用的直线特征检测方法是 Hough 变换以及直线段检测算子(Line Segment Detector,LSD)。常用的点特征检测算法有 Harris 算法、加速特征检测算法(Features from Accelerated Segment Test,FAST)等。常用的区域特征检测算法是最稳定极值区域检测法(Maximally Stable Extremal Region,MSER)。每一种特征检测器都具有自己的优点和缺点。Mikolajczyk 和 Schmid 对各种具有仿射不变性的特征检测算法进行了比较。通常来说,点特征检测器计算很快,但是独特性较差;区域特征检测器具有较好的独特性,但是需要更多的计算时间。另外,点特征在图像中的定位较为精确,但是在尺度变换上不及区域特征检测。这就是说当观测点具有大尺度位置和方位变化时更加适合使用区域特征检测。然而,在一些特征不丰富的场景中,区域特征检测不及点特征检测。因此,在实际使用中,需要根据计算速度约束、实时性要求、环境特点和载体机动性来灵活选取特征检测算法。

其次,当检测出局部图像特征后还需要对特征进行描述,形成特征描述子。最简单的方法就是直接利用特征邻域内的灰度信息,而更多的特征描述算法则是计算邻域的梯度信息,然后建立描述子。Wang 等设计了均值-标准差直线描述子(Mean-Standard deviation Line Descriptor, MSLD)来描述直线或者边缘特征。Zhang 等设计直线条带描述子(Line Band Descriptor, LBD)来描述直线特征。描述点以及区域特征的算法有尺度不变特征转换描述子(Scale Invariant Feature Transform, SIFT)、加速鲁棒特征描述子(Speed Up Robust Features, SURF)、二值鲁棒独立特征描述子(Binary Robust Independent Elementary Features, BRIEF)、旋转不变描述子(Oriented FAST and Rotated BRIEF, ORB)以及二值鲁棒尺度不变描述子(Binary Robust Invariant Scalable Keypoints, BRISK)等。

2. 基于全局图像特征的描述方法

全局图像特征是对整幅图像中的特征信息进行描述,因此不需要使用探测子对特征进行探测。由于图像本身在计算机中就是以每个像素点的灰度值存储的,直接利用所有像素点的灰度信息就形成了对全局图像的特征描述子。然而,这种特征描述方法不利于海量图像特征的存储,并且会导致特征匹配过程所需的搜索时间长、算法效率低。一种降低特征维度的方法是将图像进行压缩从而减小像素点的数目,或者利用主成分分析(Principal Components Analysis, PCA)算法降低特征描述子维度。

对图像像素的灰度值或梯度值进行统计形成的直方图也是一种广泛使用的全局图像特征描述方法。例如,颜色直方图(Color Histograms)是对不同颜色通道上的像素值在不同数值区间的分布情况进行统计形成的,表征了不同色彩在图像中所占的比例;梯度方向直方图则首先将图像划分为不同的窗口,在窗口中对梯度方向的分布情况进行统计,然后将每个窗口中的直方图合并为整幅图像的梯度方向直方图。

图像中并非所有信息都有利于导航定位,例如天空等背景特征对导航的参考作用较小。利用滤波器对整幅图像进行滤波,可以提取出某些具有特殊模式的信息来对图像进行描述。例如,空间包络特征(GIST)就利用了8个尺度和4个方向的加博尔滤波器(Gabor Filter)对整幅图像进行卷积,生成GIST特征描述子。随着深度学习技术的发展,利用深度卷积神经网络提取出的全局图像特征在图像匹配导航中展现出较好性能。卷积神经网络提取全局图像特征的基本原理如图6-2-3所示,输入图像经过卷积层进行卷积滤波,在每一个卷积层中又有多个卷积核对图像特征进行提取。

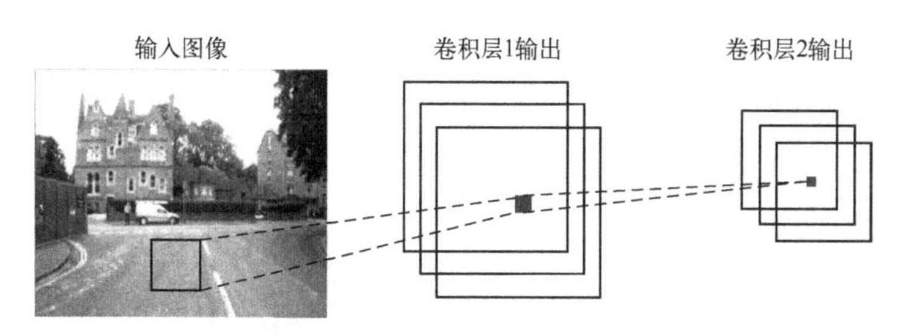

图6-2-3 基于卷积神经网络的全局图像特征描述方法示意图

6.2.2 图像匹配导航原理

根据不同的分类规则,可以将图像匹配导航方法分为不同的类别。例如,根据使用特征类型的不同,可以分为基于全局图像特征和基于局部图像特征的匹配导航方法;根据使用的基准数据库的不同,则可以分为基于全局图像数据库和基于局部图像数据库的匹配定位方法,其中全局图像数据库是由一幅具有位置标签的基图生成的,该基图中包含了载体整个运动环境中的视觉特征,例如卫星地图或航拍地图等,局部图像数据库则由若干幅局部场景图像生成,每一幅图像仅包含运动环境中的局部视觉特征,街景图就是一种典型的局部场景数据库。

1. 基于全局图像数据库的匹配定位方法原理

全局图像数据库主要用于空中运动载体的下视场景匹配中。由于载体搭载的相机通常仅能观测到全局图像中的局部特征,因此需要在全局图像中进行搜索,直至找到最佳匹配位置。常见的搜索策略包括平移、旋转和尺度缩放等。在每一个搜索出的全局图像区域,将观测图像与搜索区域的视觉特征进行对比,根据相似性的强弱判断是否匹配正确。常用的基于全局图像特征的匹配定位算法有积相关算法、平均绝对差算法和均方差算法。以平均绝对差相关匹配算法为例,其计算公式为

$$MAD(\Delta x,\Delta y)=\frac{1}{MN}\sum_{i=1}^{M}\sum_{j=1}^{N}\left|g_{i+\Delta x,j+\Delta y}^{D}-g_{i,j}^{S}\right| \tag{6-2-1}$$

式中:Δx,Δy 为在数据库中搜索的平移量;M,N 为相关匹配区域;g^D,g^S 分别为数据库和实时图像相应像素点的灰度值。选取平均绝对差最小时刻对应的 Δx、Δy 为最优匹配位置,如图 6-2-4 所示。

基于局部特征的匹配算法需要首先建立观测图像和参考基图之间的局部特征对应关系,如图 6-2-5 所示。根据特征匹配关系和相机的成像几何模型,解算载体的位置和姿态。为了提高算法鲁棒性,通常需要对局部特征的匹配关系进行筛选,剔除误匹配特征对导航定位的影响。

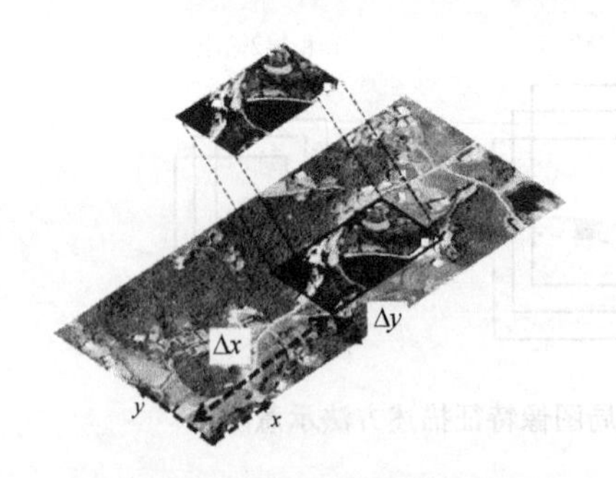

图 6-2-4 灰度相关匹配示意图

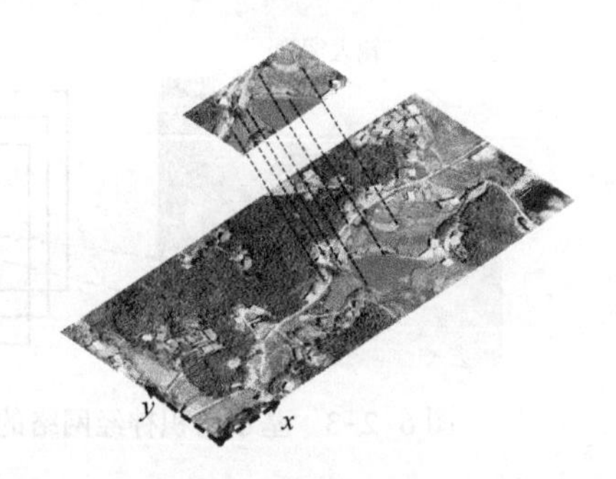

图 6-2-5 基于局部特征的图像匹配示意图

2. 基于局部图像数据库的匹配定位方法原理

局部图像数据库通常应用于地面移动载体的匹配定位当中。在数据库中,每一幅参考图像都具有位置标签,该位置标签记录了拍摄图像时的地理位置。载体在运动过程中,将搭载摄像机拍摄的图像与数据库进行对比,计算与参考图像之间的相似性,判断载体当前所处的地理位置是否与某一参考景象的位置标签相同,从而实现自主定位,其基本原理如图 6-2-6 所示。

图 6-2-6 基于局部图像数据库的匹配定位原理示意图

观测图像与参考图像之间的相似性可通过它们的全局特征描述子在特征空间中的距离 $d(i,j)$ 表示。以欧氏距离为例,其计算公式为

$$d(i,j) = |f_{i,j}^D - f_j^S| \tag{6-2-2}$$

式中:f^D、f^S 分别为数据库和实时图像相应特征的描述子。为了提高匹配的鲁棒性,可结合多帧图像匹配结果,从而确定实时图像在数据库中的最优匹配位置。

影响图像匹配导航精度的系统性误差因素有数据库误差、传感器对准误差、相机镜头扭曲和未补偿的缩放因子变化、季节和光照条件、红外图像的昼/夜对比反转等;类噪声误差因素有实时图像获取分辨率、参考图像数据库分辨率等。

6.3　地图匹配导航

地图匹配也被称为地图辅助或地图适配,常利用地图中的道路信息来限制和校正导航应用中位置参数的估计误差。在人们的日常生活中,地图发挥着重要的作用。其中纸质地图很早就广泛应用于导航、旅游、航海、勘探等领域。随着计算机技术的飞速发展,尤其是嵌入式系统、多媒体技术、大容量存储设备的发展,欧美等国家和地区早在 20 世纪 80 年代就开始了以导航、查询、管理为目的,应用于车辆导航、交通管理和安全保卫等领域的数字化道路地图(Digital Road Map, DRM)的研制。DRM 又称导航电子地图。

完整的地图匹配过程包括三个主要环节:误差区域的确定、匹配路段的选择及定位结果的修正。误差区域是指可能包含车辆真实位置的区域范围,一般根据卫星导航系统或航位推算系统给出的定位误差来确定,位于该区域范围内的路段称为候选路段。匹配路段的选择是指从诸多候选路段中挑出车辆当前最有可能行驶的路段。确定车辆所在的路段后,便可根据一定的算法求出车辆在该路段上最可能的匹配位置,然后利用匹配位置来修正系统原有的输出位置。通常将系统最初输出的位置在车辆当前行驶的路段上的投影作为车辆在该路段上的匹配位置,如图 6-3-1 所示。

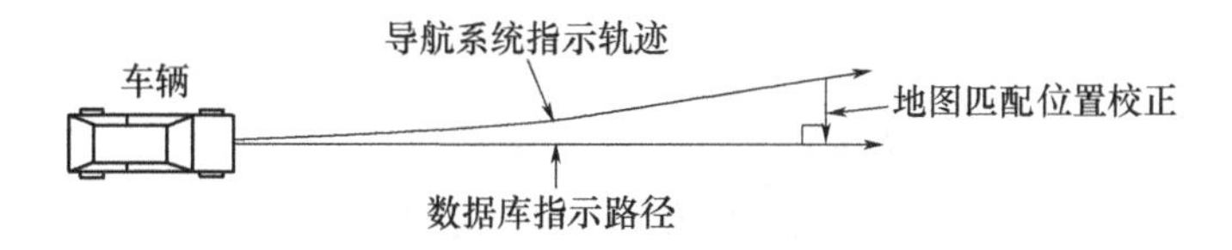

图 6-3-1　车辆导航的地图匹配位置校正

应用地图匹配算法必须具备两个前提条件:第一,含有精确道路位置坐标和方向信息的高精度导航电子地图;第二,车辆在道路上行驶。地图匹配导航的输入信息通常为卫星导航系统或航位推算系统预估的位置信息。因此,地图匹配导航不同于地形匹配导航和图像匹配导航技术,不需要专用的测量传感器。

目前,地图匹配导航已经成为研究车辆定位导航系统的热点之一,许多学者对其进行了深入的研究并提出了很多匹配算法。本节主要介绍在车辆导航中广泛使用的两种地图匹配算法的原理,即基于道路网格分块的地图匹配算法和基于代价函数的地图匹配算法原理。

6.3.1 基于道路网格分块的地图匹配算法原理

该算法首先利用车辆运动的连续性,将整个道路网格以一定的步长从左到右、从上到下分成若干个网格,每个网格有唯一的索引号与其对应,且各自都包括落入其内部和与其相交的所有道路的编号。在给定待匹配的车辆定位点后,通过判断车辆位于哪一个网格内,迅速获取该网格内同时满足拓扑条件的路段,作为候选路段。在此基础上,利用车辆运动过程中定位系统提供的位置和方向信息,设计合适的匹配规则,对候选路段进行匹配,将其中匹配度最大的路段作为匹配路段,然后利用图6-3-1中所示的投影法确定车辆的校正位置。

确定候选匹配路段可以利用的信息主要有三类:第一,定位点与候选路段的投影距离;第二,车辆当前行驶方向与候选路段方向的夹角;第三,候选路段与前一匹配路段的几何拓扑关系。一般来说,投影距离和方向夹角越小的候选路段是匹配路段的可能性越大,反之亦然。与前一匹配路段属性相同或直接连接的候选路段成为匹配路段的可能性大,而其余候选路段的可能性小。

根据上文对可用匹配信息的分析,算法将匹配度定义为与投影距离和方向夹角θ有关的函数:

$$f(d,\theta) = \omega_d \bar{d} + \omega_\theta \bar{\theta} \tag{6-3-1}$$

式中:$f(d,\theta)$为候选路段的匹配度函数;ω_d和ω_θ分别为投影距离d和方向夹角θ在匹配度函数中所占的权重,且满足约束$\omega_d+\omega_\theta=1$;$\bar{d}$和$\bar{\theta}$分别为投影距离d和方向夹角θ所对应的归一化值,其计算公式为

$$\bar{d}_i = \frac{1/d_i}{\sum_{i=1}^{N} 1/d_i}, \quad \bar{\theta}_i = \frac{1/\bar{\theta}_i}{\sum_{i=1}^{N} 1/\bar{\theta}_i} \tag{6-3-2}$$

式中:N为候选路段数;d_i和θ_i分别为第i条匹配候选路段所对应的投影距离和方向夹角,通常d_i和θ_i不等于0,若等于0,可令它们为一个很小的数值;$\bar{d}_i$和$\bar{\theta}_i$分别为第i条匹配候选路段所对应的投影距离和方向夹角的归一化值。归一化的目的是将对算法有影响的距离和方向信息变换到同一个衡量尺度框架,以便算法对二者更好地权衡和利用。

选取位于候选网格内部且满足与前一匹配路段具有道路拓扑关系的 N 条路段为匹配候选路段，利用式(6-3-1)计算候选路段的匹配度，然后选取匹配度最大的候选路段作为匹配路段。

6.3.2　基于代价函数的地图匹配算法原理

为了定义匹配位置的误差代价函数，考虑如下四个参数：东向位置坐标 x、北向位置坐标 y、行车方向 θ 和交通规则约束 c（考虑单行道禁行方向）。

规定车辆只能在道路网上行驶，设 k 时刻系统通过定位得出的定位点为 P，由于各种干扰和误差的影响，P 点的位置通常不在道路网上，如图 6-3-2 所示。图中 A 点为车辆的实际位置，自左向右行驶；定位滤波器输出 P 点的坐标为 (x,y)；标有 1、2、3、4 的四条路段均有可能是该时刻车辆所在的路段。为了确定最佳匹配位置，待匹配位置的代价函数必须满足下列条件：第一，连通性检验。一般情况下，若两条线段有公共节点，则称这两条线段是连通的，否则便是非连通的；若是行走路段的后继路段，则认为是连通的；若在道路交叉口出现的下一路段与行走路段具有公共节点，则认为是连通的。道路匹配前必须通过连通性检验。第二，数据滤波。为防止错误的道路匹配，必须对卫星导航定位结果或航位推算定位结果进行原始滤波预处理，规定汽车在待匹配点与前一时刻已匹配点的平均速度不得超过最大行驶速度，否则将其滤除。

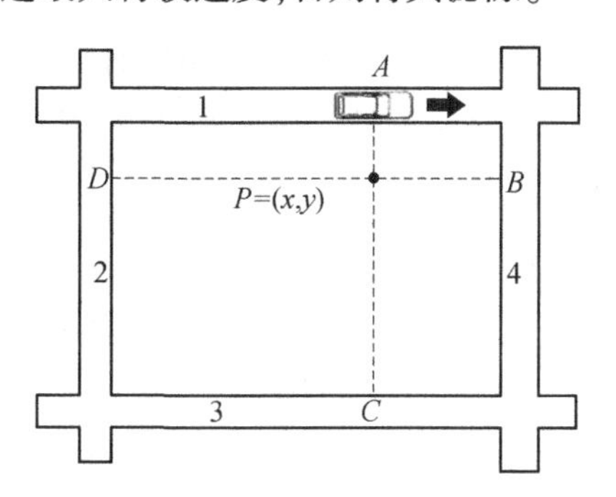

图 6-3-2　地图匹配示意图

在首次匹配时，为了取得准确的定位，必须综合考虑各种因素，花费较多的时间进行匹配计算，所以选取如下代价函数：

$$M_k^j = \omega_x^2\,(\varepsilon_{x,k}^j)^2 + \omega_y^2\,(\varepsilon_{y,k}^j)^2 + \omega_\theta^2\,(\varepsilon_{\theta,k}^j)^2 + \omega_c^2\,(\varepsilon_{c,k}^j)^2 \quad (6-3-3)$$

式中：$\omega_x,\omega_y,\omega_\theta,\omega_c$ 分别为 x,y,θ,c 的误差估计权值；$\varepsilon_{x,k}^j,\varepsilon_{y,k}^j,\varepsilon_{\theta,k}^j$ 为 k 时刻车辆在 j 位置时与定位输出点 P 的位置误差估计项和方向误差估计项；$\varepsilon_{c,k}^j$ 为交通规则约束项，当路段为单行路或者禁行路段时有效。位置误差项和方向误差项的

定义为

$$\varepsilon_{x,k}^{j}=x_k-x_k^j,\quad \varepsilon_{y,k}^{j}=y_k-y_k^j,\quad \varepsilon_{\theta,k}^{j}=\theta_k-\theta_k^j$$

式中:x_k^j,y_k^j 分别为 k 时刻匹配位置 j 的东向和北向位置坐标;x_k,y_k 为对应时刻定位滤波器输出的坐标;θ_k^j 为 k 时刻匹配位置 j 所在路段在该点的方向取向;θ_k 为对应时刻滤波器输出的行车方向估计。

图6-3-2中的 A、B、C、D 各点分别是所在路段上距离 P 点最近的点,在这4个位置的代价函数必然最小,因此可不再计算此时刻该路段上可能的匹配位置。但是仅取候选路段单个时刻的代价函数不能保证准确匹配,必须计算该路段连续 k 个时刻代价函数的累加和,即

$$s_k^j=\sum_{i=1}^{k}M_i^j \tag{6-3-4}$$

然后,比较各个路段代价函数的累加和,按下式选取最佳匹配路段:

$$s_k^*=\min_{j=1,2,3,4}\{s_k^j\} \tag{6-3-5}$$

因此,最佳匹配位置就是最佳匹配路段中 k 时刻具有最小代价函数值的位置。

6.4 地球位场匹配导航

地球位场包括地磁场和地球重力场,是地球固有的物理场,由不同变化规律的成分叠加而成。通常分为稳定场和变化场两部分,其中稳定场占总磁场强度的99%以上。地球位场为人类提供了天然的导航资源。以地磁场为例,中国古代发明的导航车、指南针、水罗盘等,都是利用地磁场来辨别方向和指引道路。公元前250年,《韩非子·有度篇》记载了指南针的先驱——司南:“先生立司南以端朝夕。”司南形同水勺,磁勺柄自动指南。

地磁匹配导航是随着地磁测量技术的进一步发展而出现的一种新兴导航技术,利用实测的地磁场特征量和地磁参考数据库实现自主定位,应用对象包括飞机、舰船和水下航行器等。与地形匹配导航相比,地磁匹配导航可以利用的地磁场特征量更丰富,包括磁场总强度、向量强度、强度梯度以及磁倾角和磁偏角等。目前研究较多的地磁匹配导航方法是利用磁场总强度,或者是异常场强度,两者可以通过地磁场模型相互换算。与地磁匹配导航类似,随着现代重力测量技术水平的日益提高,重力匹配导航具有更加可行的现实意义。目前研究的重点是全球高分辨率和高精度重力异常、重力梯度分布图测绘,高精度动态重力、重力梯度测量系统研制,惯性/重力匹配组合导航算法设计等。

20世纪中叶开始,世界各国先后认识到地球位场匹配导航技术的重大意义,在世界范围内兴起研究的热潮。地球位场匹配导航技术的突出优势是自主性强,隐蔽性好,具有重要的军事应用价值。随着相关研究的不断深入,地球位场匹配导航将得到越来越广泛的应用。

下面简要介绍地球位场的基本知识和地球位场匹配导航原理。

6.4.1 地球位场概述

1. 地磁场的时空特征

地磁场是地球的一个天然物理场,由各种不同起源、不同变化规律的磁场成分叠加而成。考虑到地磁场随时间的变化特征,将随时间变化较快的地磁场成分称为变化磁场,将随时间变化缓慢或基本不变的地磁场成分称为稳定磁场。

变化磁场产生的原因在于地球外部的各种电流体系,变化磁场的周期从几分之一秒到几天不等,变化强度远小于稳定磁场,只占地磁场总量的千分之一到百分之一。变化磁场主要包括平静变化和扰动变化两种类型。平静变化是指在时间上连续、平缓的周期性变化,一般分为太阳静日变化和太阴日变化两类。太阳静日变化是以一个太阳日为周期,平均变化幅度约为几十 nT(纳特);太阴日变化是以太阴日为周期,一个太阴日是地球相对于月球自转一周所经历的时间,比一个太阳日长50分28秒,太阴日变化幅度约为1~2nT。地磁场的平静变化是由电离层中的稳定电流体系造成的,这些电流体系相对于太阳(或月亮)的位置几乎保持不变,强度也几乎保持不变。于是,当地球由于自转而相对于这些电流体系运动时,就在地面上观测到依地方时而变化的平静变化。扰动变化包括磁暴、地磁亚暴、太阳扰日变化和地磁脉动等。磁暴是一种强烈的磁扰动,几乎是全球同时发生,持续时间约为1~3天,变化幅度可达几十到几百纳特;地磁亚暴持续时间约为1~3小时,变化幅度可达几百到几千纳特;太阳扰日变化是在磁扰期间叠加在静日变化之上的一种太阳日变化,主要影响极光区,变化幅度约为几十到几百纳特;地磁脉动是指各种短周期的地磁变化,其周期在0.2~600s范围内,幅度从10^{-2}~10^{2}nT不等。

稳定磁场包括主磁场和局部场两部分。一般认为主磁场是由处于地幔之下、地核外层的高温液态铁镍环流引起的,所以又称为地核场,其空间分布为行星尺度,时间变化周期以千年计,强度占地磁场总量的95%以上,在地表处的强度为30000~60000nT,水平面分量强度每千米变化20~30nT,每升高1km垂直分量减小约20nT。局部场由地壳中磁性岩石产生,所以又称为地壳场、异常磁场。虽然从全球平均来说,地壳场大约只占总磁场的4%,但是空间分布高度复杂,强度最大可达几万纳特,弱的不到1nT。地壳场几乎不随时间变化。

总的来说,地球磁场的空间变化对时间的依赖关系极小。如果只考虑其中的稳定磁场,可以认为,在一个较长的时期内(一般为5~10年),它只是空间的函数,与时间无关。

2. 地磁场的特征描述

地球上任意点的地磁场总强度向量 $\boldsymbol{T}$ 可以用直角坐标系来描述。为了直观介绍地磁场的空间分布特点,习惯上采用图6-4-1所示的直角坐标系描述地磁场的特征。其中,观测点为坐标系的原点,地理北向、地理东向和垂直向下分别定义为 x,y,z 轴的正向。在这个坐标系中,地磁场向量的分量分别称为北向分量、东向分量和垂直分量,记作 X、Y、Z。在地磁测量和研究中还经常用到水平强度(地磁场的水平分量,记作 H)、磁偏角(地理北向与地磁场水平分量 H 的夹角,用 D 表示,地磁场偏东为正)、磁倾角(地磁场与水平面的夹角,记作 I,地磁场向下为正)和总强度 $\boldsymbol{T}$ 4个分量。地磁场的这7个要素都是表示该点地磁场大小和方向特征的物理量,称为地磁特征,其中,只有3个(并非任意3个)是独立的,其余要素可由这3个独立要素求出,它们之间的关系如下所示:

$$\begin{cases} H = \sqrt{X^2 + Y^2} \\ \tan D = Y/X \\ \tan I = Z/H \\ \boldsymbol{T} = \sqrt{H^2 + Z^2} = \sqrt{X^2 + Y^2 + Z^2} \end{cases} \tag{6-4-1}$$

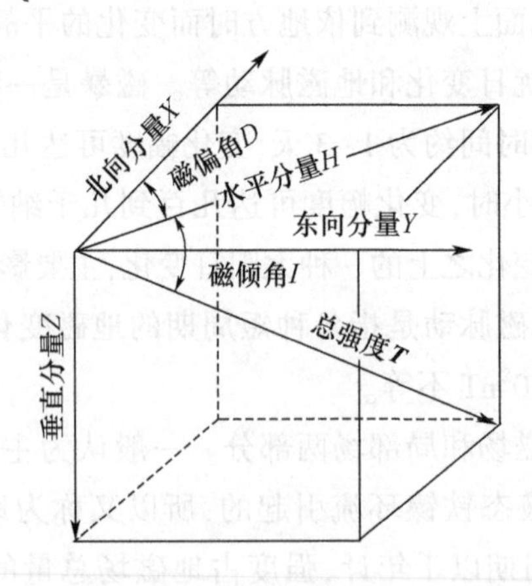

图6-4-1 地磁场观测点的坐标系与地磁场的要素

3. 地磁场模型

地磁场模型是表示地球主磁场时空结构的数学表示式，包括全球地磁场模型和局部地磁场模型两种。在研究全球地磁场模型时，高斯（Gauss）提出的球谐分析方法一直是被采用的主要理论；在研究局部地磁场时，广泛采用的方法包括球冠谐、多项式、曲面样条函数等。

国际空中磁测及地磁学会IAGA建立地球磁场的国际标准"国际地磁参考场"（International Geomagnatic Reference Field，IGRF），每五年发表一次球谐系数并绘制一套地磁图，至今已有包括1965年的第一代模型到2010年的第十一代模型，截断水平由当初的10阶、120个系数到现在的13阶、195个系数。IGRF模型主要是表示的地球主磁场，即地核磁场，地球基本磁场和长期变化场。美国和英国建立的世界地磁模型（World Magnetic Model，WMM）是IGRF的候选模型之一，是美国、英国和北大西洋公约组织通用的标准磁场模型。

4. 地磁图

地磁图是表示地球稳定磁场参数空间分布与时间变化的专业用图，是地磁场模型的图形化表示。根据地球稳定磁场的类型，地磁图分为主磁场地磁图和地磁异常图。理论上，地磁图中任意位置的磁向量符合它所依据的地磁场模型。根据地磁图表示的地理范围的大小，地磁图又分为全球地磁图、区域地磁图（其范围在数百或者数千千米）和局部地磁图（其范围在数千米或数十千米）。通常情况下，区域地磁图仅能反映该区域地磁的整体变化趋势，忽略了局部地区的地磁异常细节信息，精度较低，不适用于高精度的地磁匹配需求。

目前，地磁匹配算法所基于的地磁图都是数字化的地磁图，数字地磁图是地表二维地理空间位置和其相关的地磁信息的数字化表现，以数字形式存储在计算机内。匹配计算中采用的数字地图主要有规则网格（GRID）和三角网（TIN）两种。数字化地磁图的规则网格表示如图6-4-2所示，图中空间曲线代表空间地磁场，网格的横纵坐标表示该区域的经纬度。

5. 重力场模型

类似于地磁场，地球重力场是地球周围空间任何一点存在的一种重力作用或重力效应，主要由地球表面地形和地球内部地质组成决定。由于地球内部质量分布的不规则性，致使地球重力场不是一个按简单规律变化的力场。其中，地形因素决定地球重力场的高频成分，地质因素决定地球重力场的低频成分。按照地域来分，可划分为全球地球重力场和局部地球重力场。对全球重力场建模，代表性的方法是球谐展开法，而对局部重力场建模，代表性的方法是斯托克斯积

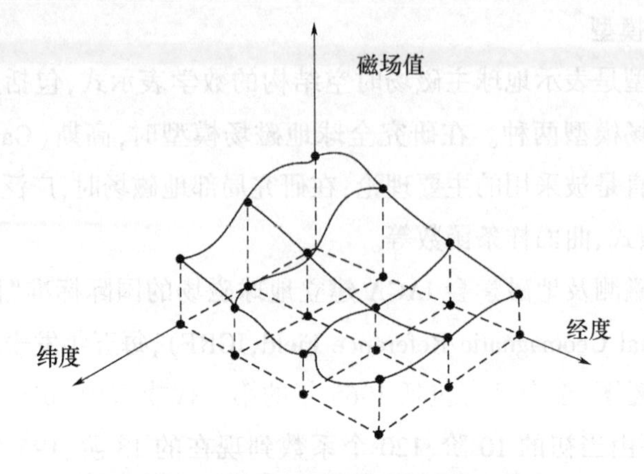

图6-4-2 数字化地磁图的规则网格表示

分、傅里叶变换法、点质量法、垂线偏差法等。在全球重力场建模中,假设地球为一个旋转椭球体,使其总质量、扁度、旋转轴、自转角速度、表面位等条件与地球一样,它的表面为重力位水准面,则从理论上可以计算出该椭球表面和外部空间所产生的重力场,这种重力场称为正常重力场。地球重力场与正常重力场的差值称为重力异常场。

本书2.2.3节从重力加速度的角度对地球重力进行了建模。重力加速度是引力加速度和离心加速度的和,即

$$\boldsymbol{g} = \boldsymbol{F} + \boldsymbol{P} \tag{6-4-2}$$

式中:$\boldsymbol{F}$ 为地球质量产生的引力;$\boldsymbol{P}$ 为地球瞬时角速度产生的离心力。

重力梯度定义为重力向量 $\boldsymbol{g}$ 的梯度,表征重力向量的空间变化率。重力梯度场直接反映地球表面形状和地质密度的分布状况。重力梯度测量能显示出地质结构的微小差异,它对重力的高频短波分量(主要产生于地下密度的扰动和地表形状)十分敏感。

重力梯度在数学上可以表示为

$$\boldsymbol{\Gamma} = \mathrm{grad}(\mathrm{grad}W) = \frac{\mathrm{d}\boldsymbol{g}}{\mathrm{d}\boldsymbol{e}} = \begin{bmatrix} \dfrac{\partial g_x}{\partial x} & \dfrac{\partial g_x}{\partial y} & \dfrac{\partial g_x}{\partial z} \\ \dfrac{\partial g_y}{\partial x} & \dfrac{\partial g_y}{\partial y} & \dfrac{\partial g_y}{\partial z} \\ \dfrac{\partial g_Z}{\partial x} & \dfrac{\partial g_Z}{\partial y} & \dfrac{\partial g_Z}{\partial z} \end{bmatrix} = \begin{bmatrix} \Gamma_{xx} & \Gamma_{xy} & \Gamma_{xz} \\ \Gamma_{yx} & \Gamma_{yy} & \Gamma_{yz} \\ \Gamma_{zx} & \Gamma_{zy} & \Gamma_{zz} \end{bmatrix}$$

(6-4-3)

其中

$$\Gamma_{xx} + \Gamma_{yy} + \Gamma_{zz} = 0 \tag{6-4-4}$$

$$\Gamma_{xy} = \Gamma_{yx}, \Gamma_{xz} = \Gamma_{zx}, \Gamma_{yz} = \Gamma_{zy} \tag{6-4-5}$$

式中:$\boldsymbol{e}$ 为坐标轴 x、y、z 的单位向量;$\Gamma_{ij}(i,j=x,y,z)$ 为重力梯度张量的分量,表示重力分量 g_i 在 j 方向上的斜率。重力梯度张量如图 6-4-3 所示。从式(6-4-4)和式(6-4-5)可以看出重力梯度张量 9 个元素中有 5 个是独立分量,这 5 个独立分量体现了地球任意地区独特的重力场特征。

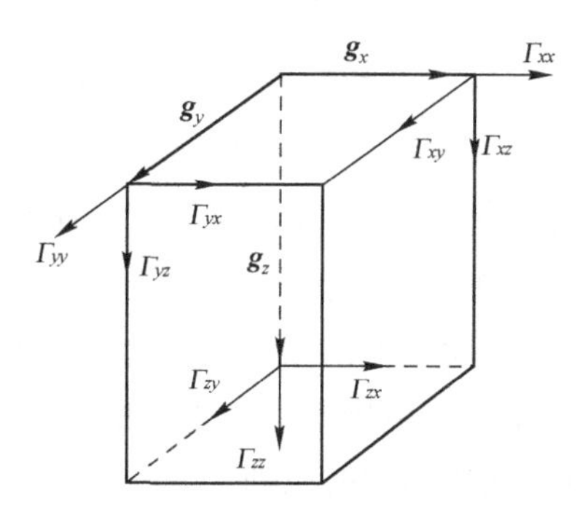

图 6-4-3　重力梯度张量示意图

6. 重力测量

重力测量的方法主要有绝对重力测量和相对重力测量。绝对重力测量通常在地面进行,是利用绝对重力仪进行的静态重力测量,需要操作人员进行逐点作业,可以精确地获得地球重力场的高频信息,但是只能局限于陆地上的部分地区,在深山、密林、沼泽、沙漠等人迹难至的地区难以开展测量。

相对重力测量主要有海洋重力测量、航空重力测量和卫星重力测量。海洋重力测量是利用测量船为载体进行的一种动态重力测量,是采集海洋重力数据的主要方法,能获得较高频段的重力场信息,但是载体的速度较慢且只能限于在海面作业。航空重力测量是以飞机为载体,综合应用重力传感器、GNSS、高度传感器、姿态传感器等设备确定近地空间区域和局部重力场的方法。航空重力测量可以在沙漠、冰川、沼泽、原始森林等难以实施地面重力测量的地区进行作业,并快速获取精度良好、分布均匀、大面积的重力场信息,填补地面重力测量和卫星重力测量之间的频段空白。如今,航空重力测量已经被认为是获取高精度、中高分辨率重力场信息的有效手段。卫星重力测量是将卫星当作地球重力场的探测器或传感器,通过对卫星轨道的摄动及其参数变化观测来研究和了解地球重力场的变化。利用卫星观测资料可以建立全球重力场模型。卫星重力探测技术主要有以下 4 种模式:地面跟踪观测卫星轨道摄动、卫星测高、卫星跟踪卫星和卫星梯度测量。卫星重力测量可以实现全球覆盖,并且效率很高,但是卫星重力测量只能获得重力场的长波信息(波长大于100km)。

采用上述测量方式获得某区域重力测量数据后,经过误差校正、网格化插值和向下(上)延拓处理后,最终得到归算到大地水准面上的网格化重力异常图或重力梯度图。

6.4.2 地球位场匹配导航原理

地球位场匹配定位是一种基于数据库参考的导航方式。从原理上看,地球位场匹配定位误差不随时间积累,但不能提供连续实时的导航信息。此外,地球位场匹配定位受到数据库分辨率、测量精度等因素的制约,目前只能达到几百米的定位精度。将惯性导航系统与地球位场匹配定位系统进行组合,利用地球位场匹配定位误差的有界性,定期校正惯性导航系统的累积误差,进而可以获得长航时高精度的导航结果。鉴于地磁场与重力场的相似性,下面以惯性/地磁组合导航为例,简要介绍地球位场辅助导航原理。

惯性/地磁组合导航系统的原理框图如图6-4-4所示,系统主要包含以下模块:

(1) 地磁探测模块:由磁力仪和地磁测量误差补偿模块组成,向组合导航系统提供精确的实时测量地磁数据。

(2) 地磁数据库模块:包含地磁数据库和数据查询模块,向组合导航系统提供地磁基准图数据。

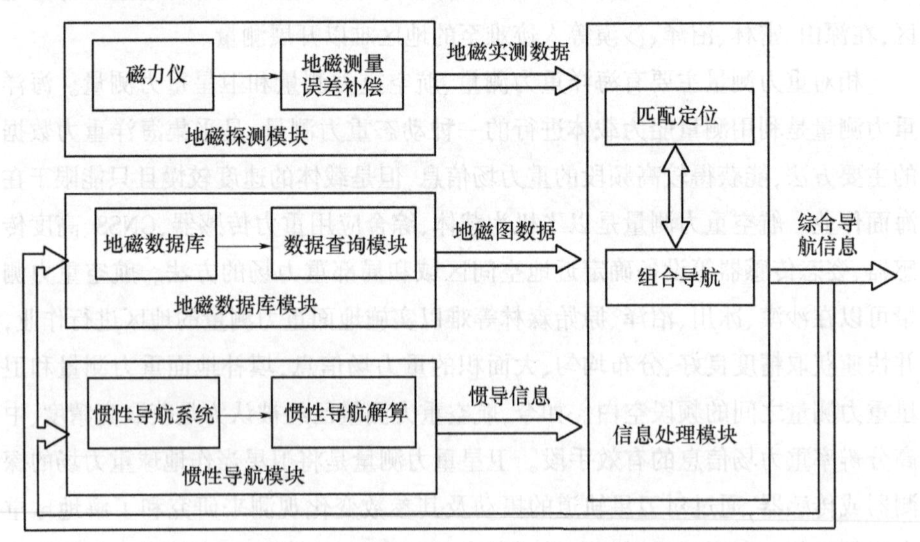

图6-4-4 惯性/地磁匹配组合导航原理框图

(3) 惯性导航模块:包含惯性导航系统和惯性导航解算,向组合导航系统提供导航参数和载体的角速度、加速度等参数。

(4) 信息处理模块:包含导航计算机,主要实现地磁匹配定位功能和组合导航功能,向组合导航系统输出综合导航信息。

系统的工作原理可以概括为:首先利用磁力仪获得载体当前位置的实测地磁数据;其次根据惯性导航系统输出的载体当前位置信息(定位误差可能比较大),从事前存放在导航计算机内的地磁数据库中查找相应的适配区的地磁基准图,采用地磁匹配算法将实测地磁数据与基准图进行匹配,获得载体当前位置;最后利用载体位置作为观测,结合惯性导航系统状态方程,利用滤波技术获得载体的全状态估计。

本质上讲,地磁匹配技术与地形匹配技术类似,是一种数据关联技术。其目的是寻找测量航迹和真实航迹之间的关系。从数据关联的角度分析,常用的匹配技术主要有相关匹配、特征匹配及滤波技术等。6.1.1 节介绍的地形轮廓匹配算法同样适用于地磁匹配导航,只需把其中的地形高度数据替换为地磁强度数据。

6.4.3　地球位场基准图适配性分析方法

获取精确的匹配位置信息是地球位场匹配导航的核心所在。在地球位场匹配定位中,匹配精度不仅与所采用的匹配算法有关,还与位场基准图本身的特征有着重要的关系。

如图 6-4-5 所示,在地球位场基准图中,不同区域中的位场特征显著性不同,这将导致在不同区域内的匹配导航精度也不尽相同。通常将这一类影响匹配精度因素称作位场基准图适配性或者位场适配性。在不引起歧义的情况下,也可以将其简称为适配性(Matching Suitability)。所谓适配性是指位场基准图对匹配的适应性,即位场特征在匹配定位中表征地理位置的能力。

考虑到适配性是地球位场区域的一种内在属性,而位场导航中位场区域又是由数字化的基准图表达的,所以候选匹配区的适配性能必然可以由基准图网格值的内容和统计特性来体现。当前,适配性研究的基本思路可以统一在图 6-4-6 所示的框架下。

由图 6-4-6 可知,基于适配特征的适配性研究方法通过分析基准图的自身特性,建立基本适配特征与适配性评价指标(匹配精度、匹配概率等)之间定量或定性的关系,从而实现对基准图适配性能定量或定性的评价。值得说明的是,图中虚线部分所提及到的先验知识是指有些适配性分析方法需要事先知道候选

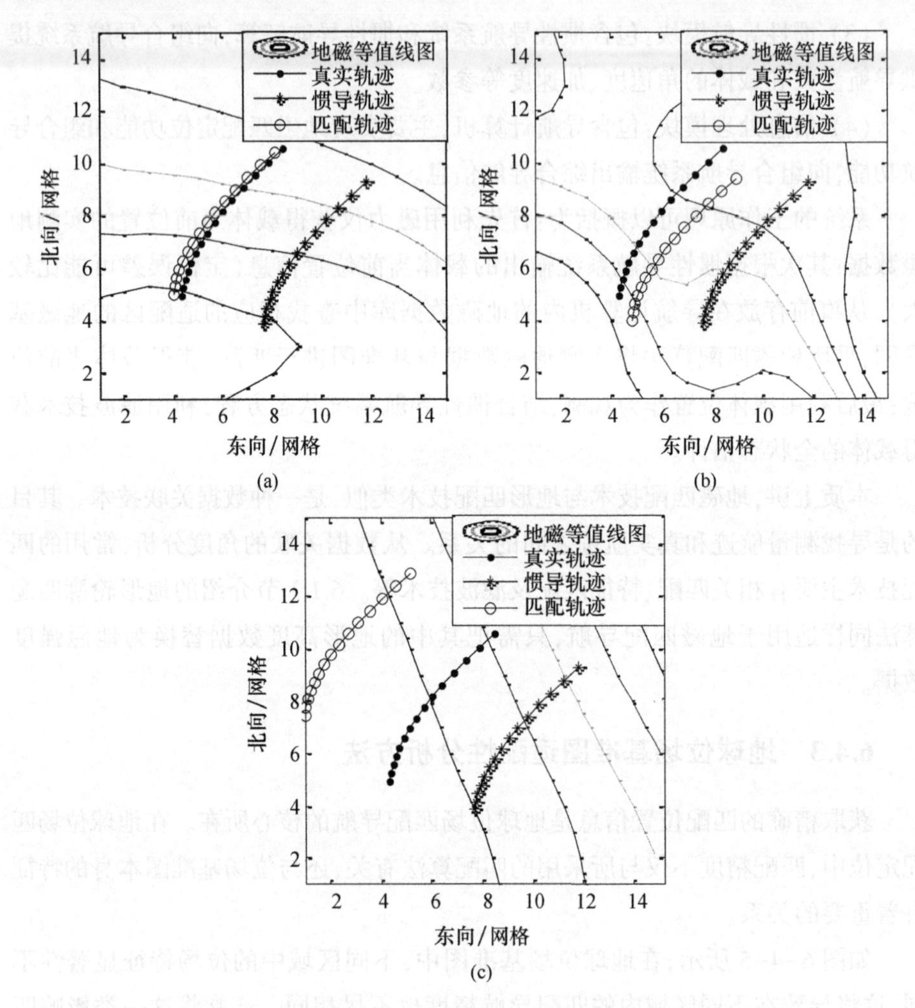

图 6-4-5 不同区域的相关匹配结果

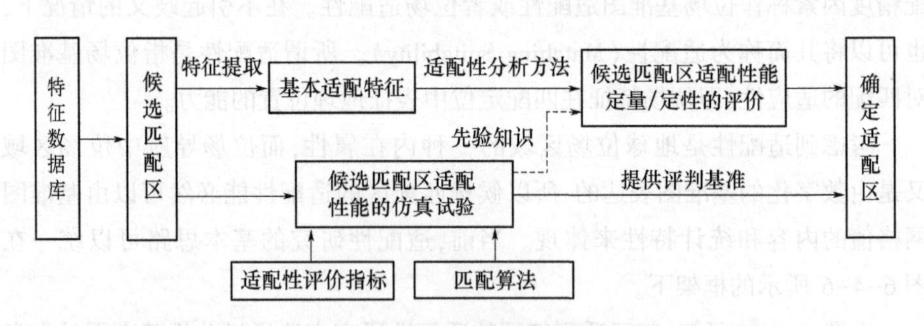

图 6-4-6 适配性研究的基本思路

匹配区的适配性能才可以得出适配区选取的结论,而有的分析方法则可以基于基本适配特征直接得出相应结论,因此图中的“先验知识”处用虚线表示。

在整个位场适配性问题中,适配性分析方法是建立适配特征和适配性评价指标之间关系的桥梁,也是整个适配性研究的核心所在。当前,依据任务需求的不同,适配性的分析方法主要从如下三个角度展开。

(1) 基于决策选优的适配性分析方法(定量角度)。此类分析方法的基本思想是以基本适配特征作为决策的基本属性,利用特定的决策算法构造新的综合适配特征。该综合适配特征具有如下特点:一是由基本适配特征通过特定的数学运算构造而成;二是与适配性评价指标之间存在较好的一致性(或称为同态关系)。综合适配特征所具备的特点,使得基于决策选优的适配性分析方法可以对若干个候选匹配区按照适配性能进行排序,并从中选取性能相对优良的区域作为适配区。

(2) 基于建模预测的适配性分析方法(定量角度)。此类方法的基本思想是利用建模的方法挖掘基本适配特征与适配性评价指标之间的关系,目的是实现基本适配特征和评价指标之间的"一一对应",从而实现对候选匹配区适配性能的预测。

(3) 基于筛选分类的适配性分析方法(定性角度)。此类方法的基本思想是以基本适配特征作为分类依据,将候选匹配区划分成可以用于匹配的适配区和不适于匹配的非适配区。可见,与基于决策选优和基于建模预测的适配性分析方法不同,基于筛选分类的适配性分析方法是从定性的角度对候选匹配区的适配性能进行评价。这类方法的优势在于,实际应用中有时并不需要知道某区域确切的适配性能值,而只需了解该区域是否适合匹配即可,因此开展对此类方法的研究具有重要意义。常用的分类策略有单一基本适配特征策略、"交集"策略、层次筛选策略、公式判定策略和分类器策略等。

以上三类方法没有主次、优劣之分,只是分析和解决问题的角度不同而已。在实际应用中可以根据问题需求单独或者联合使用上述方法,从而为匹配定位和航迹规划等任务提供更好的依据和指导。

另外,需要特别说明的是,适配性问题并不是位场匹配导航领域中的专属问题,在地形匹配导航、景象匹配导航等领域中同样也存在着适配性问题,只不过是分析对象由位场基准图相应的变成了地形图和图像而已。另外,不同领域中的适配性问题在研究方法及技术途径上有很多相似之处,因此研究成果可以相互借鉴。

参考文献

[1] 李跃,等.导航与定位——信息化战争的北斗星[M].2版.北京:国防工业出版社,2006.

[2] Paul D.G.GNSS与惯性及多传感器组合导航系统原理[M].李涛,等,译.北京:国防工业出版社,2008.

[3] 刘建业,等. 导航系统理论及应用[M].南京:南京航空航天大学出版社,2005.

[4] 付梦印,等.智能车辆导航技术[M].北京:科学出版社,2009.

[5] 胡小平,等.水下地磁导航技术[M].北京:国防工业出版社,2013.

[6] 徐文耀.地球电磁现象物理学[M].合肥:中国科学技术大学出版社,2009.

第7章　天文导航

7.1　概述

天文导航是通过观测天体来确定运动体(有时也称作运动载体或载体)所在位置和航向的技术。天体是宇宙空间中各种星体的总称,包括自然天体(恒星、行星、卫星、彗星、流星等)和人造天体(人造地球卫星、人造行星等),自然天体按人类难以干预的恒定规律运动,那些便于使用专门设备进行观测的自然天体,就构成了天文导航的"信标"。通过对信标观测所获得的数据进行处理,可获得运动体的位置和航向。天文钟、六分仪、星体跟踪器、天文罗盘等为常见的天文导航设备。天文导航系统通常由惯性平台、信息处理设备、时间基准器等组成。这里所说的运动体是各类舰船、飞机、导弹、航天器等的统称。

天文导航最先用于航海,起源于中国。在航空航天器问世后又用于航空,在航海与航空天文导航的基础上发展起来了航天天文导航。

中国古代航海史上,人们很早就知道通过观看天体来辨别方向。西汉《淮南子·齐俗训》中记载:"夫乘舟而惑者,不知东西,见斗极则悟矣。"意思是说,在大海中乘船可以利用北极星确定方向。远在2000多年前,中国就有船舶渡海与日本和东南亚诸国进行交往,那时在航海中就已经使用了天文导航方法。到了明代(约1403—1435年),我国著名航海家郑和曾率领多达60余艘船舶的船队,远达红海和亚丁湾。在郑和的航海图中就有标明星座名称的《过洋牵星图》,可见当时我国天文导航技术已经发展到相当高的程度。在15世纪以前,欧洲的航海事业还处于萌芽状态,随着资本主义掠夺海外殖民地的需要,海上交通和贸易逐渐得到发展,天文导航技术也随之发展起来。1730年出现了航海六分仪,1761年天文钟在海上试用成功,1837年美国人沙姆纳发明了航海导航的等高线法,用来确定船舶的经纬度。1875年法国人圣·希勒尔提出了高度差原理,为近代天文导航奠定了理论与实践的基础。

7.1.1 天文年历与天文钟

在天文导航中,天文年历与天文钟是不可或缺的重要资源。

天文年历。天文导航需要知道被观测天体的投影点位置。人们通过长期的观测与研究,掌握了自然天体的运动规律,可以给出按年度出版、反映自然天体运动规律的历表,即天文年历。天文年历是天文导航的重要资源,它的内容主要包括三个方面:首先太阳、月球、各大行星和千百颗基本恒星在一年内不同时刻、相对于不同参考系的精确位置;其次是日食、月食、行星动态、日月出没和时晨光昏影等天象的预报;再者就是用于天体在各种坐标系之间换算时必要的数据,如岁差、章动、极移、蒙气差、视差、光行差等。依据这些资料,根据不同的应用需求,可以单独出版航海天文年历或航空天文年历。早期的天文年历大多少是纸质版的,随着信息技术的发展,现在天文年历在出版纸质版的同时,也出版电子版。在天文导航中,正确使用天文年历提供的资源是一项专门的技术,在此不作深入讨论。

天文钟。准确的时间信息对于天文导航来说十分重要,因为如果已知世界时,就可以从天文年历中获取被观测天体当前的空间位置。天文钟是用来指示世界时的装置,可分为机械天文钟和石英天文钟两大类。显然,天文钟的准确性直接影响天文导航的精度。机械天文钟与一般的民用机械钟表相比,结构基本相似,但走时要准确得多。钟内配有保持水平的装置,以保证在发条松紧不同情况下的等时性;此外,钟内还配有温度补偿装置,以降低温度变化对钟摆摆动周期的影响。这两项措施有利于提高机械天文钟的走时精度。机械天文钟被设置成世界时,钟面也是12h,因此每天下午的钟面时间应加上12h才等于世界时。天文钟与世界时之间的偏差称为钟差,钟差一天的变化值称为日差。日差的稳定性是衡量天文钟走时精度的重要指标,如果日差出现不稳定现象,说明天文钟有故障,需要维修。通常采取两项措施来保证机械天文钟日差的稳定性,一是每天定时上发条,而且要求上发条的位置是固定的;二是定期进行清洗和检修,时间间隔不超过三年。石英天文钟是由石英晶体振荡器和电子电路构成的电子钟,其优点是成本低廉、计时精度高、不怕载体的倾斜和摇摆。石英天文钟通常配有自动调时装置,可以通过无线电时间信号来消除钟差,因此,在天文导航中得到日益广泛的应用,已逐步替代了机械天文钟。随着原子时钟技术的发展,具有更高精度的原子天文钟将逐步成为天文钟发展的主流。

7.1.2 常用的天文导航仪器

1. 航海六分仪

航海六分仪主要是利用天文学和光学测量原理而实现定位。如图7-1-1

所示，常用航海六分仪是一个扇形框架，框架上装有活动臂和望远镜，活动臂最上端装有动镜，正对望远镜装有定镜，安装在六分仪的左侧中部，水平镜旁边还配有遮光玻璃供测量太阳等明亮天体时使用。为提高读数精度，实际的六分仪活动臂上还附有鼓轮和游标尺，使观测精度可达±0.1′~±0.2′。

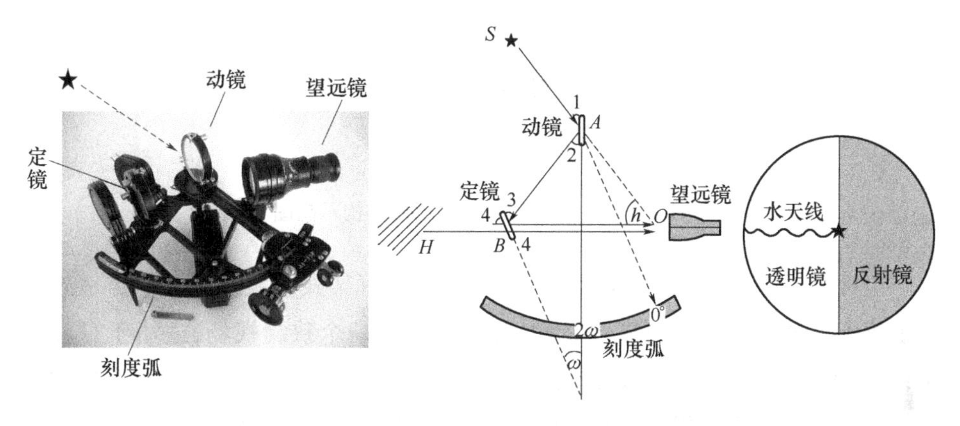

图 7-1-1 航海六分仪的结构与工作原理示意图

六分仪的工作原理是几何光学中的反射定律。测量天体的地平高度时，观测者手持六分仪，让望远镜镜筒保持水平，并从望远镜中观察被测天体经地平镜反射所成的像；同时要调节活动臂，使被测天体与望远镜中所见的地平线重合。根据反射定律，此时该天体高度等于地平镜与指标镜夹角的二倍，六分仪圆弧标尺上的刻度显示的就是这一结果，这样观测者就可以直接读出天体高度。在得出观测点的天体高度后，根据天文钟获取时间，结合天文历数据，再根据球面三角学中的定理，就可以计算出观测点的地理经纬度坐标。

2. 星敏感器

星敏感器是当前广泛应用的一种天体敏感器，它是天文导航系统的重要组成部分。星敏感器一般以恒星作为姿态测量的参考源，可输出恒星在星敏感器坐标下的向量方向，为航天器的姿态控制和天文导航系统提供高精度测量数据。

星敏感器最早在20世纪50年代初研制成功，主要应用于飞机和导弹的制导。20世纪70年代初图像敏感器件的出现，促进了像质好、精度高的CCD(Charge Couple Device)星敏感器，至20世纪90年代出现了采用CMOS(Complementary Metal-Oxide-Semiconductor Transistor)工艺的动态像元星敏感器。基于CMOS的星敏感器具有抗辐射能力强、集成度高、不需要电荷转换、动态范围大等特点，是星敏感器发展的方向。如图7-1-2所示，该类星敏感器主要由成像器件、外围采样电路、信号处理电路和光学镜头四部分组成。基本工作原理是以恒星为参照物,利用敏感器拍到的星图,经过恒星质心提取、星图识别、姿态确定等一系列计算,确定出恒星敏感器视轴在天球上的瞬间指向,为载体导航提供有效信息。

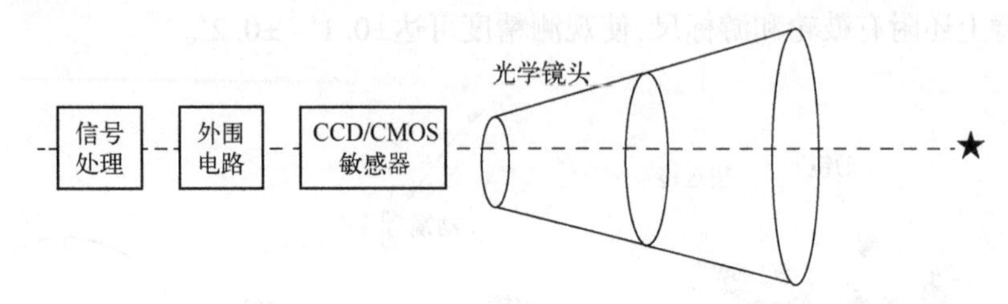

图 7-1-2 图像式星敏感器的结构示意图

星敏感器按照其发展阶段可分为星扫描器、框架式星跟踪器和固定敏感头星敏感器三种类型。星扫描器又称星图仪,带有一个狭缝视场,适用于自转卫星,其原理是卫星自转时,敏感器扫描天区,狭缝视场敏感恒星,处理电路检测恒星扫描过的时间和旋转的星光能量,并根据先验知识、匹配识别等,可测出卫星的姿态。框架式星跟踪器,其原理是导航星通过光学成像系统在敏感面上成像,处理电路检测出星象在视场中的位置及大小,根据检测结果驱动伺服机构使机械框架转动,将导航星的图像尽可能保持在视场中心。固定敏感头星敏感器,类似于星扫描器,没有成像装置,其原理是通过光学系统由光电转换器敏感恒星处理电路扫描搜索视场来获取、识别导航星,进而确定航天器的姿态。

3. 太阳敏感器

太阳敏感器通过对太阳辐射的敏感来测量太阳光纤同航天器某一预定体轴或坐标之间的夹角,以获得航天器相对于太阳的方位,是最早用于姿态测量的光学敏感器。太阳是一个非常明亮的光源,辐射强、易于敏感和识别,这给敏感器的设计和姿态确定算法带来了极大的方便,因此太阳敏感器成为航天器首选的姿态敏感器,它应用得最为普遍,几乎任一航天器都将其作为有效载荷。太阳敏感器的视场可达 128°×128°,大视场阵列式数字太阳敏感器的分辨率可达角秒级。

目前太阳敏感器的种类比较繁多,主要分为模拟式、数字式和太阳出现式敏感器三种类型。

模拟式太阳敏感器大体可分为三种类型:余弦式、差动式和狭缝式太阳敏感器,每一种都有其特定的用途,如自旋稳定卫星广泛使用 V 型狭缝式太阳敏感器,它具有两条窄缝,其中一条缝与卫星自旋轴平行,另一条缝倾斜一个角度,构成 V 型,每条缝的后面都装有硅光电池,卫星自旋时,这两条缝扫过太阳,产生两个脉冲信号,通过测定脉冲间隔时间可确定太阳方位角,精度可达0.05°。

数字式太阳敏感器主要分为编码式太阳敏感器和阵列式太阳敏感器。编码式太阳敏感器码盘的角分辨率受太阳张角影响(约0.53°)的限制,因此它的精度低于0.5°。阵列式太阳敏感器的探测器采用线阵列器件,太阳像落在线阵列上的位置代表太阳方位角,由于阵列器件中敏感元集成度很高,加上线路对信号的内插细分,阵列式敏感器的精度可达角秒级。

太阳出现式敏感器工作原理简单,当太阳出现在敏感器市场内,并且信号超过门限值时,表示敏感器到太阳,输出为1,当信号低于门限值时,输出为0,表示没有敏感到太阳。它一般用作保护器,如用来保护红外地平仪免受太阳光的影响。

太阳敏感器的功能模块如图7-1-3所示。它由光谱滤波器、几何滤波器、敏感器件、噪声滤波器、畸变校正处理器及核心处理器组成。其工作原理是先通过光学器件,利用光谱滤波器滤掉太阳光之外的杂散光。几何滤波器确定敏感器内外的几何关系,在一定视场范围表现被测太阳光的向量方向。辐射敏感器件将通过光谱滤光器和几何滤波器后具有向量属性的辐射能转变为电能,之后根据需求进行必要的噪声滤波和畸变校正处理,使之成为更高质量的信号,最后输出给核心处理电路进行处理,形成航天器所需的物理量。

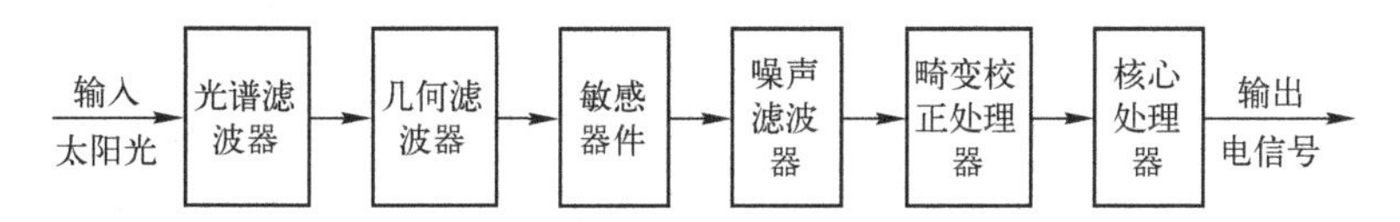

图7-1-3 太阳敏感器的功能模块

7.2 航海天文导航

确定一个运动体相对于地球的位置一般要给出其经度、纬度和相对海平面的高度这三个参数,即要求进行三维定位。如果运动体的高度为已知量,则三维定位问题就退化为二维定位问题。两地标距离定位是典型的二维定位问题,其基本原理如图7-2-1所示。

当两地标A、B的地理位置和运动体到两地标的距离D_A和D_B均为已知时,分别以地标A、B为圆心,以相应的D_A和D_B为半径作圆,两圆相交于M和M'(图中未画出M')。显然,这两个交点中只有一点是运动体的真实位置,这是所谓的解模糊度问题,一般是根据运动体的先验知识来判定M和M'何者为其真实位置。在图中M表示运动体的真实位置。两地标A、B的地理

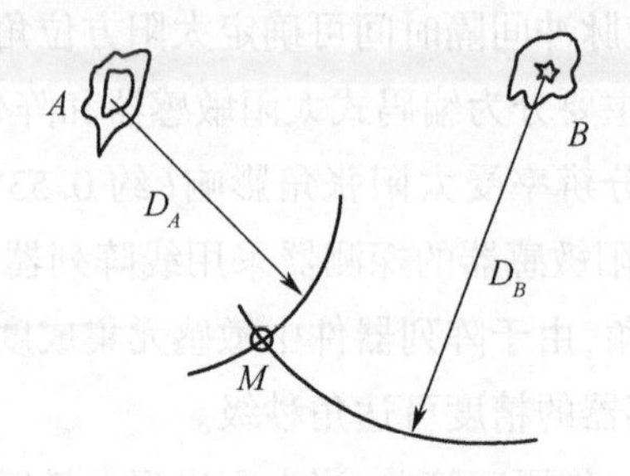

图 7-2-1　两地标距离定位

位置是事前已知的,而运动体到两地标间的距离 D_A 和 D_B 可以通过测距技术实时获得。

7.2.1　航海天文定位

1. 基本原理

对于航海而言,舰船相对于海平面的高度为零,是典型的二维定位问题。航海天文定位的基本原理与上述的两地标定位原理相类似,航海天文定位原理如图 7-2-2 所示。

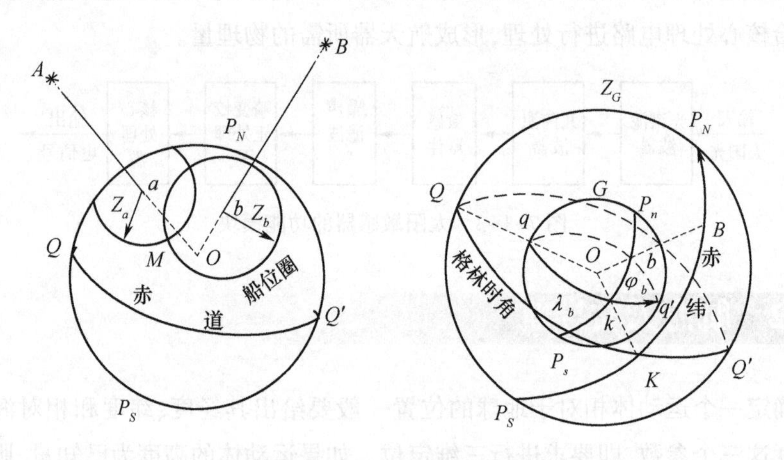

图 7-2-2　天文定位原理图

假设 A、B 为两个已知的天体,天体 A、B 和地心 O 的连线与地球表面交于 a、b 两点,这两个交点称为天体投影点。如果能知道这两个投影点的经度和地心纬度,并且观测者能测出舰船到投影点的地心角分别为 Z_a 和 Z_b,则以 a、b 为极点,分别以 Z_a、Z_b 为半径,在地球圆球上作出两个平行圈,这两个平行圈称为等高圆(有时也称作等高圈或位置圆),两个等高圆交于和 M 和 M'两点。这两点何者为真实船位,这就是所谓的模糊度问题,通常可以根据舰船的先验位置信息来判断。

根据上述定位原理,确定舰船位置的方法大致可分为解析法和图解法两类,早期的航海导航通常采用图解法,现代航海导航则主要采用解析法。

2. 解析法求舰船位置

所谓解析法就是根据天体投影点与船位之间构成几何关系,利用球面天文学的基本原理,通过解球面三角形来求得舰船位置。如图 7-2-2 所示,观测时刻天体投影点的经度和纬度可以借助天文钟和天文年历获得。天文钟给出观测时刻的世界时,从天文年历中可求出已知天体的赤纬 δ 与格林时角 t_G。在航海天文导航中通常使用的格林时角是由格林尼治子午半圈起算的地方时角,简称为格林时角。格林时角的度量方法有两种,一种称为格林西行时角 t_G,这是在天赤道由格林尼治子午半圈向西度量到的天体时圈的角度;另一种称为格林半圈时角,当 t_G 小于180°时,半圈时角即为西行时角,并将时角命名为西(W),当西行时角 t_G 大于180°时,用360°减去西行时角即为半圈时角,并将时角命名为东(E)。在已知 δ 和 t_G 后,则由天体投影点的地心纬度 ϕ 与赤纬 δ 相等,经度 λ 与格林半圈时角相等,可求出 ϕ 与 λ。

在求解舰船到已知天体星下点的地心角时,注意到天体距地球很远,因而可以将从天体射向地球表面的光线看成为一束平行光,如图 7-2-3 所示。由图可知,舰船 M 到天体投影点的地心角即为天体对舰船的天顶距 Z,若天体相对舰船当地水平线的高度角为 h,则有

$$Z = 90° - h \tag{7-2-1}$$

其中,h 可利用六分仪观测天体与地平线垂直夹角并经修正后求得。之所以要对观测到的高度角进行修正,是因为天体射向地球表面的光线穿过大气时,会发生折射。

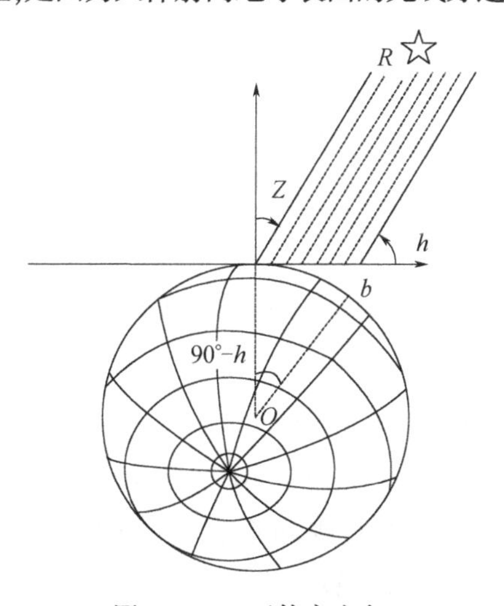

图 7-2-3　天体高度角

在北半球由天顶 Z、天北极 P_N 和天体 B 构成的球面三角形称为天文三角形或定位三角形,如图 7-2-4 所示。因此,天文定位的基本算法可以通过求解天文三角形的球面三角公式给出。

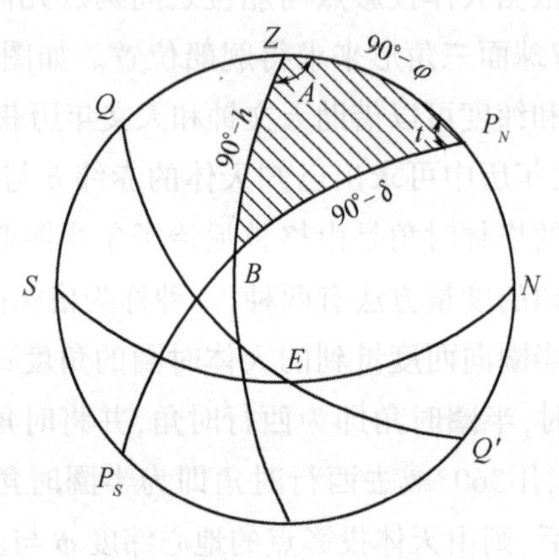

图 7-2-4 天文三角形

在天文三角形中的三边为

$$\begin{cases} ZP_N = 90° - \phi, & \phi \text{ 为观测者纬度} \\ P_NB = 90° - \delta, & \delta \text{ 为天体赤纬} \\ BZ = 90° - h, & h \text{ 为天体高度角} \end{cases}$$

三角形的三角为

$$\begin{cases} \angle P_NZB = A, & A \text{ 为天体方位角} \\ \angle ZP_NB = t, & t \text{ 为天体时角} \\ \angle ZBP_N = q, & q \text{ 为天体星位角} \end{cases}$$

天文三角形建立了天体在天球上的位置与观测者地理位置之间的联系,天文三角形在天文导航中有广泛的用途。在天文三角形中常用的球面三角形公式为

$$\sin h = \sin\phi\sin\delta + \cos\phi\cos\delta s\cos t \tag{7-2-2}$$

和

$$\begin{cases} \sin A\cos h = \cos\delta\sin t \\ \cos A\cos h = \cos\phi\sin\delta - \sin\phi\cos\delta\cos t \end{cases} \tag{7-2-3}$$

上述利用 A、B 两个天体对舰船进行定位的方法称为双星定位法。由式(7-2-2)可以得出以下定位解算公式:

$$\begin{cases} \sin h_A = \sin\phi\sin\delta_A + \cos\phi\cos\delta_A\cos t_A \\ \sin h_B = \sin\phi\sin\delta_B + \cos\phi\cos\delta_B\cos t_B \\ t_A = t_{GA} \pm \lambda_W^E \\ t_B = t_{GB} \pm \lambda_W^E \end{cases} \tag{7-2-4}$$

其中,h_A,h_B;δ_A,δ_B;t_{GA},t_{GB}分别为 A、B 两天体的高度角、赤纬和格林西行时角,而 ϕ 和 λ 为舰船待求的经纬度。求解上述方程可求出 ϕ 和 λ。式中$\pm\lambda_W^E$ 表示当观测者在东经时 λ 前符号为+,当观测者在西经时,λ 前符号取为-。

式(7-2-3)和式(7-2-4)由两组球面三角形公式组成,包含了 ϕ 和 λ 两个未知数,理论上讲是可以求解的。然而,这是两组超越方程,若想得到其解析解则非常复杂,实际应用中通常采用迭代的方法进行数值求解。

综上所述,解析法求舰船位置主要包括三个基本步骤:首先,测量两个或更多天体的高度角或天顶距;然后,得到观测时刻的每个天体投影点的位置;最后,依据天体的高度角(或天顶距)和天体投影点数据求得舰船的位置。

由于双星定位的两个等高圆相交于两点,需要解所谓的模糊度问题,在实际应用中通常是再增加对第三个天体的观测,称为三星定位。三星定位的三个等高圆必交于一点,即真实船位,这样,既避免了求解模糊度问题,又可提高定位精度。此外,还可以利用对第三个天体的观测值来检查前两个观测值的可信度。

3. 在海图上画等高圆求舰船位置

地图是用数学方法在平面上显示地球表面各种信息的一种图解形式。当地球表面上的经纬线(球面坐标曲线)形成的网格与地图平面上的网格建立了相互对应的数学关系后,则地球表面各网格内的要素(如长度、角度、面积等)也以满足这种数学关系的形式表示在平面上。因此,地图投影是指以一定的数学关系将地球表面上的经纬线网格表示到平面上的投影方法。常用的地图投影有圆柱投影、圆锥投影、透视方位投影等。航海专用地图简称为海图,大约 95%以上的航用海图是采用墨卡托投影,所绘制的海图称为墨卡托海图。墨卡托投影是一种等角正圆柱地图投影,其经纬线网格(球面坐标 λ、ϕ)与平面网格(平面坐标 X、Y)之间有如下的数学关系:

$$\begin{cases} X = R\lambda \\ Y = R\ln\left[\tan\left(45^\circ + \dfrac{\phi}{2}\right)\right] \end{cases}$$

式中:R 为地球半径。墨卡托投影的特点可以概括为:①地球上所有经线成为与赤道垂直的直线,所有纬线成为与赤道平行的直线;②地球上不同纬度的纬线在地图上拉长得与赤道纬线一样长,纬度越高,地图上的经线和纬线就被拉长得越多,到两极地区,经线被拉长得在地图上无法表示;③地球上的等角航线在地图上是一条直线,因此,墨卡托投影地图在航海和航空中得到广泛应用。

从理论上讲,在已知等高圆的圆心和半径的前提下,就可以在地球仪或墨卡托海图上直接画等高圆,用图解的方法求得天船位。但是,实践证明通过在海图上画等高圆的方法来求得舰船位置是不可取的,其原因有以下几点:

(1) 如果在地球仪上直接画等高圆,根据海上定位精度的要求,在地球仪的表面用肉眼能分辨的 1μm 的长度至少应为 1n mile,这样,地球仪的直径约为 6.9m。

(2) 通常等高圆的半径很大,如果天体的真高度角为30°,则等高圆的半径为60°,地球圆球表面圆的半径约为 3600n mile,大比例航用海图根本容不下。

(3) 如果采用小比例航用海图,则由于墨卡托投影会产生很大的变形,等高圆在海图上的投影是一条复杂的“周变曲线”(非圆形),这种周变曲线用一般的作图方法绘制十分困难,此外,等高圆的这种变形会导致很大的定位误差,不能满足航海的要求。

法国航海家圣·希勒尔(St·Hilaire)发明的高度差法,解决了等高圆作图的问题。该方法的基本思路是:在海图上无需画出整个等高圆,只需使用每个等高圆的一小段圆弧就可以求得舰船的位置,而这一小段圆弧通常比较短,可以用圆周的割线或切线来代替。这样就将画等高圆的难题转化成了画船位线的问题,简单易行。高度差法被认为是现代航海天文导航的开端,已逐渐成为天文定位的标准方法。

高度差法的基本原理比较简单。对于任何一个观测者来说,天体的高度角与观测者所在的地理纬度、天体的赤纬和格林时角有确定的函数关系,如果在实际船位附近任选一点(称为假定船位,或称计算点,记为 O),则根据式(7-2-2),可以计算出天体在该点的高度角,如此获得的天体高度角叫作天体的计算高度 h_c。显然,它与在实际船位处获得的天体观测高度(记为 h_t)是有差别的,通常把观测高度与计算高度之差称为高度差,记为 $\mathrm{d}h$($\mathrm{d}h=h_t-h_c$)。当 O 点在实际船位附近(偏差在几十海里以内)时,$\mathrm{d}h$ 为小量,对式(7-2-2)两边做微分,$\mathrm{d}h$ 可以表示成如下形式:

$$\mathrm{d}h=\frac{\partial h}{\partial \phi}\mathrm{d}\phi+\frac{\partial h}{\partial t_G}\mathrm{d}t_G$$

对式(7-2-2)两边求微分,可以得到

$$\cos h \cdot dh = (\cos\phi\sin\delta - \sin\phi\cos\delta\cos t_G) \cdot d\phi - \cos\phi\cos\delta\sin t_G \cdot dt_G$$

因为 dh 和两个微分参数都是常数,上式可以简化为

$$d\phi = a + b \cdot dt_G$$

这是一个直线方程,即所谓的船位线方程,如图 7-2-5 所示。下面分别讨论 $dt_G=0$ 和 $d\phi=0$ 时的两种特殊情况。

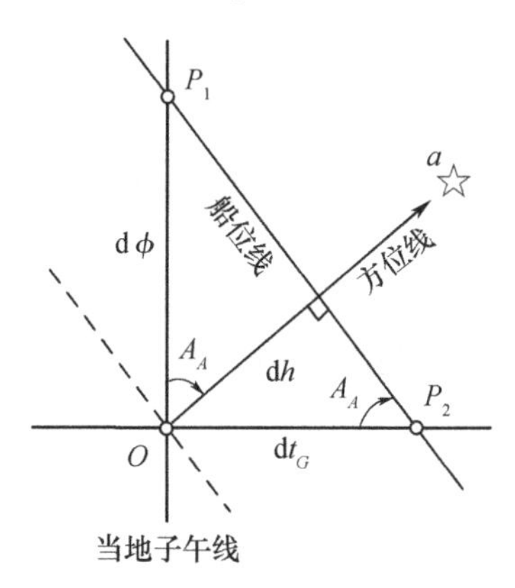

图 7-2-5 高度差法原理

当 $dt_G=0$ 时,t_G 保持不变,实际船位与计算点 O 在同一条子午线上,dh 完全由纬度的变化量 dϕ 决定。增加 dϕ,可得到 P_1 点,该点位于观测者等高圆上。

当 $d\phi=0$ 时,ϕ 保持不变,实际船位与计算点 O 在同一条纬度圈上,dh 完全由子午线角的变化量 dt_G 决定。增加 dt_G,可得到 P_2 点,同样 P_2 点也位于观测者等高圆上。

在 P_1 点和 P_2 点观测到的天体高度均为 h_t,直线 P_1P_2 是等高圆的切线,也是所求的位置线。连接计算点 O 和天体投影点 a 的直线叫作方位线,方位线与位置线的交点到 O 的距离即为高度差 dh。方位线与 O 点当地子午线之间的夹角叫作方位角 A_A,显然,它等于位置线与 O 的纬度圈之间的夹角。

下面讨论高度差法求船位的作图规则,如图 7-2-6 所示。

(1) 高度差 dh 为"+",计算点 O 在等高圆之外。通过计算点 O 作天体的计算方位线(方位角为 A),在该线上,以 O 为原点,朝向天体(沿天体计算方位的方向)截取 dh,得到截点 K;通过 K 点作计算方位线的垂线,即位置线。

(2) 高度差 dh 为"-",计算点 O 在等高圆之内。过计算点 O 作天体的计算方位线(方位角为 A),在该线上,以 O 为原点,背向天体(沿天体计算方位的反方向)截取 dh,得截点 K;通过 K 点作计算方位线的垂线,即位置线。

(3) 高度差 $dh=0$,计算点 O 在等高圆之上。过计算点 O 作天体的计算方位线(方位角为 A);再通过 O 点作计算方位线的垂线,即位置线。

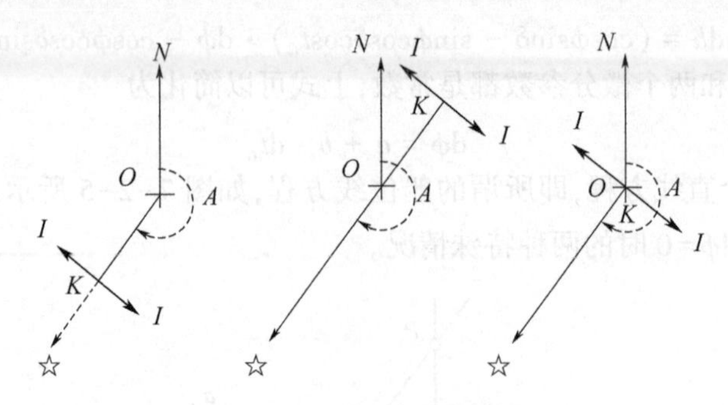

图 7-2-6 高度差法画船位线规则

例:以推算船位 $O(\phi,\lambda)$ 为计算点,若求得天体计算高度 $h_c=46°27.5'$,计算方位 $A=225°$,同时求得天体真高度 $h_t=46°25.2'$。画位置线,如图 7-2-7 所示。

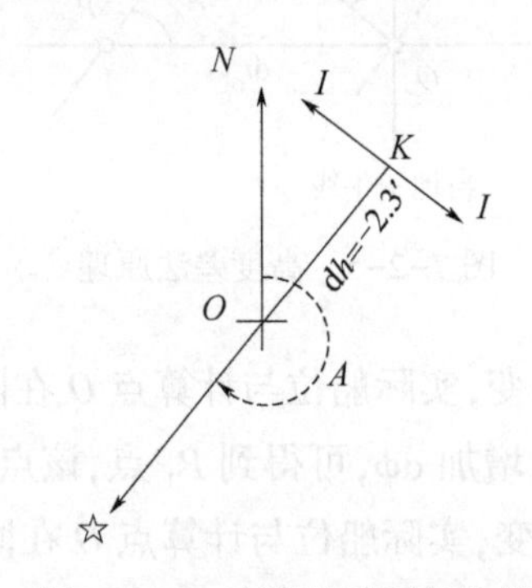

图 7-2-7 高度差法画船位线

计算点 $O(\phi,\lambda)$,计算方位 $A=225°$,真高度 $h_t=46°25.2'$,计算高度 $h_c=46°27.5'$,高度差 $\mathrm{d}h=-2.3'$。

为了保证定位精度,通常选择的计算点偏离实际船位不应超过 30n mil,通常以推算船位为基准,规定选择船位的经纬度与其经纬度的差值限制在30°之内。为保证利用高度差法画出的位置线所必需的精度,应选择观测高度低于70°的天体为宜。高度越高,等高圆的半径就越小,等高圆的曲率就越大,这时在墨卡托海图上用恒向线直线代替等高圆曲线所产生的误差也相应地增大。如果在求得观测船位之后发现计算点偏离观测船位大于 30n mile,可把求得的观测船位作为新的计算点重新计算(迭代计算)和做图,这样做可以进一步提高舰船的定位精度。

7.2.2 航海天文定向原理

天文定向是通过对天体观测来确定运动体航向的技术,天文罗盘是天文定向常用的仪器。天文罗盘是通过对天体定向而获得运动体的航向,按其测量方法可分为地平式天文罗盘和赤道式天文罗盘两种。前者的定向与天体地平圈重合,后者的定向面与天体的赤经圈重合,两者的定向原理相同。这里只介绍地平式天文罗盘定向原理。

地平式天文罗盘由航向角传感器、放大器、方位计算器、指示器和电源等组成。

地平式天文罗盘要求测出运动体纵轴在地平面内与正北方向的夹角 ψ(见图7-2-8),其工作原理比较简单。首先由航向角传感器测出天体航向角 β,然后根据观测时刻天体的赤纬 δ、格林时角 t_G、运动体的经度 λ 和纬度 ϕ,由方位计算器按照式(7-2-3)计算出天体的方位角 A,最后得到运动体的航向 ψ 为

$$\psi = A \pm \beta \tag{7-2-5}$$

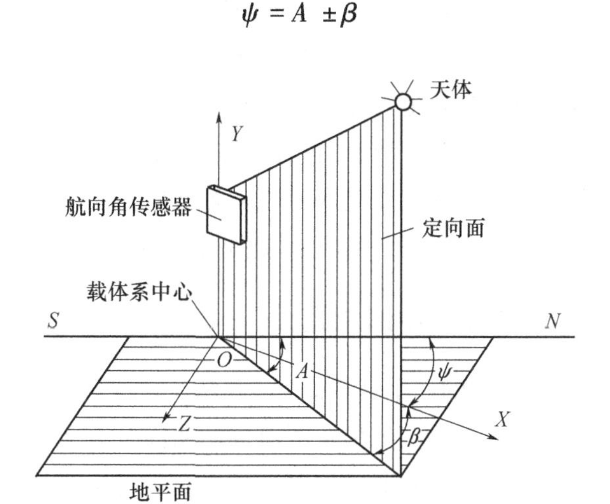

图7-2-8 地平式天文罗盘定向原理

由于太阳圆盘面有32′的视场角,因此,通过观测太阳来确定运动体航向的天文罗盘精度较低,约在1°~2°的水平。这类天文罗盘的航向角传感器一般只能用于跟踪太阳,夜间使用时,可用全景潜望式六分仪代替航向角传感器,通过对月球、行星或恒星定向的方法确定航向角,由方位计算器算出给定天体的方位,同样可获得真实航向。另一种以星体跟踪器作天文罗盘的航向仪,用光电倍增管、光导摄像管或电荷耦合摄像器件(CCD)和电荷注入器件(CID)等作为敏感元件,能跟踪星体或精确跟踪太阳中心,精度可达角秒级或角分级。天文罗盘还可以与其他多种导航设备组成功能较全、精度较高的组合导航系统。

7.3 航天天文导航

航天天文导航有两点不同于航海天文导航。第一是航天天文导航为三维定位,由于航天器的飞行高度为未知量,因而不能像航海那样将天文导航看成为二维定位。第二是航天器在飞行过程中,外力对航天器运动的影响可以精确地计算,因此,通过在飞行过程中进行离散的天文定位,就能确定出航天器的轨道,进而得出航天器的位置和速度,不需要像航海那样,采用天文导航来修正惯性导航系统的误差,再由惯性导航系统给出运动体的位置与速度。

在航天天文导航中,航天器的自主轨道确定与姿态确定可以是相互关联的,也可以是相互独立的。一般来说由于轨道变化比姿态变化缓慢,在精度要求高的情况下,希望轨道确定和姿态确定相互独立。一些天文导航设备,如空间六分仪、星体跟踪器等既可确定轨道,同时也可确定姿态,即根据天体测量得到的数据,设计相应的软件,经数据处理和计算后,获得航天器的定位与定向信息,在这种情况下,两者是相互关联的。航天常用的天文导航仪器有恒星敏感器、空间六分仪、太阳敏感器、地球敏感器等。姿态确定是专门的技术,这里不作讨论。

7.3.1 航天天文导航中的位置面

位置面是导航问题中的一个基本概念。航天天文导航中的位置面是当被观测参数为常值时,由航天器可能的位置所形成的曲面。天文导航方法可归结为通过对天体的观测获得位置面,通过位置面的组合进行定位的方法。根据天体与地球的距离分为近天体与远天体,太阳系中的天体(太阳、行星、地球、月球)称为近天体,并认为近天体是半径已知的圆球,而恒星则称为远天体。目前,航天天文导航中用来确定位置面的测量方法主要有近天体/航天器/远天体夹角测量法、近天体/航天器/近天体夹角测量法、航天器/近天体视角测量法、掩星测量法等四种。

1. 对天体进行观测的假设

在对天体进行观测时,一般作如下简化假设:

(1) 用于天文导航的天体,在观测时刻相对已知坐标系的位置可由天文年历获得。

(2) 忽略恒星与航天器之间距离的有限性,认为航天器与恒星的距离均为无穷大,这样可以将恒星发出的光看成是平行光。

(3) 按现有的技术条件,当载体运动状态产生变化时,仪器能精确测量出这种变化。

2. 由近天体/航天器/远天体夹角构成的位置面

在图 7-3-1 中，V 为航天器，p 为近天体，在 t 时刻由航天器的测量仪器对近天体和恒星进行天文观测，可以得到航天器到近天体的视线与航天器到远天体的视线之间的夹角为 A。

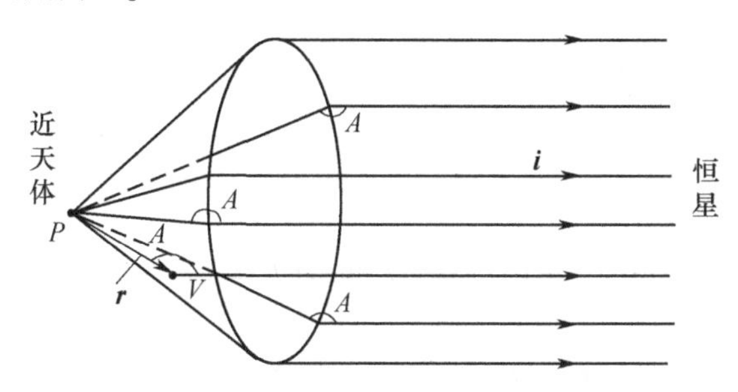

图 7-3-1　由近天体/航天器/远天体夹角构成的位置面

由于恒星在无限远处，恒星照射到近天体的光线与照射到航天器上的光线相互平行，因而可获得 $A=A(t)$ 位置面，此位置为一圆锥面，圆锥顶点在近天体上，圆锥轴线为近天体到恒星的视线方向，圆锥的顶角为 $(180°-A)$。

这一几何关系也可用向量公式表达。设 $\boldsymbol{i}$ 为由近天体到恒星视线的单位向量，这一向量的方向可由天文年历计算出来，$\boldsymbol{r}$ 为近天体到航天器的位置向量，$\boldsymbol{r}$ 为未知量，由向量关系可得

$$\boldsymbol{r} \cdot \boldsymbol{i} = -r\cos A \tag{7-3-1}$$

其中，A 为已知量。

3. 由近天体/航天器/近天体夹角构成的位置面

在图 7-3-2 中，V 为航天器，P_1、P_2 为两个近天体，在 t 时刻由航天器的测量仪器对 P_1 和 P_2 进行天文观测，可以得到 VP_1 与 VP_2 间的夹角 A。由几何关系可知，这时的位置面是以两近天体连线为轴线，旋转通过这两点的一段圆弧而获得的超环面，这段圆弧的中心 O 在 P_1P_2 连线的垂直平分线上，圆弧半径 R 与两近天体之间的距离 r_p 以及 A 的关系为

$$R = \frac{r_p}{2\sin A} \tag{7-3-2}$$

圆心到 P_1P_2 的距离 L 为

$$L = R\cos A \tag{7-3-3}$$

上述几何关系同样也可用向量公式表达。若 P_2 和 V 相对于 P_1 的位置向量分别为 $\boldsymbol{r}_p$ 和 $\boldsymbol{r}$，则有

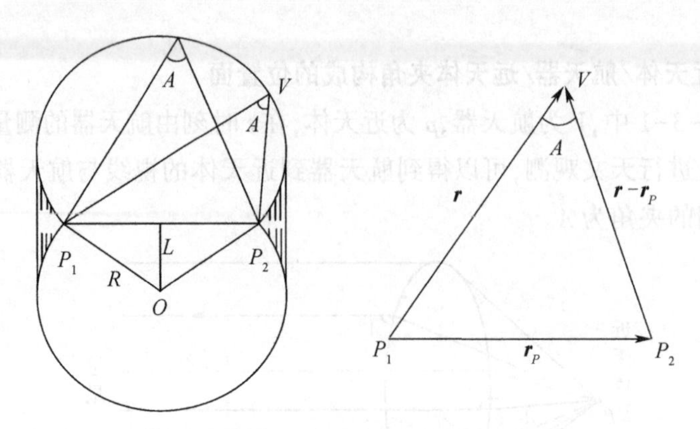

图 7-3-2　由近天体/运动体/近天体夹角的位置面

$$\boldsymbol{r}\cdot(\boldsymbol{r}-\boldsymbol{r}_p)=r\left|\boldsymbol{r}-\boldsymbol{r}_p\right|\cos A$$

因而有

$$\boldsymbol{r}\cdot\boldsymbol{r}_p=r^2-r\left|\boldsymbol{r}-\boldsymbol{r}_p\right|\cos A \tag{7-3-4}$$

4. 由航天器到近天体视角构成的位置面

在图 7-3-3 中,V 为航天器,已知近天体的直径为 D,由航天器的测量装置测得天体可见图面的角度为 A,则航天器与近天体中心的距离 Z 为

$$Z=\frac{D}{2\sin\dfrac{A}{2}} \tag{7-3-5}$$

则位置面是以近天体中心为球心,以 Z 为半径的圆球面。

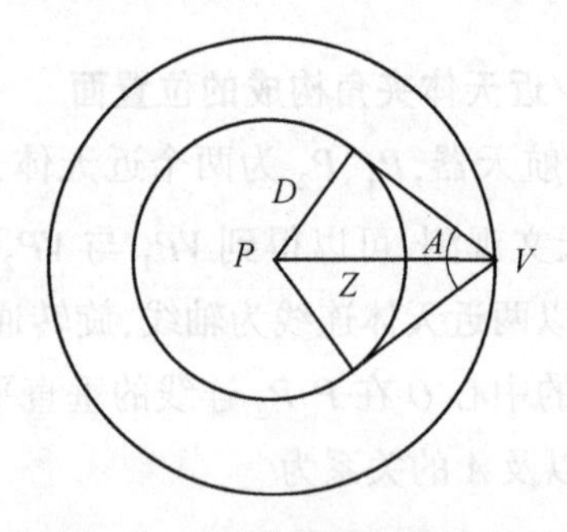

图 7-3-3　近天体视角测量的位置面

只有当航天器接近近天体时,视角的测量才是可行的,因而这一测量适用于星际航行的末段导航。

5. 掩星测量的位置面

在图 7-3-4 中,航天器 V 的测量装置对一恒星进行观测,在视线正好为一个近天体掩盖的时刻可建立一个位置面。这个位置面为一圆柱体,圆柱体轴线与航天器到恒星的视线方向重合,并通过近天体中心,圆柱体直径等于近天体的直径。这一测量方法也只适用于星际航行的末段导航。

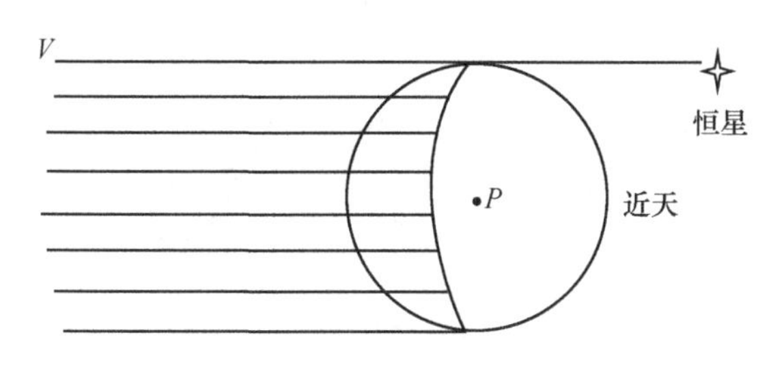

图7-3-4　掩星测量的位置面

6. 采用三次测量对航天器进行天文定位的举例

在任一瞬时 t,由航天器的测量装置对多个天体进行观测,当获得足够多的位置面(至少三个)后,通过组合这些位置面,可确定航天器在此时刻的位置。

以从地球飞向火星的航天器为例,说明通过三次观测确定航天器相对于太阳定位的原理。

设 t 时刻为求得航天器相对于太阳的位置向量 $\boldsymbol{r}$ 而进行三次观测。第一次进行太阳/航天器/恒星1/的测量得到测量角 A_1,第二次进行太阳/航天器/恒星2的测量得到测量角 A_2,第三次进行太阳/航天器/地球的测量得到测量角 A_3。前两次测量确定了以太阳为顶点的两个圆锥面,在图7-3-5中给出了这两次观测形成的圆锥位置面。后一次测量确定了以太阳与地球连线为轴线的超环面。当用向量公式表示时,则航天器位置可通过求解下列方程组获得,即

$$\begin{cases} \boldsymbol{r} \cdot \boldsymbol{i}_1 = -r\cos A_1 \\ \boldsymbol{r} \cdot \boldsymbol{i}_2 = -r\cos A_2 \\ \boldsymbol{r} \cdot \boldsymbol{r}_p = r^2 - r|\boldsymbol{r} - \boldsymbol{r}_p|\cos A_3 \end{cases} \tag{7-3-6}$$

式中:$\boldsymbol{i}_1$、$\boldsymbol{i}_2$ 分别为太阳到恒星1、恒星2方向的单位向量,为已知向量;$\boldsymbol{r}_p$ 为地球相对于太阳的位置向量,为已知向量;A_1、A_2、A_3 为已知的测量角。由上述方程求解未知向量 $\boldsymbol{r}$,则可求得航天器相对于太阳的位置向量。

在求解上述方程时,满足方程的解不是唯一的。从几何学的角度看,两个圆锥面的交线有两条,这两条交线与超环面的交点也不是唯一的,因而,在求解时出现了解模糊度问题。由于这些交点相距较远,解决这一问题的方法通常是根据航天器的轨道运动情况,概率计算出航天器在此时刻的近似位置。据此,在这些解中找出最接近近似位置的解,即认为是航天器的实际位置。

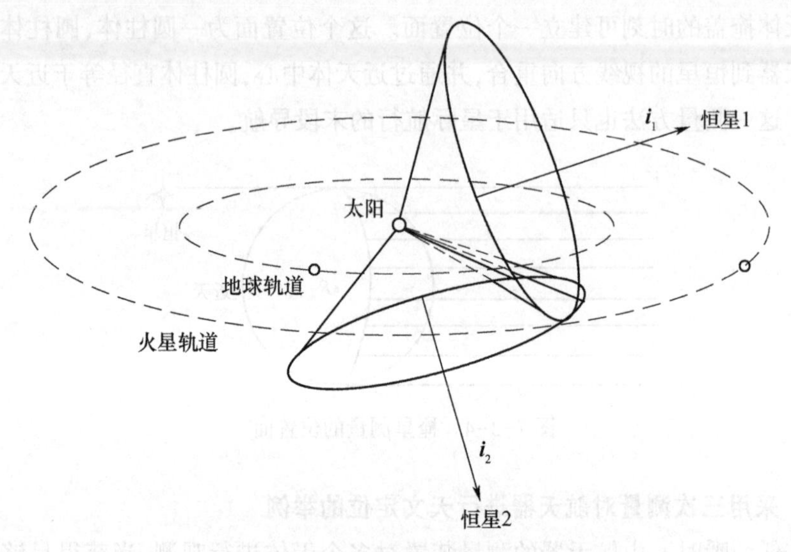

图 7-3-5　三次观测确定航天器位置

7.3.2　航天天文导航中的简化量测方程

在航天天文导航中,若航天器上的时钟是精确的,并且对天体观测获得的测量值也是精确的,那么在 t 时刻进行足够次数的观测,利用航天器计算机解类似于式(7-3-6)给出的量测方程,就可确定航天器在 t 时刻的位置向量。在求解式(7-3-6)类型的量测方程时存在两个困难:第一是量测方程为非线性代数方程,求解较为复杂;第二是存在解模糊度问题。为解决这些困难,本节在引入适当的近似假设后,可以给出线性化的量测方程。

考虑到航天器完成给定任务的标称轨道是事先设计好的,因而是已知的。在实际飞行中为完成任务而携带的推进系统的燃料是有限的,并且作用在航天器上的摄动力是小量,因而实际轨道相对标称轨道的偏差为小量,在 t 时刻的实际观测量相对标称观测量的偏差也是小量。

设在 t 时刻航天器相对于太阳中心的标称位置向量为 $\boldsymbol{r}^*$,对天体进行观测量所获得的标称观测量为 q^*,同一时刻航天器的实际位置向量为 $\boldsymbol{r}$,实际观测量为 q,两者的等时偏差为

$$\begin{cases}\delta\boldsymbol{r}(t)=\boldsymbol{r}(t)-\boldsymbol{r}^*(t)\\ \delta q(t)=q(t)-q^*(t)\end{cases}\tag{7-3-7}$$

假设 $\delta\boldsymbol{r}(t)$ 和 $\delta q(t)$ 均为小量,将实际值在标称值近傍作 Taylor 展开时,只保留线性项。

下面来说明在线性化近似假设下，不论测量类型如何，简化的量测方程均可表示为

$$\delta q = \boldsymbol{h} \cdot \delta \boldsymbol{r} \tag{7-3-8}$$

对于不同的观测量类型，只是上式中 $\boldsymbol{h}$ 的表达式不同。

1. 近天体/航天器/近天体视线夹角测量的 $\boldsymbol{h}$ 表达式

以航天器与太阳和航天器与行星的视线夹角测量为例讨论。在图 7-3-6 中 S、P 和 V 分别为太阳、行星和航天器。在 t 时刻航天器相对于太阳的位置向量为 $\boldsymbol{r}^*$，由 V 到 P 的标称位置向量为 $\boldsymbol{Z}^*$，测量的角度标称值为 A^*，A^* 所在平面称为测量平面，若航天器实际飞行中偏离了标称值，则有

$$\begin{cases} rZ\cos A = -\boldsymbol{r} \cdot \boldsymbol{Z} \\ \boldsymbol{r} + \boldsymbol{Z} = 常向量 \end{cases} \tag{7-3-9}$$

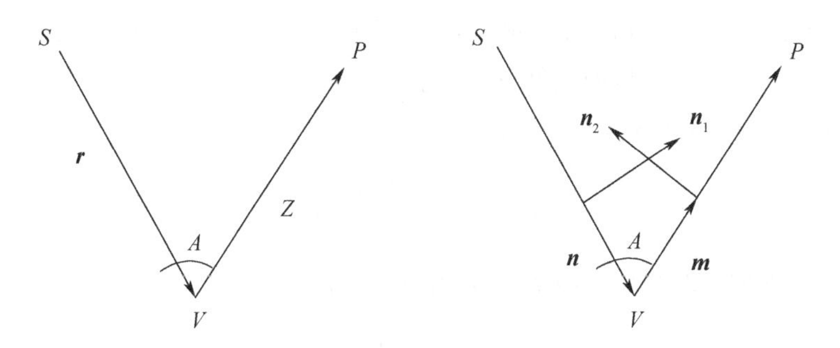

图 7-3-6 近天体/航天器/近天体视线夹角测量

在线性化假设下，由式(7-3-9)第一式和第二式得

$$\begin{cases} \delta(r \cdot Z\cos A) = \delta(-\boldsymbol{r} \cdot \boldsymbol{Z}) = -\boldsymbol{r}^* \cdot \delta\boldsymbol{Z} - \boldsymbol{Z}^* \cdot \delta\boldsymbol{r} \\ \delta\boldsymbol{Z} = -\delta\boldsymbol{r} \end{cases} \tag{7-3-10}$$

再注意到恒等式

$$r^2 = \boldsymbol{r} \cdot \boldsymbol{r}$$

$$Z^2 = \boldsymbol{Z} \cdot \boldsymbol{Z}$$

则有

$$\begin{cases} \delta r = \dfrac{\boldsymbol{r}^* \cdot \delta\boldsymbol{r}}{r^*} \\ \delta z = \dfrac{\boldsymbol{Z}^* \cdot \delta\boldsymbol{Z}}{Z^*} \end{cases} \tag{7-3-11}$$

由于式(7-3-10)左端为

$$\delta(rz\cos A) = \boldsymbol{Z}^* \cos\boldsymbol{A}^* \delta r + \boldsymbol{r}^* \cos\boldsymbol{A}^* \delta Z - \boldsymbol{r}^* \boldsymbol{Z}^* \sin\boldsymbol{A}^* \delta A$$

将式(7-3-10)和式(7-3-11)代入,则有

$$\delta A = \left(\frac{\boldsymbol{m} - (\boldsymbol{n} \cdot \boldsymbol{m})\boldsymbol{n}}{\boldsymbol{r}^* \sin\boldsymbol{A}^*} + \frac{\boldsymbol{n} - (\boldsymbol{n} \cdot \boldsymbol{m})\boldsymbol{m}}{\boldsymbol{Z}^* \sin\boldsymbol{A}^*}\right) \cdot \delta\boldsymbol{r} \tag{7-3-12}$$

式中:$\boldsymbol{n}$ 和 $\boldsymbol{m}$ 分别为标称情况下由航天器指向太阳和航天器指向行星的视线单位向量。

在式(7-3-12)中,令

$$\begin{cases} n_1 = \dfrac{[\boldsymbol{m} - (\boldsymbol{n} \cdot \boldsymbol{m})\boldsymbol{n}]}{\sin\boldsymbol{A}^*} \\ n_2 = \dfrac{[\boldsymbol{n} - (\boldsymbol{n} \cdot \boldsymbol{m})\boldsymbol{m}]}{\sin\boldsymbol{A}^*} \end{cases} \tag{7-3-13}$$

由图7-3-6可知,$\boldsymbol{n}_1$,$\boldsymbol{n}_2$ 为标称测量平面内的单位向量。$\boldsymbol{n}_1$ 垂直于航天器到太阳的视线,指向测量角的内侧。$\boldsymbol{n}_2$ 垂直于航天器到行星的视线,也指向测量角的内侧。由于标称情况已知,因而为已知的单位向量。

将式(7-3-13)代入式(7-3-12),则有

$$\delta A = \left(\frac{\boldsymbol{n}_1}{\boldsymbol{r}^*} + \frac{\boldsymbol{n}_2}{\boldsymbol{Z}^*}\right) \cdot \delta\boldsymbol{r} \tag{7-3-14}$$

在这一类型的测量中,式(7-3-8)中的 $\boldsymbol{h}$ 为

$$\boldsymbol{h} = \frac{\boldsymbol{n}_1}{\boldsymbol{r}^*} + \frac{\boldsymbol{n}_2}{\boldsymbol{Z}^*} \tag{7-3-15}$$

式中:$\boldsymbol{h}$ 为已知的向量。

2. 近天体/航天器/远天体视线夹角测量的 $\boldsymbol{h}$ 表达式

近天体/航天器/远天体视线夹角测量可作为上述近天体/航天器/近天体视线夹角测量的特殊情况。

在图7-3-6中,若近天体是太阳而将行星 p 置换为恒星,则在式(7-3-14)中,由 $\boldsymbol{Z}^* \to \infty$,可以得出

$$\delta A = \frac{\boldsymbol{n}_1}{\boldsymbol{r}^*}\delta\boldsymbol{r} \tag{7-3-16}$$

在图7-3-6中,若近天体为行星而将太阳置换为恒星,则在式(7-3-14)中,由 $\boldsymbol{r}^* \to \infty$,可以得出

$$\delta A = \frac{\boldsymbol{n}_2}{\boldsymbol{Z}^*}\delta\boldsymbol{r} \tag{7-3-17}$$

因此,综合式(7-3-16)和式(7-3-17)后可知,对于这一类型的测量可将 $\boldsymbol{h}$

向量记为

$$\boldsymbol{h}=\frac{\boldsymbol{n}}{Z^{*}} \tag{7-3-18}$$

式中：Z^{*} 为航天器与近天体之间的距离；$\boldsymbol{n}$ 为在测量平面内垂直于航天器到近天体视线的单位向量，指向测量角内部。

3. 近天体可见图面视角测量的 h 表达式

在实际飞行中，由航天器上的测量装置对近天体可见图面视角进行测量时，有下列关系

$$\sin\frac{A}{2}=\frac{D}{2Z} \tag{7-3-19}$$

式中：A 为测量角；Z 为航天器与近天体中心的距离；D 为近天体直径。如图 7-3-7所示。

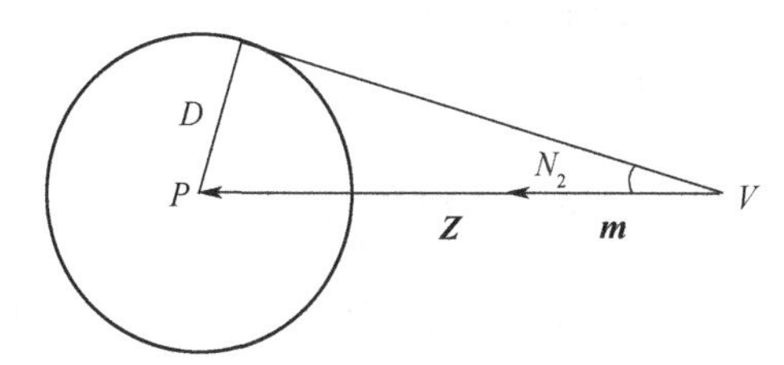

图 7-3-7　近天体可见图面视角测量

在线性化假设下，由式(7-3-19)可知

$$\delta A=\frac{-D\delta Z}{Z^{*2}\cos\frac{A^{*}}{2}} \tag{7-3-20}$$

将式(7-3-10)和式(7-3-11)代入式(7-3-20)后，则有

$$\delta A=\frac{-D\boldsymbol{m}}{Z^{*2}\cos\frac{A^{*}}{2}}\cdot\delta\boldsymbol{r} \tag{7-3-21}$$

因此，这一类型测量的 $\boldsymbol{h}$ 表达式为

$$\boldsymbol{h}=\frac{D\boldsymbol{m}}{Z^{*2}\cos\frac{A}{2}} \tag{7-3-22}$$

式中：$\boldsymbol{m}$ 为从航天器指向近天体中心的单位向量。

4. 恒星仰角测量的 h 表达式

在图 7-3-8 中，V 为航天器，P 为行星中心，$\boldsymbol{m}$、$\boldsymbol{m}_1$ 分别为从 V 到行星中心

和到行星边缘视线的单位向量,两单位向量的夹角为 γ。在这一类型的测量中,测量角为航天器到恒星的视线与行星边缘视线间的夹角 A,A 称为恒星仰角。

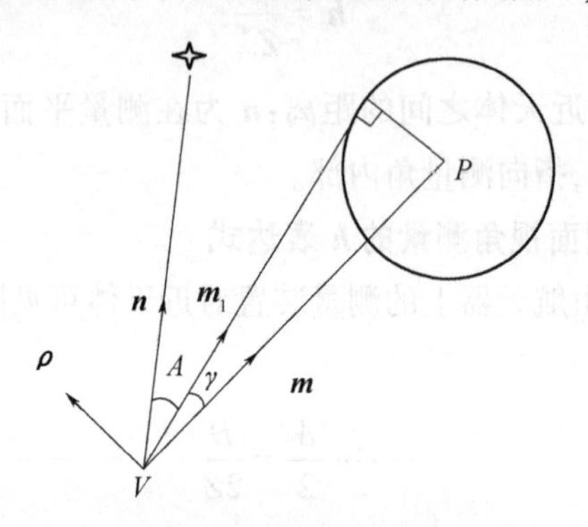

图 7-3-8 恒星仰角测量

在图中,若认为测量角是航天器到恒星视线与航天器到行星中心的夹角 $A+\gamma$,则由式(7-3-17)可知

$$\delta(A + r) = \frac{\boldsymbol{n}_2}{Z^*} \cdot \delta \boldsymbol{r} \tag{7-3-23}$$

其中,$\boldsymbol{n}_2$ 为垂直于 $\boldsymbol{m}$ 的单位向量,指向测量角内部。由式(7-3-21)可知

$$\delta\gamma = \frac{D\boldsymbol{m}}{Z^{*2}\cos\gamma^*} \cdot \delta \boldsymbol{r} = \frac{\tan\gamma}{Z^*}\boldsymbol{m} \cdot \delta \boldsymbol{r}$$

将上式代入式(7-3-23)可得

$$\delta A = \frac{1}{Z^*}(\boldsymbol{n}_2 - \boldsymbol{m}\tan\gamma) \cdot \delta \boldsymbol{r} = \frac{\boldsymbol{\rho}}{Z^* \cos\gamma^*} \cdot \delta \boldsymbol{r} \tag{7-3-24}$$

其中,$\boldsymbol{\rho}$ 为在测量平面内垂直于 $\boldsymbol{m}_1$ 的单位向量,指向测量角内部。因而这一类型测量 $\boldsymbol{h}$ 的表达式为

$$\boldsymbol{h} = \frac{\boldsymbol{\rho}}{Z^* \cos\gamma^*} \tag{7-3-25}$$

将上式与(7-3-18)比较可知,这一类型测量相当于将行星边缘当作为一行星进行测量。

5. 恒星/航天器/行星陆标视线夹角测量的 h 表达式

在图 7-3-9 中,V 为航天器,p 为行星中心,若在行星表面放置陆标 L,陆标 L 相对于行星中心的位置向量 $\boldsymbol{R}$ 为已知量。这一类型测量角为航天器到恒星视线与航天器到陆标视线之间的夹角 A。这相当于在式(7-3-24)中将陆标看作为行星,因而有

$$\delta A=\frac{\boldsymbol{\rho}}{|\boldsymbol{Z}^{*}+\boldsymbol{R}|}\cdot\delta\boldsymbol{r} \tag{7-3-26}$$

式中:$\boldsymbol{\rho}$ 为测量平面内垂直于航天器到陆标视线的单位向量,指向测量角内部。

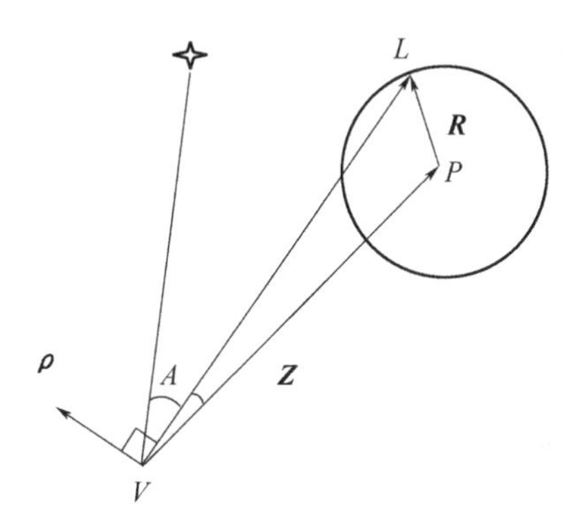

图 7-3-9 恒星/航天器/行星陆标视线夹角测量

在这一类型测量中 $\boldsymbol{h}$ 表达式为

$$\boldsymbol{h}=\frac{\boldsymbol{\rho}}{|\boldsymbol{Z}^{*}+\boldsymbol{R}|} \tag{7-3-27}$$

6. 三次独立观测的 *H* 矩阵

若在 t 时刻进行上述类型的三次独立观测,$\delta q_i(i=1\sim3)$ 为第 i 次观测的观测值,$\boldsymbol{h}_i(i=1\sim3)$ 为第 i 次观测所对应的观测向量,$\delta\boldsymbol{r}$ 为 t 时刻的位置偏差列向量,令

$$\delta\boldsymbol{Q}=\begin{bmatrix}\delta q_1\\ \delta q_2\\ \delta q_3\end{bmatrix}\boldsymbol{H}=\begin{bmatrix}\boldsymbol{h}_1^{\mathrm{T}}\\ \boldsymbol{h}_2^{\mathrm{T}}\\ \boldsymbol{h}_2^{\mathrm{T}}\end{bmatrix} \tag{7-3-28}$$

$\boldsymbol{H}$ 为 3×3 矩阵,则

$$\delta\boldsymbol{Q}=\boldsymbol{H}\delta\boldsymbol{r} \tag{7-3-29}$$

由于观测独立,$\boldsymbol{H}$ 为可逆阵,因而,t 时刻位置偏差列向量为

$$\delta\boldsymbol{r}=\boldsymbol{H}^{-1}\delta\boldsymbol{Q} \tag{7-3-30}$$

7. 有冗余测量时的状态估值

在考虑了时钟误差后,单点定位至少需要 4 次观测,当有 $m(m>4)$ 个观测值时,则有冗余测量。例如单点定位时可用 6 个角度的观测值,即在航天器上观测太阳和两个行星与最近行星的视线的夹角,可得三个角度,同时在航天器上测量太阳与两个恒星视线的夹角,可得到两个角度。再加上航天器上测量最近行星

可见图面的视角,可得一个角度。再加上观测开始时刻航天器上时钟指示的时刻,一共为7个测量值。

若在单点定位时进行了 $m(m>4)$ 次观测,其中包括时钟指示时刻的观测,记

$$\delta\boldsymbol{Q}=\begin{bmatrix}\delta q_1\\ \delta q_2\\ \delta q_3\\ 0\\ \vdots\\ \delta q_m\end{bmatrix},\boldsymbol{\alpha}=\begin{bmatrix}\alpha_1\\ \alpha_2\\ \alpha_3\\ \boldsymbol{C}\\ \vdots\\ \alpha_m\end{bmatrix},\delta\boldsymbol{X}=\begin{bmatrix}\delta r''\\ \vdots\\ \delta t_C\end{bmatrix} \tag{7-3-31}$$

其中,$\delta\boldsymbol{Q}$ 为在 $t_0-\delta t_c+\delta t_d$ 时刻的观测误差向量($m\times1$)并已扣除了 δt_d 的影响。其中的零元素表示读出钟面时刻的偏差为零,$\boldsymbol{\alpha}$ 为观测误差向量($m\times1$),其中 τ 为时钟的随机误差。假定观测误差向量的各分量均值为零,且互不相关,则 $\boldsymbol{\alpha}$ 的协方差阵($m\times m$)为

$$\boldsymbol{R}=\begin{bmatrix}\sigma_1^2 & & 0\\ & \sigma_2^2 & \\ & & \ddots & \\ 0 & & & \sigma_m^2\end{bmatrix} \tag{7-3-32}$$

$\delta r''$为 $t_0-\delta t_c$ 时刻的位置偏差,$\delta\boldsymbol{X}$ 是由 $\delta r''$和时钟系统误差 δt_c 所组成的 4×1 状态向量。

由于

$$\delta\boldsymbol{Q}=\boldsymbol{H}\delta\boldsymbol{X}''+\boldsymbol{\alpha} \tag{7-3-33}$$

其中,$\boldsymbol{H}(m\times4)$ 为与 m 次观测对应的 $\boldsymbol{h}$ 向量构成的矩阵,矩阵中元素可由 t_0 时刻的标称轨道运动参数计算后得出。

由 $\delta\boldsymbol{X}''$的最小二乘估值可得

$$\delta\hat{\boldsymbol{X}}''=(\boldsymbol{H}^{-\mathrm{T}}\boldsymbol{R}^{-1}\boldsymbol{H})^{-1}\boldsymbol{H}^{-\mathrm{T}}\boldsymbol{R}^{-1}\delta\boldsymbol{Q} \tag{7-3-34}$$

可求 $t_0-\delta t_c$ 时刻位置偏差的估值和时钟系统差的估值。为求得 t_0 时刻的位置偏差估值 $\delta\hat{r}$,则应对 $\delta\hat{r}''$进行修正,即将航天器飞过的距离向量加到位置偏差估值中去。即令

$$\delta\hat{\boldsymbol{X}}=\begin{bmatrix}\delta\hat{r}(t_0)\\ \vdots\\ \delta t_c\end{bmatrix}\quad \boldsymbol{T}=\begin{bmatrix}\boldsymbol{I} & \cdots & \boldsymbol{v}^*\\ \vdots & \vdots & \vdots\\ 0 & 0 & 0 & \vdots\end{bmatrix} \tag{7-3-35}$$

式中：v^* 为 t_0 时刻航天器的标称速度，则有

$$\delta\hat{\boldsymbol{X}} = \boldsymbol{T}\,(\boldsymbol{H}^{-\mathrm{T}}\boldsymbol{R}^{-1}\boldsymbol{H})^{-1}\boldsymbol{H}^{-\mathrm{T}}\boldsymbol{R}^{-1}\delta\boldsymbol{Q} \tag{7-3-36}$$

7.3.3　脉冲星导航技术

1967 年，剑桥大学卡文迪许试验室的研究生乔丝琳 · 贝尔在检测射电望远镜收到的信号时，无意中发现了一些奇怪的信号，它们很有规律，周期也十分稳定。后来，科学家们经过仔细分析，认为这是一种未知的天体，因为这种星体不断地发出电磁脉冲信号，人们就把它命名为脉冲星。研究表明，脉冲星是大质量恒星演化、坍缩、超新星爆发的遗迹。恒星因为长期的燃烧而导致核原料匮乏，致使恒星内部的辐射压力小于自身的引力作用，这样在引力作用下恒星开始逐渐向内部坍缩，核外的电子被挤进原子核内部，与核内的质子中和形成中子星。其典型直径在 20～30km，而质量约为太阳的 1.4 倍，核心密度达到 10^{12}kg/cm^3。

脉冲星属于高速自转的中子星，如图 7-3-10 所示。在恒星的整个坍缩过程中，角动量是守恒的，这样坍缩后的中子星因为半径减小，其自转的角速度就变得非常大。其自转周期范围为 1.4ms～11.766s，且具有良好的周期稳定性，毫秒脉冲星的自转周期变化率达到 10^{-19}～10^{-21} 量级，可与目前最稳定的铯原子钟相媲美。

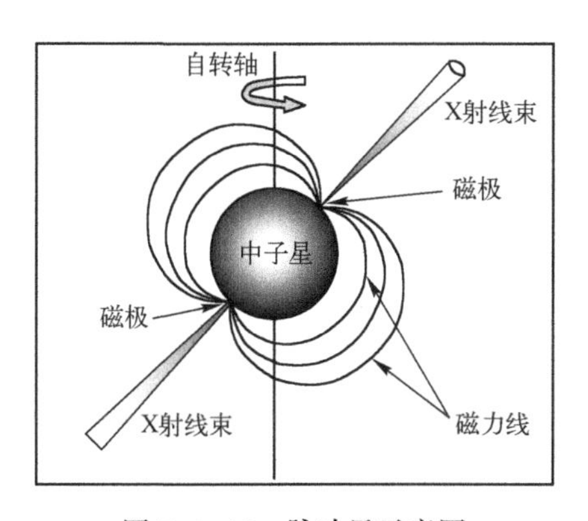

图 7-3-10　脉冲星示意图

脉冲星周围环绕着非常强的电磁场（10^9～$10^{12}G$）和引力场，因此，脉冲星的辐射只能沿着磁轴方向发射出来，形成一个圆锥形辐射区。由于脉冲星的自转轴和磁极轴间存在夹角，导致脉冲星的磁极辐射在空间中作周期性扫描。这样，通过探测器就可以接收到非常具有规律性的周期性脉冲信号，可谓是天然的导航信标。

脉冲星通常在光学、射电、红外、X 射线束和 γ 射线波段辐射电磁波。大多数脉冲星的脉冲辐射位于射电波段,少数同时具有光学、X 射线束甚至 γ 射线辐射。不同波段观测的脉冲轮廓不完全相同。其中射电和红外波段可穿过地球大气层,利用大口径望远镜,可实现地面观测。X 波段和 γ 波段辐射被大气层吸收,只能在地球大气层之外观测。然而,与射电观测不同,X 射线探测设备易于做到小型化、低功耗,适于空间搭载应用。因此,利用 X 射线脉冲星的天文导航技术可能率先变为现实。换句话说,脉冲星导航技术在航天飞行导航中具有很大的应用前景。

本章重点介绍天文导航的基本原理,对相关仪器设备不作深入讨论。航空与航海天文导航的基本原理大致相同,因此,对航空天文导航也不作专门讨论。

参考文献

[1] 房建成,宁晓琳.天文导航原理及应用[M].北京:北京航空航天大学出版社,2006.
[2] 程禄,焦传道,黄德鸣.船舶导航定位系统[M].北京:国防工业出版社,1991.
[3] 胡小平,吴美平,等.自主导航理论与应用[M].长沙:国防科技大学出版社,2002.
[4] 房建成,宁晓琳,刘劲.航天器自主天文导航原理与方法[M].2 版.北京:国防工业出版社,2017.

第8章 组合导航

8.1 概述

随着人类活动空间的不断拓展,特别是军事活动需求的不断增长,对导航系统提出了新的、更高的要求。就某些特殊装备而言,对导航系统性能的要求可以概括为:能够全区域、全天候、连续实时地提供高精度的导航服务,不限制用户数量,自主性好,抗干扰抗欺骗能力强,在大的温度范围、恶劣的冲击、振动及化学污染、烟尘等恶劣环境中也能可靠工作等。显然,单一的导航系统难以同时满足这些要求。为此,通常采取的措施是利用计算机和数据处理技术,把具有不同特点的两种或两种以上的导航设备组合在一起构成一个综合系统,取长补短,充分发挥各自的优势以达到整体性能最佳的目的,将这类综合系统称为组合导航系统。

不同的应用背景采用不同的组合导航方式。对于商业民航和大多数军用飞机,INS 和 GNSS 构成了导航系统的核心,再加上其他传感器如气压高度计、磁罗盘、“罗兰”、DME/TACAN 等,可以构成飞机用组合导航系统。直升机往往使用多普勒雷达或/和惯性导航,而很多轻型飞机和无人飞行器使用 AHRS 而不是 INS。

舰船通常采用 INS、GNSS、“罗兰”系统、多普勒声纳等导航设备构成组合导航系统。磁罗盘用来标定航向,如果“罗兰”系统可用,则可以增强导航的鲁棒性,而多普勒声纳可以增加沿海区域和内陆航道导航的鲁棒性。潜艇和自主水下潜航器在水面时只能使用 GNSS 和其他无线电导航系统,在水下,则依赖于惯性导航、各种声纳设备和深度传感器。

地面车辆通常采用里程仪、磁罗盘、气压高度计以及地图匹配等与 GNSS 组合。对于个人导航,GNSS 可以与不同的传感器组合。蜂窝电话、UWB 以及 WLAN 定位是对室内和市区 GNSS 的补充。

综上所述,组合导航系统的优点可以归纳为:①能有效地利用各子系统的导航信息,互相补充,使系统定位精度大大提高。②进一步提高子系统的可靠性。利用故障检测及识别技术,在一个子系统失效时,冗余的导航信息使得系统可以在不同的工作模式间进行自动转换。③可实现对各子系统及其元件的校准,从而能放宽对子系统和元件指标的要求,有利于使用低成本的子系统及元件构成高精度的组合导航系统。图 8-1-1 给出了以惯性导航系统为主体的典型的组合导航方式示意图。

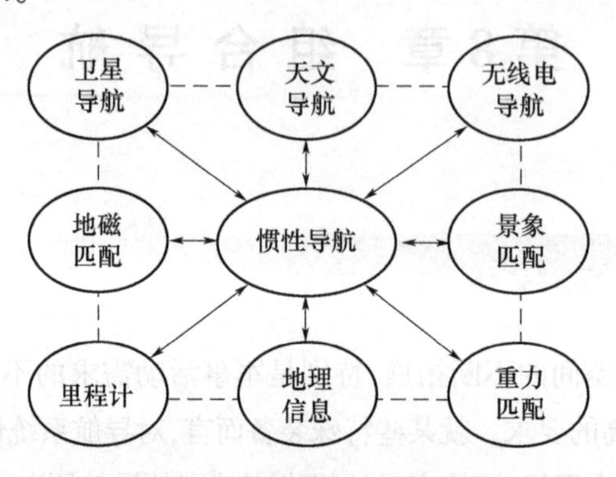

图 8-1-1 典型的组合导航方式

8.2 组合导航的滤波方法

滤波算法是组合导航系统的核心技术。所谓滤波,就是从带有干扰的信号中得到有用信号的准确估计值。滤波理论就是在对系统可观测信号进行测量的基础上,根据一定的滤波准则,采用某种统计最优的方法,对系统的状态进行估计的理论和技术。

早在 1795 年,为了测定行星运动轨道,高斯(K.Gauss)就提出了最小二乘估计法。由于该方法不考虑观测信号的统计特性,仅仅保证测量误差的方差最小,因此,实际工程条件下这种滤波方法的性能难以最优。但最小二乘估计方法只需要建立测量模型,因此在很多领域仍有应用。

20 世纪 40 年代,Weiner 和 Kolmogorov 相继独立地提出了维纳滤波理论。维纳滤波充分利用了输入信号和量测信号的统计特性,是一种线性最小方差滤波方法。但维纳滤波方法是一种频域方法,而且滤波器是非递推的,不便于实时应用。V. Kucera 于 1979 年提出了现代维纳滤波方法,该方法通过求解 Diophantine 方程,可以直接得到可实现的、显式的维纳滤波器,并可处理多维信号和非平稳随机信号。

卡尔曼滤波理论是美国科学家卡尔曼于 20 世纪 60 年代初提出的一种时域方法,对于具有高斯分布噪声的线性系统,可以得到系统状态的递推最小均方差估计(Recursive Minimum Mean-Square Estimation,RMMSE)。卡尔曼滤波首次将现代控制理论中的状态空间思想引入最优滤波理论，用状态方程描述系统动态模型，用观测方程描述系统观测模型，并可处理时变系统、非平稳信号和多维信号。由于卡尔曼滤波采用递推计算，因此非常适于用计算机来实现。

卡尔曼滤波理论一经提出，立即受到了工程界的重视。伴随着计算机的快速发展，卡尔曼滤波理论在航空、航天等诸多领域得到广泛应用，而工程应用中遇到的实际问题，又使卡尔曼滤波的研究更深入、更完善。

从卡尔曼滤波理论的建立到现在，如何将滤波理论的最新成果应用于导航系统，一直是业界研究的热点和推动滤波理论发展的动力。由研制、用于“阿波罗”计划的组合导航系统，是第一个应用卡尔曼滤波技术的大型工程系统，并由此提出了 EKF 的思想。Carlson 提出的联邦滤波理论，其最初的目的也是为容错组合导航系统提供设计理论，包括粒子滤波在内的各种非线性滤波方法，也已经广泛应用于导航与定位、视频与图像处理、多目标跟踪、无线通信等很多领域。下文主要就三种典型的组合导航滤波算法展开讨论。

8.2.1　最小二乘组合导航算法

最小二乘算法，是最简单的融合不同导航系统信息的方法。如图 8-2-1所示，每个以索引 i 表示的子系统，提供了一组导航参数$\hat{\boldsymbol{x}}_i$ 以及相关的误差协方差矩阵$\boldsymbol{P}_{ii}$。这些信息在每个同步的测量点进行单点融合。

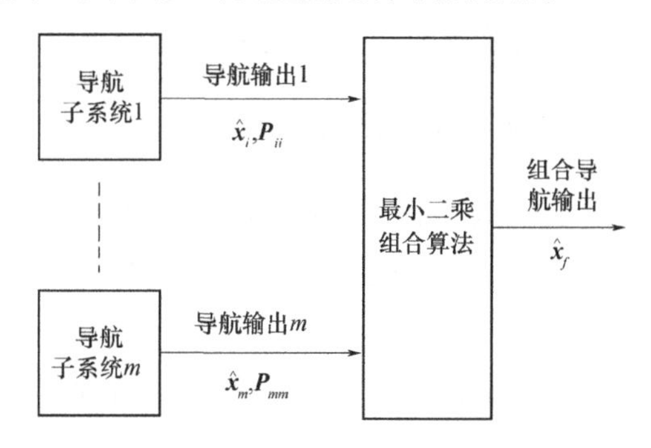

图 8-2-1　最小二乘组合架构

组合导航参数$\hat{\boldsymbol{x}}_f$ 对 m 个独立的导航参数进行了加权最小二乘组合：

$$\hat{\boldsymbol{x}}_f = (\boldsymbol{H}^{\mathrm{T}}\boldsymbol{C}^{+-1}\boldsymbol{H})^{-1}\boldsymbol{H}^{\mathrm{T}}\boldsymbol{C}^{+-1}\begin{pmatrix}\hat{\boldsymbol{x}}_1\\ \hat{\boldsymbol{x}}_2\\ \vdots\\ \hat{\boldsymbol{x}}_m\end{pmatrix} \tag{8-2-1}$$

其中,测量矩阵 $\boldsymbol{H}$ 由 m 个 $n\times n$ 单位矩阵构成,n 是 $\boldsymbol{x}$ 的维数,测量残差的协方差 $\boldsymbol{C}^{+}$ 为

$$\boldsymbol{C}^{+}=\begin{pmatrix}\boldsymbol{P}_{11} & \boldsymbol{P}_{12} & \cdots & \boldsymbol{P}_{1m}\\ \boldsymbol{P}_{21} & \boldsymbol{P}_{22} & \cdots & \boldsymbol{P}_{1m}\\ \vdots & \vdots & \ddots & \vdots\\ \boldsymbol{P}_{m1} & \boldsymbol{P}_{m2} & \cdots & \boldsymbol{P}_{mm}\end{pmatrix} \tag{8-2-2}$$

融合后的导航参数协方差为

$$\boldsymbol{P}_{ff}=(\boldsymbol{H}^{\mathrm{T}}\boldsymbol{C}^{+-1}\boldsymbol{H})^{-1} \tag{8-2-3}$$

由于每个导航参数来自不同的导航子系统,因此,导航参数的误差是不相关的,即对于 $i\neq j$,有 $\boldsymbol{P}_{ij}=0$。这样式(8-2-1)和式(8-2-3)简化为

$$\hat{\boldsymbol{x}}_{f}=\boldsymbol{P}_{ff}\sum_{i=1}^{m}\boldsymbol{P}_{ii}^{-1}\hat{\boldsymbol{x}}_{i} \tag{8-2-4}$$

$$\boldsymbol{P}_{ff}=\left(\sum_{i=1}^{m}\boldsymbol{P}_{ii}^{-1}\right)^{-1} \tag{8-2-5}$$

可见,要得到组合导航参数,需要精确地计算误差协方差。如果导航系统没有输出不确定性信息,融合算法必须对其误差协方差进行估计。

最小二乘组合具有简单和处理器负载低的优点。但它有一个基本限制:对惯性导航或航迹推算系统的组合不适用,因为它不能对位置、速度等进行校正,当惯性或航迹推算位置精度变差时,它仅仅根据权值输出组合导航参数。

8.2.2 卡尔曼滤波组合导航算法

卡尔曼滤波组合算法类似于最小二乘组合算法,只是用一个递推的卡尔曼滤波器代替了最小二乘算法。卡尔曼滤波组合导航算法不仅能估计导航参数,而且还能估计一些或全部导航系统的误差。由于基于卡尔曼滤波器的组合算法保留了导航系统各部分的历史信息,因此卡尔曼滤波组合算法还可以标定 INS/DR 的位置、速度等误差。

1. 卡尔曼滤波的基本原理

卡尔曼滤波本质上是要解决:如何从一系列有噪声的观测数据中,获得一个动态系统内部状态的最优估计,即对于离散系统模型

$$\boldsymbol{x}_{k}=\boldsymbol{\Phi}_{k,k-1}\boldsymbol{x}_{k-1}+\boldsymbol{w}_{k} \tag{8-2-6}$$

$$\boldsymbol{z}_{k}=\boldsymbol{H}_{k}\boldsymbol{x}_{k}+\boldsymbol{v}_{k} \tag{8-2-7}$$

且有

$$\boldsymbol{x}_{0}\sim N(\hat{\boldsymbol{x}}_{0},\boldsymbol{P}_{0}) \tag{8-2-8}$$

$$w_k \sim N(0,\boldsymbol{Q}_k) \tag{8-2-9}$$

$$v_k \sim N(0,\boldsymbol{R}_k) \tag{8-2-10}$$

给定测量序列$\{\boldsymbol{z}_k\}$，求$\boldsymbol{x}_k$ 的最优估计。

这里，$\boldsymbol{x}_k$ 表示卡尔曼滤波中的待估计参数，也称作系统的状态向量，它是一组描述系统的参数。状态量可能是常量，也可能是随时间不断变化的。在大多数导航应用中，状态量一般包括位置、速度或姿态等导航参数。

在卡尔曼滤波系统模型中，状态转移矩阵$\boldsymbol{\Phi}_{k-1}$定义了状态向量随时间的变化规律，是系统动力学过程的函数，例如，位置误差将会按照速度误差的积分特性而变化。状态转移矩阵是卡尔曼滤波迭代时间间隔 τ_s 的函数，经常也是其他参数的函数。但是，在标准卡尔曼滤波中，状态转移矩阵并不是状态的函数。当状态转移矩阵中包含的参数发生变化时，需要在每次迭代中重新计算$\boldsymbol{\Phi}_{k-1}$。

w_k 为系统噪声，例如不可测的仪器噪声等。$w_k \sim N(0,\boldsymbol{Q}_k)$表示$w_k$ 是均值为0、协方差为$\boldsymbol{Q}_k$ 的高斯白噪声。系统噪声协方差矩阵$\boldsymbol{Q}_k$ 定义了在系统模型中噪声源的影响下，状态估计的不确定度随时间变化的规律。系统噪声协方差矩阵通常为对角线矩阵或常值矩阵。

测量矩阵$\boldsymbol{H}_k$ 定义了观测向量随状态向量的变化规律。例如，无线电导航系统中的距离测量值会随接收机位置的不同而改变。在标准卡尔曼滤波中，每个观测值都假设是状态向量的线性函数。

观测向量$\boldsymbol{z}_k$ 是用向量形式描述系统特性的一系列测量值。观测向量可以是一组距离测量值，也可以是两个导航系统定位、测速解算结果的差值。

v_k 为测量噪声，$v_k \sim N(0,\boldsymbol{R}_k)$表示$v_k$ 为均值为0，协方差为$\boldsymbol{R}_k$ 的高斯白噪声。

卡尔曼滤波是一种递归形式的估计，即：只要获知上一时刻状态的估计值以及当前状态的观测值，就可以计算出当前状态的估计值，因此不需要记录观测或者估计的历史信息。

卡尔曼滤波器的操作包括两个阶段：时间更新与测量更新。在时间更新阶段，滤波器使用上一状态的估计，做出对当前状态的预测；在测量更新阶段，滤波器利用对当前状态的观测值，优化在时间更新阶段获得的预测值，以获得一个更精确的、新的估计值。假设滤波的初始条件为

$$\begin{cases}\hat{\boldsymbol{x}}_0^+ = E(\boldsymbol{x}_0) \\ \boldsymbol{P}_0^+ = E[(\boldsymbol{x}_0 - \hat{\boldsymbol{x}}_0^+)(\boldsymbol{x}_0 - \hat{\boldsymbol{x}}_0^+)^{\mathrm{T}}]\end{cases} \tag{8-2-11}$$

时间更新包括：

状态一步预测

$$\hat{\boldsymbol{x}}_k^- = \boldsymbol{\Phi}_{k-1}\hat{\boldsymbol{x}}_{k-1}^+ \tag{8-2-12}$$

协方差一步预测

$$\boldsymbol{P}_k^- = \boldsymbol{\Phi}_{k-1}\boldsymbol{P}_k^+\boldsymbol{\Phi}_{k-1}^{\mathrm{T}} + \boldsymbol{Q}_{k-1} \tag{8-2-13}$$

这里时间更新得到的状态估计和误差协方差分别用$\hat{\boldsymbol{x}}_k^-$和$\boldsymbol{P}_k^-$表示。$\boldsymbol{P}_k$为k时刻状态估计与真值之间偏差平方的期望值,即有

$$\boldsymbol{P}_k = E[(\hat{\boldsymbol{x}}_k - \boldsymbol{x}_k)(\hat{\boldsymbol{x}}_k - \boldsymbol{x}_k)^{\mathrm{T}}] \tag{8-2-14}$$

测量更新包括:

卡尔曼增益矩阵计算

$$\boldsymbol{K}_k = \boldsymbol{P}_k^-\boldsymbol{H}_k^{\mathrm{T}}(\boldsymbol{H}_k\boldsymbol{P}_k^-\boldsymbol{H}_k^{\mathrm{T}} + \boldsymbol{R}_k)^{-1} \tag{8-2-15}$$

状态更新

$$\hat{\boldsymbol{x}}_k^+ = \hat{\boldsymbol{x}}_{k-1}^- + \boldsymbol{K}_k(\boldsymbol{y}_k - \boldsymbol{H}_k\hat{\boldsymbol{x}}_k^-) \tag{8-2-16}$$

误差协方差更新

$$\boldsymbol{P}_k^+ = (\boldsymbol{I} - \boldsymbol{K}_k\boldsymbol{H}_k)\boldsymbol{P}_k^- \tag{8-2-17}$$

这里测量更新后的状态和误差协方差分别用$\hat{\boldsymbol{x}}_k^+$和$\boldsymbol{P}_k^+$表示。

以观测向量作为输入,通过时间更新和测量更新的不断迭代,就可以得到状态的序贯估计值$\hat{\boldsymbol{x}}_k^+$。可以证明,$\hat{\boldsymbol{x}}_k^+$为使得$\boldsymbol{P}_k^+$最小的估计。图8-2-2给出了卡尔曼滤波的计算流程。

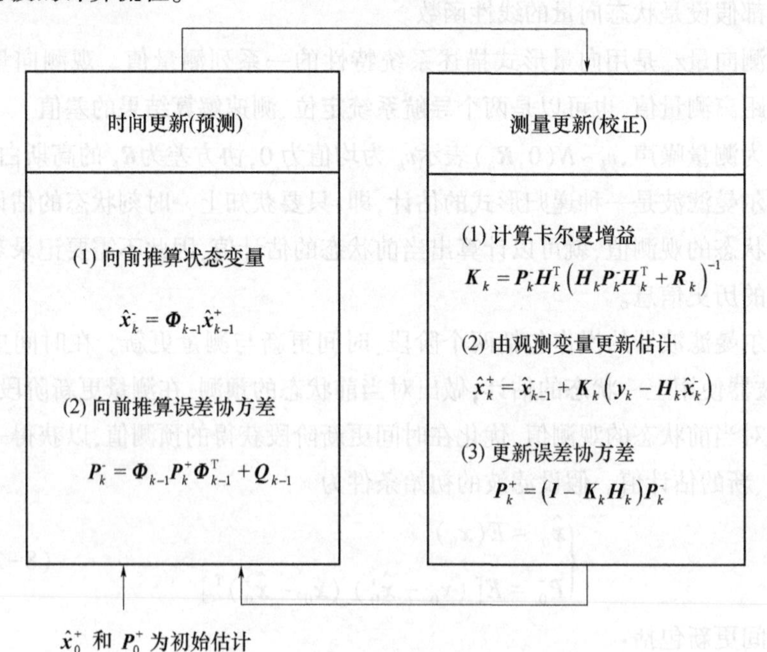

图8-2-2 卡尔曼滤波的计算流程

图 8-2-3 描述了卡尔曼滤波初始阶段状态估计不确定度的变化过程，这里状态估计逐渐收敛到其真值。注意，状态不确定度是误差协方差矩阵 $\boldsymbol{P}$ 的对角元素的平方根。初始时，状态不确定度较大，卡尔曼增益也会较大，对状态估计加权后使得算法更依赖于新的观测量。随着状态估计向状态真值的收敛，卡尔曼滤波状态不确定度会迅速下降。但是，假设观测噪声协方差 $\boldsymbol{R}$ 为常值，状态不确定度的下降会导致卡尔曼增益下降，对状态估计加权后，使得估计结果更依赖于状态估计的先前估计值。这就减少了状态变化的速率，导致状态不确定度降低的速度变慢。最后，卡尔曼滤波会接近平衡点，此时每次测量更新后状态不确定度的降低量与系统噪声造成的不确定度的增加量是相匹配的。

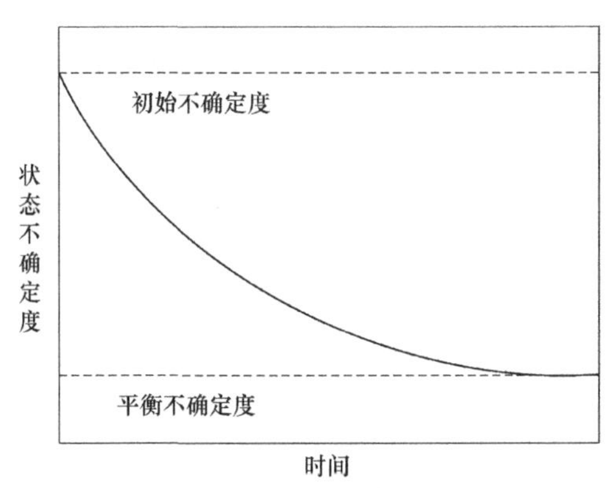

图 8-2-3　收敛过程中的卡尔曼滤波状态不确定度

2. 一个简单的算例

在这个简单的例子里我们估计一个常数随机变量——电压。假设我们可以测量这个常数的幅值，但观测幅值中掺入了均方根为 0.1V 的白噪声。整个系统模型为

$$\boldsymbol{x}_k = \boldsymbol{x}_{k-1} + w_k \tag{8-2-18}$$

$$z_k = \boldsymbol{x}_k + v_k \tag{8-2-19}$$

则卡尔曼滤波器的时间更新方程变为

$$\begin{cases} \hat{\boldsymbol{x}}_k^- = \hat{\boldsymbol{x}}_{k-1} \\ \boldsymbol{P}_k^- = \boldsymbol{P}_{k-1} + \boldsymbol{Q} \end{cases} \tag{8-2-20}$$

测量更新方程变为

$$\begin{cases} \boldsymbol{K}_k = \boldsymbol{P}_k^-(\boldsymbol{P}_k^- + \boldsymbol{R})^{-1} = \dfrac{\boldsymbol{R}_k^-}{\boldsymbol{P}_k^- + \boldsymbol{R}} \\ \hat{\boldsymbol{x}}_k = \hat{\boldsymbol{x}}_k^- + \boldsymbol{K}_k(z_k - \hat{x}_k^-) \\ \boldsymbol{P}_k = (I - \boldsymbol{K}_k)\boldsymbol{P}_k^- \end{cases} \tag{8-2-21}$$

假设过程激励的噪声方差 $\boldsymbol{Q}$ 非常小,为 10^{-5},并且令滤波器的初始条件为 0,即 $\hat{\boldsymbol{x}}_0=0$。因为初始状态估计 $\hat{\boldsymbol{x}}_0$ 并不确定,在这里我们令 $\boldsymbol{P}_0=1$,并且令 $\boldsymbol{R}=0.1^2=0.01$。

根据上述假设,首先我们令这个电压常数的真值为 0.38V,然后仿真产生 30 个不同的观测值 z_k,其误差为正态分布,且期望为 0,标准差为 0.1。

采用上述卡尔曼滤波器模型对系统状态进行估计,估计的结果见图 8-2-4。其中虚线代表随机变量的真值,加号代表预先产生的观测噪声,实线便是滤波器的估计结果。

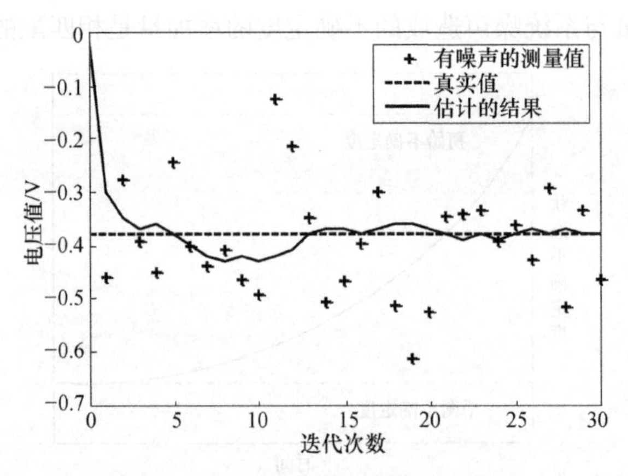

图 8-2-4　卡尔曼滤波器估计的结果

3. 卡尔曼滤波组合导航算法

图 8-2-5 给出了一个误差状态级联的组合结构。根据卡尔曼滤波器估计的位置、速度和姿态误差,可以对 INS 或 DR 参考系统进行校正,校正可以是开

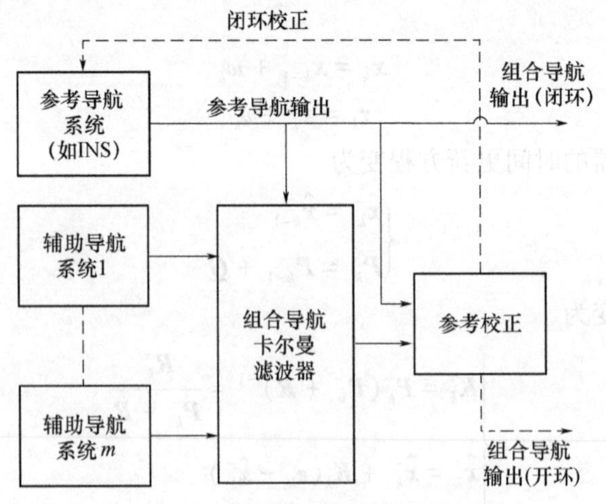

图 8-2-5　误差状态级联式组合架构

环的,也可以是闭环的。校正后的导航参数即为组合导航参数。这种结构的优势在于导航参数的更新速度可以比卡尔曼滤波器的迭代更新速度快,这将较大程度地降低处理器的负担。如果卡尔曼滤波器在误差状态下对 INS 和航迹推算进行组合,则通常将 INS 作为参考系统,而将其他系统作为辅助系统。

若子导航系统可以接收反馈的导航参数,则组合算法的校正值,也就是组合导航的参数可以反馈给任何导航子系统。但是,反馈会降低导航系统间的独立性。

如果某个辅助导航系统内部已经有一个卡尔曼滤波器,则这个卡尔曼滤波器和组合卡尔曼滤波器就构成了滤波器的级联。卡尔曼滤波器的一个基本假设是导航系统的误差由作为状态估计的系统误差和白噪声两部分组成,其中白噪声可作为参考系统的系统噪声或其他系统的测量噪声模型。但辅助导航系统内部的卡尔曼滤波器会引入时间相关噪声,组合卡尔曼滤波器的设计必须考虑这点,以防止滤波器的不稳定。对于这个问题,最简单的解决方法是增大测量噪声协方差矩阵 $\boldsymbol{R}$ 或者增大滤波器测量更新的时间间隔。

8.2.3 联邦滤波组合导航算法

在联邦式组合结构中,一个惯性或者 DR 的参考导航参数与其他每个辅助导航系统分别在一个局部卡尔曼滤波器中组合。然后采用一种融合算法对局部滤波器的输出进行组合,来形成一个组合导航输出。图 8-2-6 给出了联邦组合导航结构。联邦融合可以采用单点最小二乘融合算法或者卡尔曼滤波算法。

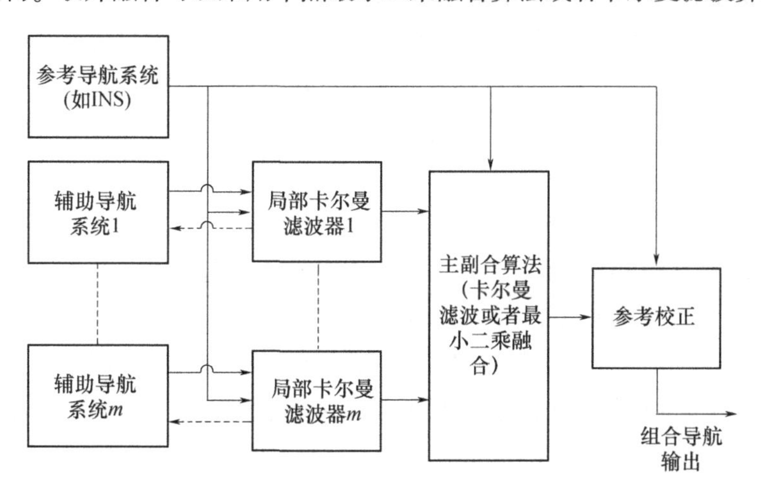

图 8-2-6 联邦组合架构

如果联邦融合采用卡尔曼滤波算法,则由于主滤波器对局部滤波器进行了组合,因此滤波器是级联的,这就带来了测量噪声的时间相关问题。如果任何一个局部滤波器也是级联的,则整个系统就是双重级联的,从而使得局部滤波器输出之间以及局部滤波器输出与参考系统之间的误差相关。此时,系统的设计需要格外小心。

8.3 惯性/卫星组合导航

INS 和 GNSS 组合,构成 INS/GNSS 组合导航系统,可以克服各自缺点,取长补短,使二者性能得到互补。组合导航的优点表现为:对 INS 而言,利用 GNSS 可以实现传感器对准、INS 空中对准、高度通道稳定等,从而提高 INS 的性能和精度;对于 GNSS 接收机,INS 的辅助可以提高其跟踪卫星的能力,提高接收机的动态特性和抗干扰特性,实现 GNSS 的完整性检测,提高可靠性等。

8.3.1 组合导航的结构

最初的 INS/GNSS 组合导航系统采用一些简单的组合方式,如使用 GNSS 输出的位置、速度,重调 INS 输出。现代 INS/GNSS 组合导航系统采用了先进的数据融合技术,尤其是滤波技术。INS/GNSS 组合导航系统,根据不同的应用要求,可以有不同水平的组合。根据组合深度的不同,INS/GNSS 组合导航系统主要分为以下几类:

1. 松组合(Loosely-Coupled Integration)

松组合又称级联卡尔曼滤波方式。它以 INS 和 GNSS 输出的速度和位置信息的差值作为观测量,以 INS 线性化的误差方程作为系统方程,通过卡尔曼滤波器对 INS 的速度、位置、姿态以及传感器的误差进行最优估计,并根据估计结果对 INS 进行输出校正或反馈校正。

这种组合方式的主要特点是系统结构简单,易于实现,可以大幅度提高系统的导航精度,并使 INS 具有动基座对准能力。缺点是这种组合方式导致滤波器的级联,使组合导航观测噪声时间相关,不满足卡尔曼滤波器观测噪声为白噪声的基本要求,因而可能产生较大误差,严重时可能使滤波器不稳定(实际中则常常加大滤波器的迭代周期,使迭代周期超过误差相关时间,从而可以将测量噪声作白噪声处理)。

2. 紧组合(Tightly-Coupled Integration)

这种组合方式根据 GNSS 接收机收到的星历信息和 INS 输出的位置及速度信息,计算得到相应于 INS 位置的伪距(Pseudo Range)、伪距率(Pseudo Range Rate),并将其与 GNSS 接收机测量得到的伪距和伪距率相比较,它们的差值作为组合系统的观测量。通过卡尔曼滤波器对 INS 的误差和 GNSS 接收机的误差进行最优估计,然后对 INS 进行输出校正或反馈校正。由于不存在滤波器的级联,还可以对 GNSS 接收机的测距误差进行建模,因此,这种伪距、伪距率组合方式比位置、速度组合具有更高的组合精度,而且在可见星的颗数少于 4 时,也可以使用。

3. 深组合(Deeply-Coupled Integration)

深组合是一种考虑了使用惯性信息对 GNSS 接收机进行辅助的组合方式,其主要思想是既使用滤波技术对 INS 的误差进行最优估计,同时使用校正后 INS 的速度信息对接收机的载波环、码环进行辅助,从而减小环路的等效搜索带宽,增加 GNSS 接收机在高动态或者强干扰环境下的跟踪能力。嵌入式组合还将 INS 和 GNSS 设计成一体化,通过共用电源、时钟等,进一步减小体积、降低成本和减小非同步误差。

8.3.2　松组合导航系统模型

典型的惯性/卫星松组合导航系统采用位置、速度组合方案,其结构如图 8-3-1所示。组合导航滤波器采用惯性导航系统的线性误差方程作为滤波器的状态方程,以惯性导航系统和 GNSS 接收机的位置和速度之差(位置和速度残差)作为观测量。滤波器对惯性导航系统的位置误差、速度误差、姿态误差以及惯性器件误差做出最优估计,从而对惯性导航系统进行反馈校正。显然,图 8-3-1 所示结构是典型的卡尔曼滤波组合。

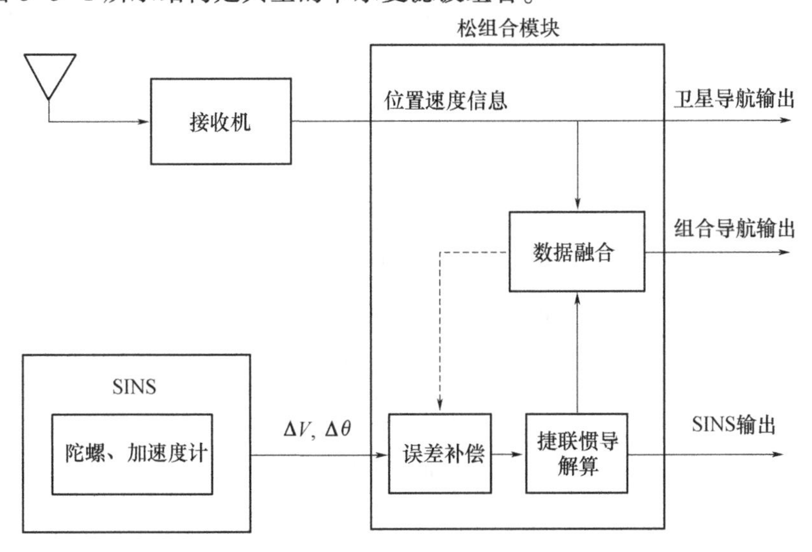

图 8-3-1　惯性/卫星松组合导航结构

组合导航系统使用北东地坐标系,并采用位置、速度反馈校正。忽略转移角速度、地球自转角速度、重力误差等小误差的影响,惯性导航系统的误差模型可以表示为

$$\dot{\boldsymbol{\psi}} = -\boldsymbol{\omega}_{in}^{n} \times \boldsymbol{\psi} - \boldsymbol{C}_{b}^{n}\delta\boldsymbol{\omega}_{ib}^{b} \tag{8-3-1}$$

$$\delta\dot{v}_{e}^{n} = [\boldsymbol{f}^{n} \times]\boldsymbol{\psi} + \boldsymbol{C}_{b}^{n}\delta\boldsymbol{f}^{b} \tag{8-3-2}$$

$$\delta\dot{L} = \frac{1}{R_m + h}\delta v_n \tag{8-3-3}$$

$$\delta\dot{\lambda} = \frac{1}{(R_n + h)\cos L}\delta v_E \tag{8-3-4}$$

$$\delta\dot{h} = \delta v_U \tag{8-3-5}$$

将加速度计误差均简化为"随机常数+白噪声"的模型,有

$$\delta\boldsymbol{f}^{b} = \boldsymbol{b}_a + \boldsymbol{W}_a \tag{8-3-6}$$

$$\dot{\boldsymbol{b}}_a = 0 \tag{8-3-7}$$

将陀螺误差均简化为"随机常数+白噪声"的模型,有

$$\delta\boldsymbol{\omega}_{ib}^{b} = \boldsymbol{b}_g + \boldsymbol{w}_g \tag{8-3-8}$$

$$\dot{\boldsymbol{b}}_g = 0 \tag{8-3-9}$$

记系统状态为

$$\boldsymbol{X} = [\psi_N \quad \psi_U \quad \psi_E \quad \delta V_N \quad \delta V_U \quad \delta V_E \quad \delta L \quad \delta\lambda \quad \delta h \quad b_{gx} \quad b_{gy} \quad b_{gz} \quad b_{ax} \quad b_{ax} \quad b_{az}]^{\mathrm{T}}$$

则有系统状态方程为

$$\dot{\boldsymbol{X}} = \boldsymbol{F}\boldsymbol{X} + \boldsymbol{G}\boldsymbol{W} \tag{8-3-10}$$

其中

$$\boldsymbol{F} = \begin{bmatrix} -\boldsymbol{\omega}_{in}^{n}\times & \boldsymbol{0}_{3\times3} & \boldsymbol{0}_{3\times3} & -\boldsymbol{C}_{b}^{n} & \boldsymbol{0}_{3\times3} \\ \boldsymbol{f}^{\times} & \boldsymbol{0}_{3\times3} & \boldsymbol{0}_{3\times3} & \boldsymbol{0}_{3\times3} & \boldsymbol{C}_{b}^{n} \\ \boldsymbol{0}_{3\times3} & \boldsymbol{M}_{p} & \boldsymbol{0}_{3\times3} & \boldsymbol{0}_{3\times3} & \boldsymbol{0}_{3\times3} \\ \boldsymbol{0}_{3\times3} & \boldsymbol{0}_{3\times3} & \boldsymbol{0}_{3\times3} & \boldsymbol{0}_{3\times3} & \boldsymbol{0}_{3\times3} \\ \boldsymbol{0}_{3\times3} & \boldsymbol{0}_{3\times3} & \boldsymbol{0}_{3\times3} & \boldsymbol{0}_{3\times3} & \boldsymbol{0}_{3\times3} \end{bmatrix} \tag{8-3-11}$$

$$\boldsymbol{G} = \begin{bmatrix} -\boldsymbol{C}_{b}^{n} & \boldsymbol{0}_{3\times3} \\ \boldsymbol{0}_{3\times3} & \boldsymbol{C}_{b}^{n} \\ \boldsymbol{0}_{3\times3} & \boldsymbol{0}_{3\times3} \\ \boldsymbol{0}_{3\times3} & \boldsymbol{0}_{3\times3} \\ \boldsymbol{0}_{3\times3} & \boldsymbol{0}_{3\times3} \end{bmatrix} \tag{8-3-12}$$

$$
\boldsymbol{M} = \begin{bmatrix} \dfrac{1}{R_m + h} & 0 & 0 \\ 0 & 0 & \dfrac{1}{(R_n + h)\cos L} \\ 0 & 1 & 0 \end{bmatrix} \tag{8-3-13}
$$

设 GNSS 测量位置为(L_G, λ_G, h_G),速度为(v_{GN}, v_{GU}, v_{GE})。惯性导航位置为(L_I, λ_I, h_I),速度为(v_{IN}, v_{IU}, v_{IE}),取惯性导航和 GNSS 的位置、速度差为观测量,则观测方程有:

$$
\boldsymbol{Z} = \begin{bmatrix} \boldsymbol{Z}_p \\ \boldsymbol{Z}_v \end{bmatrix} = \begin{bmatrix} L_I - L_G \\ \lambda_I - \lambda_G \\ h_I - h_G \\ v_N - v_{GN} \\ v_U - v_{GU} \\ v_E - v_{GE} \end{bmatrix} \tag{8-3-14}
$$

设载体真实位置为(L_r, λ_r, h_r),则惯性导航系统解算的位置可表示为

$$
\begin{cases} L_I = L_r + \delta L \\ \lambda_I = \lambda_r + \delta\lambda \\ h_I = h_r + \delta h \end{cases} \tag{8-3-15}
$$

GNSS 接收机输出的位置信息可以表示为

$$
\begin{cases} L_G = L_r + \delta L_r \\ \lambda_G = \lambda_r + \delta\lambda \\ h_G = h_r + \delta h_r \end{cases} \tag{8-3-16}
$$

其中,$(\delta L \quad \delta\lambda \quad \delta h)$为惯性导航系统的定位误差,$(\delta L_r \quad \delta\lambda_r \quad \delta h_r)$为 GNSS 定位误差。则位置测量方程可写为

$$
\boldsymbol{Z}_p = \begin{bmatrix} L_I - L_G \\ \lambda_I - \lambda_G \\ h_I - h_G \end{bmatrix} = \begin{bmatrix} \delta L - \delta L_r \\ \delta\lambda - \delta\lambda_r \\ \delta h - \delta h_r \end{bmatrix} \tag{8-3-17}
$$

设载体真实速度为(v_{rN}, v_{rU}, v_{rE}),则惯性导航系统解算的速度可表示为

$$
\begin{cases} v_N = v_{rN} + \delta v_N \\ v_U = v_{rU} + \delta v_U \\ v_E = v_{rE} + \delta v_E \end{cases} \tag{8-3-18}
$$

GNSS 接收机输出的速度信息可以表示为

$$\begin{cases} v_{GN} = v_{rN} + \delta v_{rN} \\ v_{GU} = v_{rU} + \delta v_{rU} \\ v_{GE} = v_{rN} + \delta v_{rN} \end{cases} \tag{8-3-19}$$

式中:$(\delta v_{rN}, \delta v_{rU}, \delta v_{rE})$为接收机速度误差;$(\delta v_N, \delta v_U, \delta v_E)$为惯性导航系统的测速误差。则速度测量方程可写为

$$\boldsymbol{Z}_v \begin{bmatrix} v_N - v_{GN} \\ v_U - v_{GU} \\ v_E - v_{EN} \end{bmatrix} = \begin{bmatrix} \delta v_N - \delta v_{rN} \\ \delta v_U - \delta v_{rU} \\ \delta v_E - \delta v_{rE} \end{bmatrix} \tag{8-3-20}$$

根据式(8-3-10)系统状态的定义,将测量方程写成向量形式,有

$$\boldsymbol{Z} = \boldsymbol{HX} + \boldsymbol{v} \tag{8-3-21}$$

其中

$$\boldsymbol{H} = \begin{bmatrix} \boldsymbol{0}_{3*3} & \boldsymbol{0}_{3*3} & \boldsymbol{I}_{3*3} & \boldsymbol{0}_{3*3} & \boldsymbol{0}_{3*3} \\ \boldsymbol{0}_{3*3} & \boldsymbol{I}_{3*3} & \boldsymbol{0}_{3*3} & \boldsymbol{0}_{3*3} & \boldsymbol{0}_{3*3} \end{bmatrix} \tag{8-3-22}$$

式(8-3-10)和式(8-3-21)构成完整的组合导航滤波器模型。

8.3.3 松组合导航系统车载试验案例

基于图 8-3-1 的松组合导航系统结构,设计车载试验,检验组合导航算法的性能。GPS/IMU 松组合车载试验的场区,选择在某地区视野开阔的普通公路上进行,路面状况良好。

车载试验使用的主要设备包括激光陀螺捷联惯导系统、带星基增强(Satellite-Based Augenmtation System,SBAS)的 Novatel OEM4 GPS 接收机、车载试验方仓。惯导系统安装在方仓内中部靠前的位置;GPS 天线安装在方仓顶部的中轴线上、靠近方仓前部的位置。具体设备及安装关系如图 8-3-2 所示。

(a)

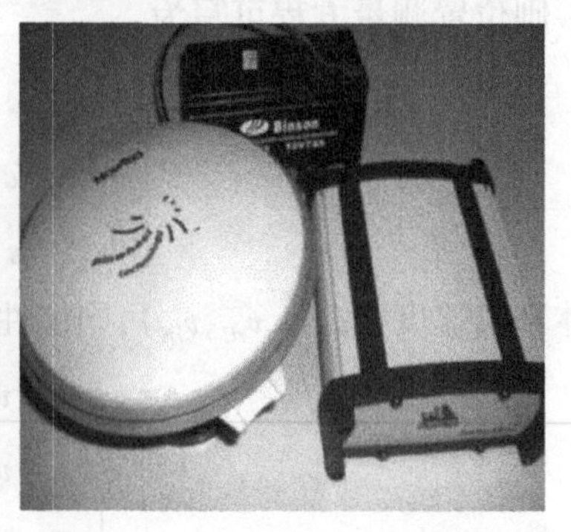
(b)

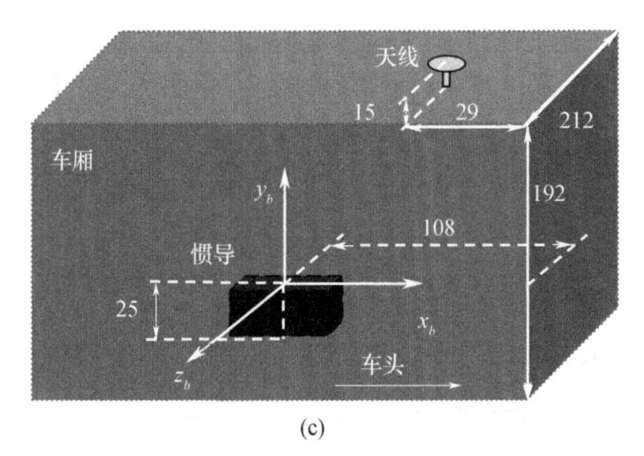

(c)

图 8-3-2 车载试验的车辆、惯导设备和 GPS 接收机,以及相互安装关系(单位:cm)
(a) 方舱及惯导系统;(b) GPS 接收机;(c) 安装关系。

试验所采用的 GPS 为 Novatel 公司的高精度 OEM4 星级增强系统——ProPak-LB plus 接收机,其定位精度优于 0.2m,作为位置、速度的参考基准;激光陀螺惯性导航系统中,陀螺的零偏稳定性为 0.01(°)/h,加速度计的零偏稳定性为 0.1mg。详细参数如表 8-3-1 所列。

表 8-3-1 松组合导航试验的设备性能

导航设备	性能指标	备注
二频机抖激光陀螺仪	零偏稳定性:0.01(°)/h	
	随机游走:0.005(°)/$\sqrt{h}$	
	逐次启动零偏重复性:0.015(°)/h	
	比例因子误差:20ppm	
石英挠性加速度计	零偏稳定性:1×10^{-4}g	
	随机游走:5×10^{-5}g/$\sqrt{Hz}$	
	逐次启动重复性:1×10^{-4}g	
	比例因子误差:100ppm	
卫星接收机	定位精度:0.2m	Novatel OEM4 ProPak-LB 接收机
导航处理器	主频:1.5GHz,内存:2GB	联想 Lenovo X200 笔记本电脑

在户外环境中进行车载试验,试验路线的卫星定位轨迹如图 8-3-3 所示。

在试验过程中,首先进行惯性系统静态初始对准,惯性系统的初始位置由 GPS 提供,对准过程约 10min。对准完成后,试验车开动,沿图 8-3-3 中轨迹跑了一周。组合导航的滤波器模型完全参照 8.3.2 节中进行设计、实现。

为直观地了解纯惯性导航与组合导航的差异,以卫星导航定位结果为基准,图 8-3-4 给出了两种导航方法定位误差的对比结果。

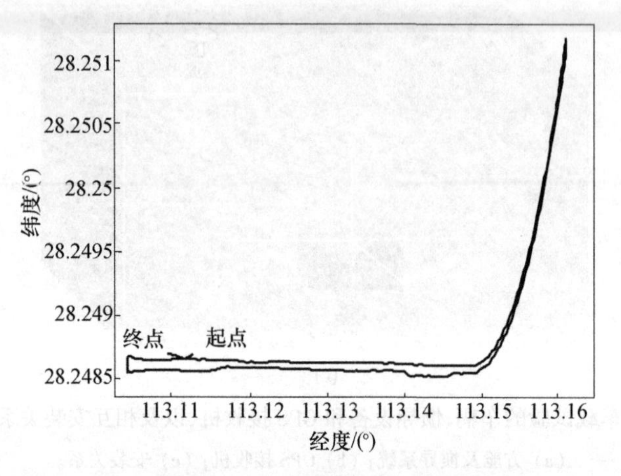

图 8-3-3　车载试验路线图

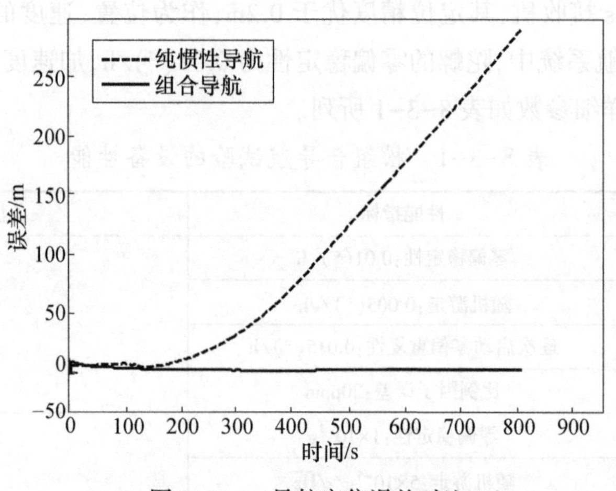

图 8-3-4　导航定位误差对比

由图 8-3-4 可见,纯惯性导航系统的定位误差随时间不断积累,而当惯性导航系统与卫星导航进行组合后,系统的定位误差得到有效的抑制,定位精度得到大幅提高。

8.4　组合导航系统设计

在设计组合导航系统之前,必须对应用需求进行仔细的研究分析。组合导航系统性能要求,首先确定它必须达到的精度,如定位、测速、定姿精度;其次明确导航系统所处的工作环境。系统对环境的适应性要求将影响整个系统的设计方案,图 8-4-1 给出了组合导航系统的主要设计流程,下文将对这些主要设计流程进行简要介绍。

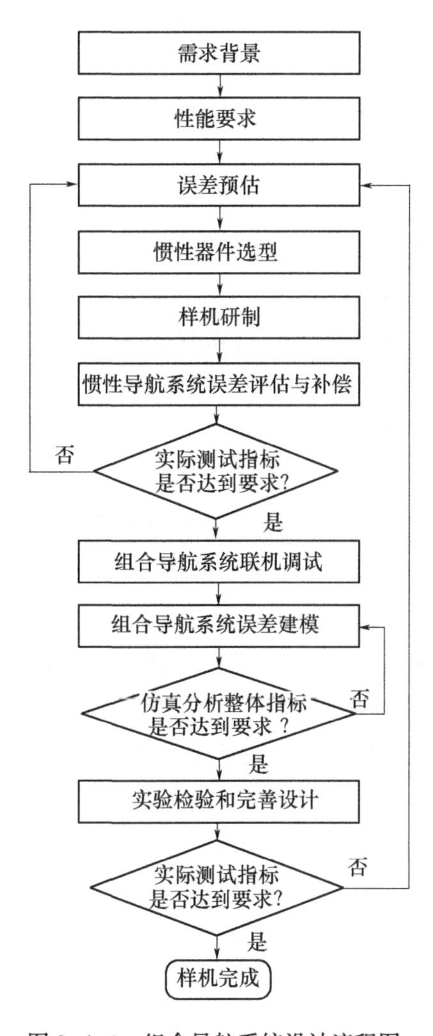

图 8-4-1　组合导航系统设计流程图

1. 需求分析

以惯性导航为主的组合导航系统应用背景广泛,比如舰艇上发射的导弹所用的组合导航系统,属于高动态、海洋环境应用背景,车载组合导航系统属于低动态、陆地环境应用背景。不同的使用环境与应用背景,对组合导航系统的需求是不一样的。在组合导航系统设计之前,确定系统工作必须承受的环境条件和应用背景,是设计组合导航系统方案的前提。

以舰艇上发射的导弹的导航系统为例,这种导弹是武器系统的一部分,用以对抗可能来自任何方向的空中威胁。为了更加有效地保护舰艇,需要导弹从舰艇的弹舱内垂直发射,并且在发射后能在俯仰平面内转弯机动。这种从弹舱垂直发射和转弯机动,能使武器系统实现全方位的快速发射,达到拦截来自不同方向的攻击武器的目的。导弹上使用的导航系统,还需要实时提供导弹的位置、速度和姿态信息。为了控制导弹,导航系统还必须提供线加速度和角速率在弹体轴向上的分量。

2. 性能要求

组合导航系统的性能指标包括导航精度要求、环境要求、系统的物理特性和系统的反应时间。其中,导航精度要求指的就是系统的定位、测速和定姿精度。环境要求包含系统的工作温度范围、冲击程度、最大高度等。系统的物理特性包括系统的整体质量以及尺寸大小。系统的反应时间也是一个非常重要的性能指标,对于以惯性导航为主的组合导航系统,系统的反应时间受制于惯性导航系统的初始对准时间。

舰艇上发射的导弹的位置、速度和姿态的估计必须精确,其精度应该能够把导弹从发射点导引到截获指定空中威胁的目标点。每枚导弹在舰艇的甲板上垂直发射,可能面临不同的海洋情况,甚至包括恶劣的海洋情况。一般地,导弹的飞行过程首先经过助推段,在此期间导弹完成转弯机动,接着在发动机的推力下以接近恒定的速度飞向拦截的目标,总的飞行时间约15s,飞行距离大约是12.5km。为了应对恶劣的作战环境,导弹上的导航系统必须能够承受$-20 \sim +50℃$的温度范围和持续时间为0.5μs的$100g$的加速度冲击。导弹在决定发射后,一般要求在很短的时间内就能发射出去,比如说2s以内。

3. 误差预估

根据性能指标要求可以确定导航精度所需要的对准精度以及陀螺和加速度计的性能。惯性导航系统的总体性能取决于大量的误差参数及其在运动过程中的传播方式,如何将总误差合理地分配是误差预估的难点,一种常用的方法是评估总误差对每个误差源的灵敏度,根据这种灵敏度分析,再结合对达到给定性能的难易程度,就可以得到误差源的合理分配。图8-4-2列举了惯性导航系统对总误差预估影响显著的误差源。无论什么时候都应确保任何一项误差的影响都不会超过总误差预估,通常需要对参数选择过程进行几次迭代,才能获得一组合理的设置值。

舰艇上导弹的导航系统在确定使用惯性导航系统后,就可以根据需要实现的末端导航精度来确定所需要的惯性器件——陀螺和加速度计的性能以及对准精度了。只要有详细的惯性性能指标,就可以评估在一组典型的弹道上能够得

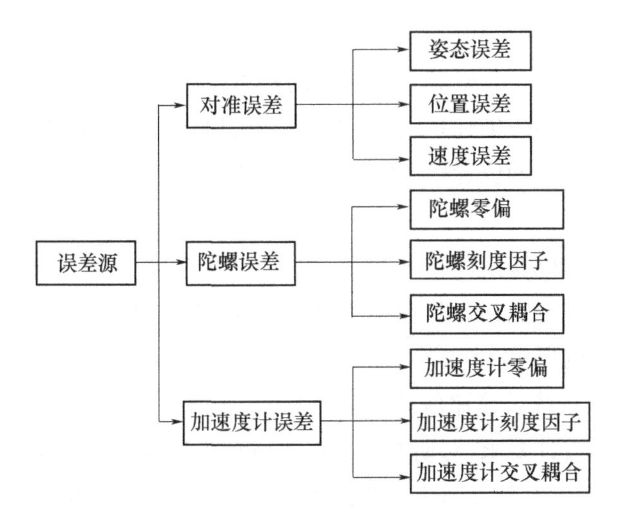

图8-4-2 惯性导航系统误差源列举

到的系统性能。许多误差对总的导航性能的影响,常常与飞行期间系统经受的运动状态密切相关。为了更好地确定系统,在该设计阶段可能需要不断地细化某些误差系数的值。

4. 惯性器件选型

在确定惯性器件必须满足的一套性能指标后,就可以开始选择合适的陀螺和加速度计了。器件的选择需要考虑的主要因素包括测量范围、测量精度、环境性能、尺寸和重量等。同时,器件的购买价格和预计寿命也是需要重点考虑的因素。

可以装在舰艇导弹上的惯器件陀螺包括挠性陀螺、速率积分陀螺、光纤陀螺、激光陀螺或者振动陀螺。关于加速度计,可以选择摆式力反馈加速度计、硅加速度计、石英挠性加速度计等,可能会有多种不同的惯性器件能够提供满足精度要求的角速度和比力测量数据。

应该注意的是,激光陀螺提供的数据精度远高于这种应用要求的精度,选择的可能性比较小。然而,使用这样的敏感器可以对导航系统误差预估有影响的过程放宽性能要求,例如对准精度或者加速计的性能等,这是一个全系统权衡分析的问题。惯性器件最后的选择很可能由成本决定,包括购买价格和预计总寿命周期成本,同时器件的可获得性、总订购数量、生产率以及标定和补偿等方面也是需要重点考虑的内容。

5. 样机研制

惯性器件选定后,就可以开始样机的研制了。样机的研制是对前面设计方案的工程实践。系统的计算要求、电器和机械接口也是样机研制的重要内容。

为了达到舰艇导弹导航系统的性能要求,正确、有效地处理惯性器件提供的数据非常重要。弹载计算机需要在选择的参考坐标系中计算导弹姿态,将加速度的测量值分解到参考坐标系,然后进行积分,以产生导弹速度和位置的估计。为了满足导弹绕横滚轴位置稳定的需要,还需要提取滚动角的估计值,作为控制系统的反馈信号。

必须保证系统机械接口和电器接口的兼容性,惯性系统上的任何机械接口必须与导弹结构固定点相互兼容,特别是与任何部件的机械接口不得破坏导弹结构载荷与刚度的要求。

6. 惯性导航系统误差评估与补偿

为满足整体设计要求,对研制的样机进行评估以及误差补偿是必不可少的。在某些情况下,误差补偿能够进一步放宽惯性器件的性能指标,比如惯性器件的零偏、刻度因子均可以通过一定的补偿方法得到一定程度的修正。

对于导航系统及内部各敏感器件,可以按照全系统技术要求制定合适的试验计划,对样机进行一系列试验室试验。在评估敏感器件和系统时,各种系统误差可能会显现出来,需采用相应的补偿技术予以补偿。典型的需要补偿的系统误差是惯性器件的标度因数随温度的变化,这需要在惯性测量装置中安装一个温度传感器,对惯性器件进行温度补偿能够有效地提高惯性器件的测量精度。

7. 组合导航系统联机调试

组合导航能够提高纯惯性导航系统的性能。根据组合导航系统的应用背景以及工作环境,选择合适的辅助传感器辅助惯性导航系统,并通过联机调试,达到正常工作的目的。

导弹在飞行过程当中,如果能够获得额外的导航测量值,就可以进一步放宽惯性器件的性能要求和对准精度要求。对于舰艇上的导弹,导弹的位置坐标可以由舰艇上的导弹跟踪系统提供并传给导弹。假如导弹在飞行的过程中每隔一定的时间就能获得具有足够精度的定位信息,则导弹上的惯性导航系统可以有效地利用这个信息,抑制惯性导航系统误差的发散。

选择与卫星信号组合,构成组合导航系统,是能大幅提高导弹导航定位性能的有效途径。这样就有可能进一步放宽惯性器件的技术要求,同时也不需要飞行前的对准精度达到无辅助系统所要求的精度。

8. 组合导航系统误差建模

深入分析组成导航系统各分系统的物理特性和各误差源的误差特性,从而确定滤波器的状态。原理上说,系统的全部状态都应考虑进去,但这样做往往使滤波器阶次过高而难以实现,且有时会因对某些状态缺乏准确的描述,而使得滤波效果不好。故应具体情况具体分析,做出切合实际的选择。

确定器件误差源的误差统计特性,是一项相当重要的工作。描述噪声状态的状态方程,可根据对器件的试验数据进行建模处理,并参照生产单位提供的器件噪声性能指标来确定。对于有色噪声,原则上尽可能扩充为系统状态来处理,但在实际工作中也可根据分析系统类型和精度特点,适当删去对系统影响小的噪声状态或将某些有色噪声作为白噪声对待。

上述工作完成后,即可列写出组合卡尔曼滤波器的状态方程。误差状态滤波器的观测量一般都是两个分系统输出量或测量值的差值。由于各个分系统的输出量(或测量值)状态参数的类型、更新率并不相同,应以分系统的输出参数的具体性能为依据,求取误差值作为观测量。因而,相应的测量方程也不尽相同。一般按对象的具体情况和组合精度等要求,选用不同的测量值。只要可能,观测量应当多选。

对于舰艇上的导弹,如果辅助信息为导弹跟踪系统提供的具有足够精度的位置信息,那么这个位置信息就可以作为滤波器的观测量,从而抑制惯性导航定位结果的发散;如果辅助信息为卫星信号,那么卫星信号实时输出的位置和速度信息都可以作为组合导航系统滤波模型中的观测量,不断地修正系统的定位、测速和测姿结果,大幅提高系统的各项导航性能指标。

9. 数值仿真

仿真的目的是检验所设计滤波器的性能(收敛性、稳定性、状态估计精度等),进一步改进滤波器的设计性能。数值仿真要做以下工作:

(1) 根据组合导航系统的各分系统的性能指标,分析仿真系统设计方案。

(2) 完成导航参数产生程序和组合卡尔曼滤波程序的编程与调试。

(3) 改变运动轨迹参数以及某些误差状态的噪声特性进行仿真运算,尽可能多地获取滤波器的工作信息。

(4) 分析仿真结果,判定滤波器性能是否满足预定要求,如不满足要求,则应分析原因,看第一阶段工作的某个环节是否存在问题,然后加以调整,再进行仿真。

如果明确知道真实系统与所设计的滤波器模型之间存在差异,可以采用方差分析和蒙特卡罗(M-C)分析方法,通过计算机仿真来评价滤波器的性能。

就本例的舰艇导弹导航系统而言,仿真生成导弹的飞行轨迹数据和卫星数据,搭建导弹组合导航系统的仿真平台,是验证所设计系统可行性的有效途径。采集导弹飞行过程中惯性器件和卫星信号的真实数据,进行离线仿真,可以验证所设计滤波器的性能,通过模型与参数的不断调整和改善,可进一步提升组合导航系统的设计性能。

10. 试验检验和完善设计

将设计的滤波器用于实际系统,进行组合导航试验,可以大量储存试验数据,并尽可能获取外部参考数据,通过分析试验结果数据,对试验方案和系统设计进行改进和完善。

实际组合导航系统的设计不可能一次成功,形成的设计开始可能并不满足各项性能指标要求,目前只是完成了设计的初级阶段,还需要通过多次试验室试验和外场试验加以验证和完善。只有通过多轮迭代后,才有可能设计出满足性能指标要求、符合实际应用的舰艇导弹组合导航系统。

8.5 组合导航系统车载试验案例

1. 试验目的

通过车载动态试验,验证惯性/卫星组合导航系统的有效性和可行性。

2. 系统构成

基于图 8-5-1 的松组合导航系统结构,构建 INS/GNSS 组合导航系统,检验组合导航算法的性能。组合车载试验的测试区域,选择在某地视野开阔的普通公路上进行,路面状况良好。车载试验使用的主要试验设备包括:激光陀螺捷联惯导系统、GNSS 接收机、车载试验方仓及用于测试评估的参考系统设备。

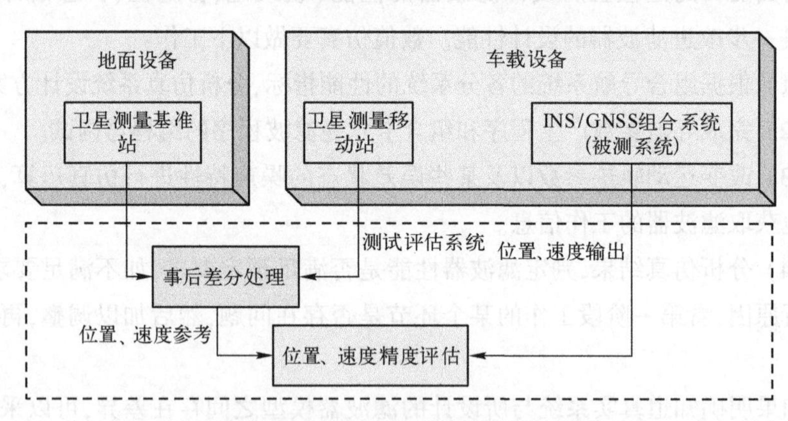

图 8-5-1 车载测试系统构成框图

试验所采用的差分 GNSS 系统为 Novatel 公司的高精度 OEM4 星基增强系统——ProPak-LB plus 接收机,事后差分处理定位精度优于 0.1m(基准站和移动站距离小于 50km),作为位置、速度的参考基准;激光陀螺惯性导航系统陀螺的零偏稳定性为 0.01(°)/h,加速度计的零偏稳定性为 0.1mg。详细参数见表8-5-1所列。

表8-5-1 松组合导航试验的设备性能

主要部件	性能指标
二频机抖激光陀螺仪	零偏稳定性:0.01(°)/h
	随机游走:0.005(°)/$\sqrt{h}$
	逐次启动零偏重复性:0.015(°)/h
	比例因子误差:20ppm
石英挠性加速度计	零偏稳定性:$1\times10^{-4}g$
	随机游走:$5\times10^{-5}g/\sqrt{\text{Hz}}$
	逐次启动重复性:$1\times10^{-4}g$
	比例因子误差:100ppm
基准卫星接收机	定位精度:0.1m

3. 试验流程

试验测试流程如下:

(1) 将组合导航系统、GNSS基准站和GNSS移动站,以及除被测设备外的其他仪器设备进行安装、连接及调试。

(2) 车辆行驶至测试路段起始位置(开阔地)后,基准参考系统上电,被测设备组合导航系统上电;

(3) 车辆静止5分钟,被测设备组合导航系统进行初始对准,基准参考系统完成初始化;

(4) 实时记录基准参考系统的数据,被测设备组合导航系统输出导航结果并保存,导航结果的输出频率范围可在10~100Hz间自定义;

(5) 测试时间不少于10分钟;

(6) 路测结束后,将被测设备组合导航系统输出的位置、速度与车载基准系统进行比较得到位置、速度精度;

(7) 重复以上试验步骤(2)~(6),可得到若干组有效试验数据和结果。

4. 试验结果分析

在外场进行车载试验,试验路线轨迹如图8-5-2所示。

在试验过程中,首先进行惯性系统静态初始对准,惯性系统的初始位置由卫星导航接收机提供,对准过程为5分钟。对准完成后,试验车开动,沿图8-5-2中轨迹运行一周。组合导航的滤波器模型参照8-3-2节中进行设计、实现。为了直观地对比纯惯性导航与组合导航定位结果,图8-5-3给出了两种导航方法定位误差的对比结果。由图可见,纯惯性导航系统的定位误差随时间不断积累,

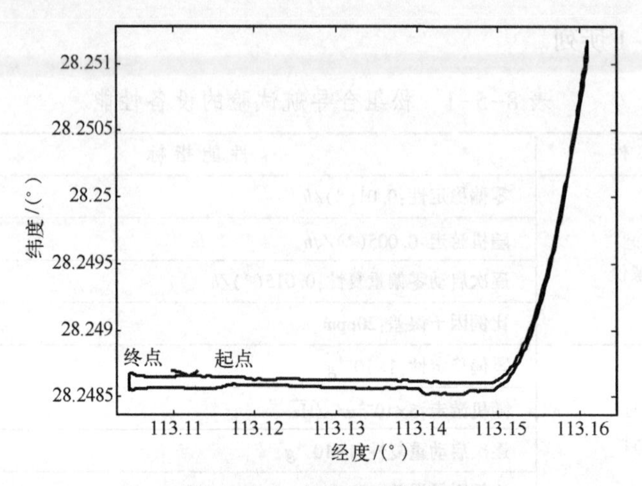

图 8-5-2 车载试验路线图

而当惯性导航系统与卫星导航进行组合后,系统的定位误差得到有效的抑制,定位精度得到大幅提高。

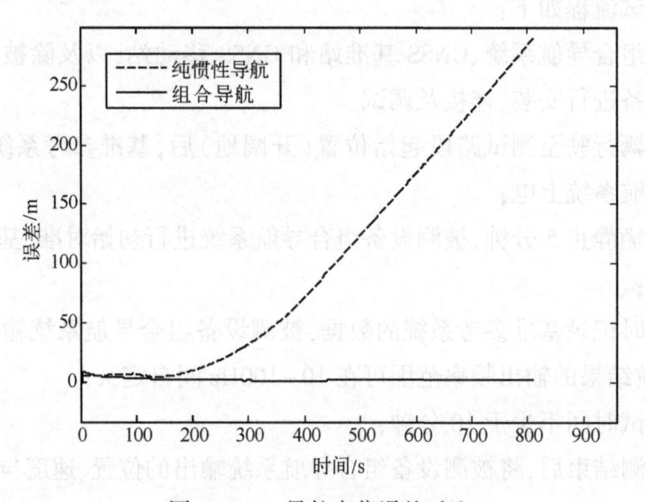

图 8-5-3 导航定位误差对比

图 8-5-4、图 8-5-5 分别给出了组合导航系统的位置、速度误差曲线,表 8-5-2 统计了位置、速度和精度。

表 8-5-2 组合导航系统位置速度精度统计

均方根误差	北向	东向	天向	精度
位置/m	2.03	6.25	1.80	6.81
速度/m/s	0.07	0.08	0.11	0.15

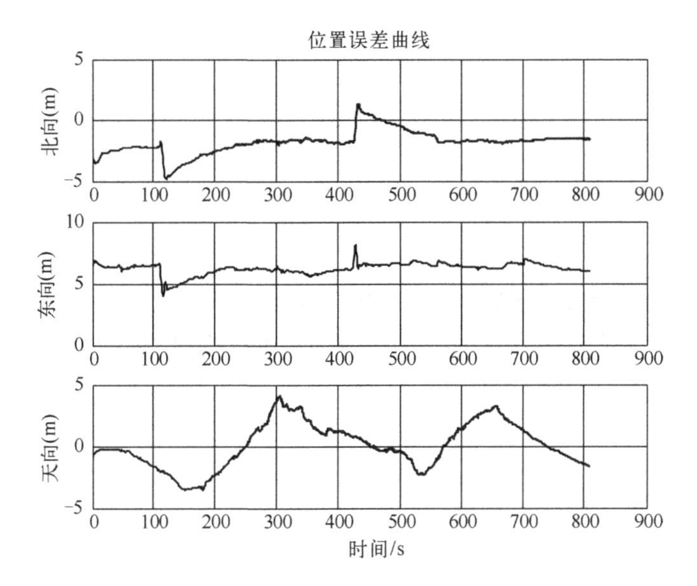

图 8-5-4 组合导航系统定位误差曲线

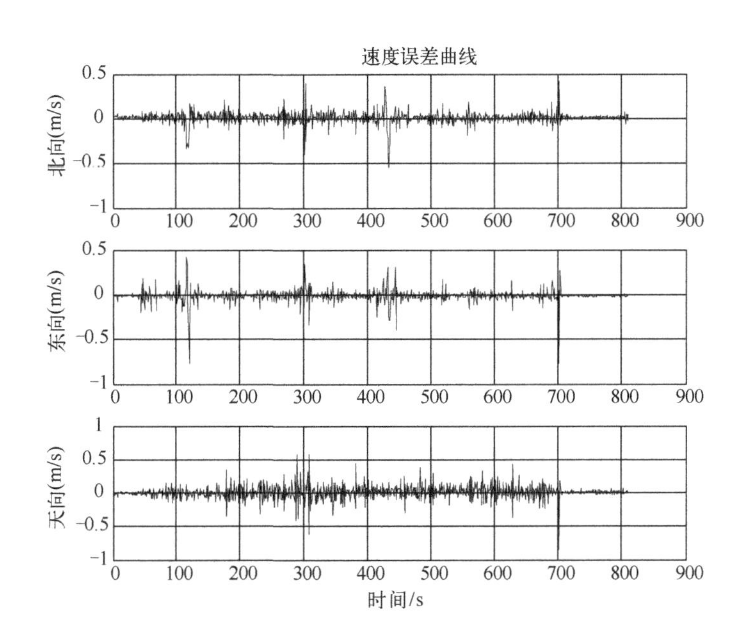

图 8-5-5 组合导航系统速度误差曲线

综上所述，车载试验的组合导航系统位置精度优于 10m，速度精度优于 0.2m/s。

参考文献

[1] Paul D. G. GNSS与惯性及多传感器组合导航系统原理[M]. 李涛,等,译. 北京:国防工业出版社,2008.
[2] David H. Titterton. 捷联惯性导航技术. 2版[M]. 张天光,等,译. 北京:国防工业出版社,2007.
[3] 何晓峰,胡小平. 北斗/微惯导组合导航方法研究[M]. 北京:国防工业出版社,2015.

第 9 章　新型导航技术

近十年来，随着仿生学、人工智能、微系统集成与制造、机器视觉、导航通信一体化等高新技术的不断发展和应用，促进了导航传感器技术的创新发展，新型导航技术成为导航技术领域研究的热点。本章主要对视觉导航、仿生智能导航、协同导航和全源导航等新型导航技术的有关概念和基本原理做简要介绍。

9.1　视觉导航技术

视觉导航是利用图像信息估计载体位置、姿态等导航参数以及环境结构参数的一种导航技术。视觉导航技术具有全自主、精度高、体积功耗小等优点，因而广泛应用于无人机、无人车和机器人等智能移动平台中。当然，任何纯视觉导航算法都不可避免地受到环境纹理单一、光照变化大、相机快速旋转运动等挑战。因此，为了提高视觉导航系统的稳定性，将视觉传感器与惯性传感器等进行组合，成为目前视觉导航研究中的一种主流技术手段。

9.1.1　纯视觉导航

目前主要有两个分支：一个分支是视觉里程计（Visual Odometry，VO）技术，另一个分支是视觉定位与构图（Visual Simultaneous Localiza-tion and Mapping，VSLAM）技术。VO 侧重于利用连续图像帧之间的位姿增量进行路径积分，至多包含滑动窗口内的局部地图；VSLAM 侧重于全局路径和地图的优化估计，支持重定位和闭环优化。通常 VO 可以作为 VSLAM 算法框架的前端，纯视觉导航算法的典型结构如图 9-1-1 所示。

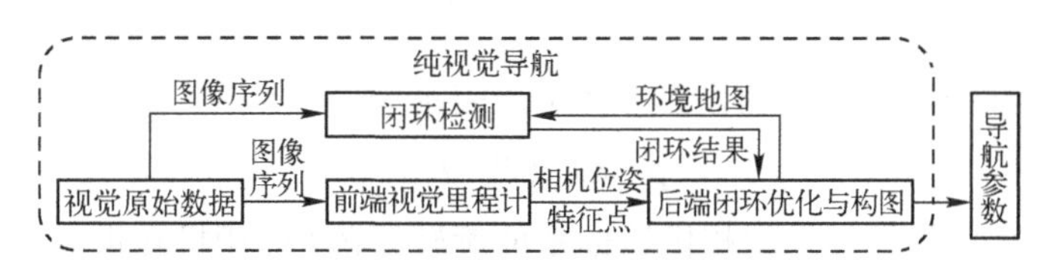

图 9-1-1　纯视觉导航算法结构示意图

1. 视觉里程计原理

载体在运动过程中,可以通过与其固联的摄像机获取图像流。由于载体运动,摄像机视场内同一个静止的物体在不同帧图像中的成像位置将发生变化。根据摄像机的成像几何模型,可以利用同一物体在不同帧图像中成像位置的关系,恢复出相机在拍摄图像时的位置和姿态变化量。然后,将相邻帧图像的位置和姿态变化量进行积分,就可以推算摄像机运行的轨迹,如图9-1-2所示。

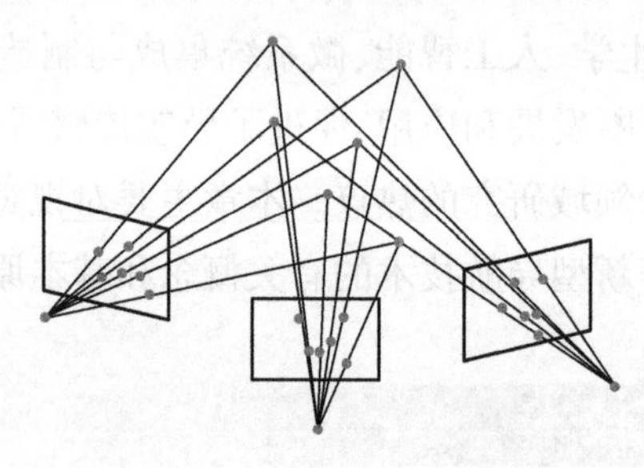

图9-1-2 多视图几何示意图

摄像机的成像模型是从多视图中恢复出载体运动参数的基础。常用的相机模型包括透视模型(Perspective Model)、全景模型(Omnidirectional Model)和球形模型(Spherical Model)等。图9-1-3给出了空间特征点在相机中的透视成像模型示意图。由空间特征点 P 和相机中心 O^c 确定的射线与图像平面相交于一点 p,该点即为空间特征点在图像平面上的像。

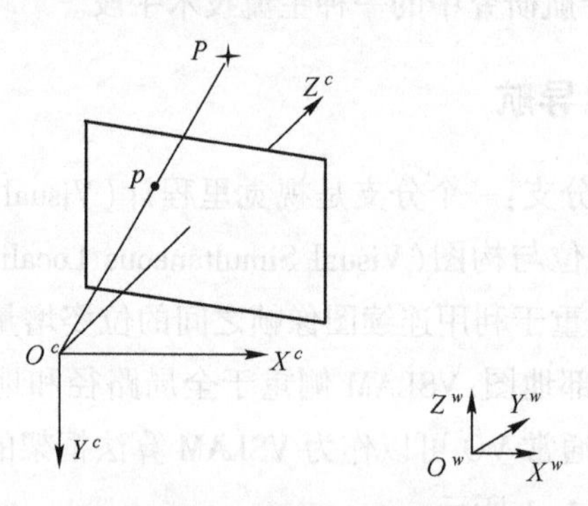

图9-1-3 空间特征点和直线在相机中的成像模型

空间点在图像平面上的投影方程可以表示为

$$\boldsymbol{p}=\boldsymbol{K}\boldsymbol{R}_w^c(\boldsymbol{P}^w-\boldsymbol{t}^w) \tag{9-1-1}$$

式中:$\boldsymbol{R}_w^c$ 为从世界坐标系到相机坐标系的旋转矩阵(即相机在世界坐标系下的姿态矩阵);$\boldsymbol{t}^w$ 为相机中心在世界坐标系下的位置;$\boldsymbol{P}^w$ 为空间点在世界坐标系中的位置;$\boldsymbol{K}$ 为相机的内参数标定矩阵,具有如下的形式,即

$$\boldsymbol{K}=\begin{bmatrix} f & s & \mu_0 \\ 0 & \alpha f & v_0 \\ 0 & 0 & 1 \end{bmatrix} \tag{9-1-2}$$

式中：f为相机的焦距，即相机光学中心到图像平面的距离；α为图像传感器X轴和Y轴上像素的尺度比；s为图像传感器X轴和Y轴之间的非正交误差；(μ_0, ν_0)为相机的光学中心在图像平面上投影点的坐标（定义为相机的主点），通常在图像中心附近。摄像机模型可以通过观察棋盘格或二维码等特征固定，且尺度大小已知的物体进行离线标定。

视觉里程计根据特征利用的方式可以分为间接法和直接法两类。间接法通过最小化同一特征在不同图像中的位置投影误差来解算出摄像机的运动参数；直接法则基于光度（灰度）不变假设，通过最小化同一特征在不同图像中的光度误差来估计摄像机的运动参数。

间接法视觉里程计首先需要建立特征匹配关系，然后根据特征匹配对之间的坐标关系，解算出相机的运动参数。设载体在运动过程中，摄像机拍摄了n幅图像，表示为$\boldsymbol{I}_{1:n}=\{\boldsymbol{I}_1,\boldsymbol{I}_2,\cdots,\boldsymbol{I}_n\}$；同时，在导航环境中有$m$个特征，特征的空间坐标为$\boldsymbol{P}_{1:m}=\{\boldsymbol{P}_1,\boldsymbol{P}_2,\cdots,\boldsymbol{P}_m\}$；第$j$个特征在$k$时刻拍摄图像中的坐标为$\boldsymbol{p}_{k,j}=\boldsymbol{\pi}_k(\boldsymbol{P}_j)$，其中$\pi_k$表示相机在$k$时刻的投影模型，透视相机模型如式9-1-1所示。

首先，通过特征匹配算法建立特征之间的对应关系$\{\boldsymbol{p}_{k,j}\leftrightarrow\boldsymbol{p}_{k+1,j}\}$，间接法视觉里程的运动估计，可以表示为如下最小误差函数的过程：

$$\underset{\boldsymbol{R}_{k,k+1},\boldsymbol{t}_{k+1}}{\arg\min}\sum_j \|\boldsymbol{p}_{k,j}-\hat{\boldsymbol{p}}_{k,j}\|+\|\boldsymbol{p}_{k+1,j}-\hat{\boldsymbol{p}}_{k+1,j}\| \tag{9-1-3}$$

式中：$\boldsymbol{t}_{k,k+1}$为待估计的运动参数，表示摄像机在k+1时刻相对于k时刻的平移量；$\boldsymbol{R}_{k,k+1}$也为待估计的运动参数，表示摄像机在k+1时刻相对于k时刻的旋转矩阵；$\hat{\boldsymbol{p}}_{k,j}$和$\hat{\boldsymbol{p}}_{k+1,j}$分别将估计的特征位置$\hat{\boldsymbol{P}}_j$投影到像平面形成的虚拟像点。式(9-1-3)也被称为重投影误差，重投影误差的几何表示如图9-1-4所示。

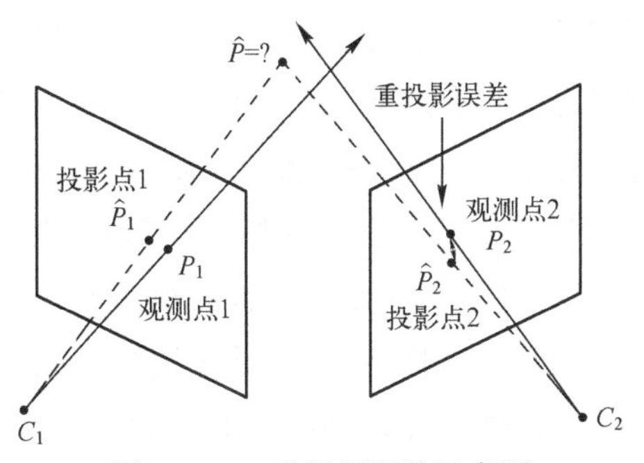

图9-1-4　重投影误差示意图

与间接法不同,直接法视觉里程计则通过最小化光度误差估计摄像机的运动参数。通常,同一特征在短时间内拍摄的多幅图像中,其光度基本不变,并且摄像机在短时间内的位姿变化较小,同一特征在相邻帧图像中的成像位置变化不大。据此,直接法视觉里程计通过迭代优化算法在状态空间中进行搜索,使得同一特征在不同图像中的像点光度误差最小,从而解算得到摄像机运动参数,具体优化目标函数为

$$\underset{R_{k,k+1},t_{k+1}}{\arg\min}\sum_j \boldsymbol{I}_k(\boldsymbol{P}_j)-\boldsymbol{I}_{k+1}(\boldsymbol{P}_j) \tag{9-1-4}$$

式中:$\boldsymbol{I}_k(\boldsymbol{P}_j)$、$\boldsymbol{I}_{k+1}(\boldsymbol{P}_j)$分别表示同一特征在相邻帧图像中的光度。若直接法里程计在运动估计过程中使用了整幅图像的像点光度,则为稠密视觉里程计算法;若仅使用部分像点光度,则为稀疏视觉里程计算法。由慕尼黑工业大学开发的DSO算法就是一种直接法稀疏视觉里程计。

除直接法与间接法里程计外,Forster等提出的SVO算法则是一种半直接法视觉里程计,该算法使用直接法用于运动解算,同时采用了间接法来估计特征的三维坐标,从而建立局部地图。

需要注意的是,在视觉里程计算法中,特征的三维坐标$\boldsymbol{P}_j$通常是未知的,需要采用立体摄像机(如双目摄像机或RGB-D摄像机)测量得到,或采用三角测量算法从单目相机的多视图观测中估计出特征的三维坐标$\hat{\boldsymbol{P}}_j$。因此,视觉里程计也具有局部建图功能。与VSLAM算法相比,VO仅使用最新的若干帧图像进行运动估计和建图,以降低状态维度,提升算法效率。

2. 基于闭环优化与构图的视觉里程计误差修正方法

视觉里程计是一种路径积分方法,因此具有累积误差。闭环优化是广泛使用的一种用于修正视觉里程计累积误差的方法。闭环修正依赖于构建的环境地图,其基本原理是:载体在移动过程中,将观测的视觉特征与地图中的视觉特征进行匹配,并通过匹配关系解算出载体在地图中所处的位置和姿态。由于建图误差和视觉里程计累积误差的影响,通过里程计估计的摄像机位姿与通过闭环检测估计的摄像机位姿之间具有差异,通过建立数学模型可以同时对里程计累积误差和建图误差进行修正。图9-1-5表示了闭环优化的基本原理,摄像机随着载体从视图A所示位置出发,经过一段时间后回到原点。由于视觉里程计具有累积误差,导致视觉里程计估计的终点位置为视图B所示位置。当闭环识别模块通过对比观测特征判断出视图A与视图B拍摄于同一位置时就建立了一个闭环。闭环优化算法将根据闭环识别结果对视觉里程计轨迹进行修正,从而减小视觉里程计误差。

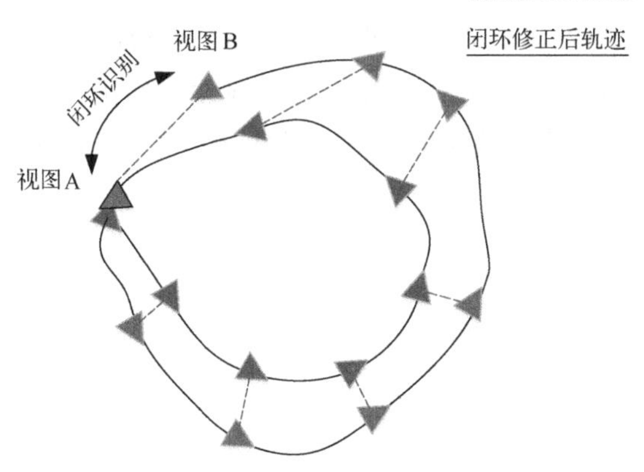

图 9-1-5　闭环优化示意图

闭环优化大致可分为位姿图优化和全局定位与建图优化两种方法。位姿图优化方法中的地图信息主要包括摄像机在运动过程中观测到的视觉特征和相应的观测位置与姿态。通过特征匹配或其它方法识别出闭环后,优化算法将对地图中记录的所有载体位置和姿态进行优化,优化目标可以表达为

$$\boldsymbol{X}^{*}=\arg\min_{x}\sum_{i,j\in N}\boldsymbol{e}_{ij}(\boldsymbol{x}_{i},\boldsymbol{x}_{j})+\sum_{m,l\in T}\boldsymbol{e}_{ml}(\boldsymbol{x}_{m},\boldsymbol{x}_{l}) \tag{9-1-5}$$

式中:$\boldsymbol{x}$ 为位姿图中的一个状态向量,由摄像机位置和姿态组成;$\boldsymbol{X}$ 为所有时刻的状态向量的集合;$\boldsymbol{e}_{ij}(\boldsymbol{x}_{i},\boldsymbol{x}_{j})$ 为两个位姿状态之间的误差量;$\boldsymbol{e}_{ml}(\boldsymbol{x}_{m},\boldsymbol{x}_{l})$ 为构成闭环的两个位姿状态之间的误差量。通过优化轨迹中的所有位置和姿态,使得式(9-1-5)的目标函数值最小,从而达到修正里程计累积误差和位姿图建图误差的作用。

相较于位姿图闭环优化方法,全局定位与建图优化方法不仅对摄像机的位置和姿态进行优化,还对观测视觉特征的三维坐标进行优化,该优化问题可以建模描述为一个最大后验概率(Maximum A Posteriori,MAP)问题,具体表达式为

$$\boldsymbol{X}^{*},\boldsymbol{L}^{*}=\arg\max_{\boldsymbol{X},\boldsymbol{L}}p(\boldsymbol{X},\boldsymbol{L}\mid\boldsymbol{Z},\boldsymbol{U}) \tag{9-1-6}$$

式中:$\boldsymbol{X}$ 为摄像机在整个运动过程中的位置和姿态构成的状态向量;$\boldsymbol{L}$ 为所有特征在参考系下的位置向量的集合;$\boldsymbol{Z}$ 为特征在摄像机图像中的成像点位置的集合;$\boldsymbol{U}$ 为里程计测量的运动参数。在大范围的导航应用中,式(9-1-6)中包含的状态量较多,因此需要对优化算法进行合理设计才能满足算法的实时性需求。

9.1.2　惯性/视觉组合导航

惯性导航技术与纯视觉导航技术之间具有天然的互补性。惯性导航传感器

输出频率高,可用于弥补视觉传感器动态性差、输出频率低的缺点;同时,视觉导航技术则可以修正惯性导航系统的累积误差,提升导航精度。目前,视觉/惯性组合导航技术主要有基于滤波技术和基于非线性迭代优化技术是视觉/惯性信息融合的两种典型方式。典型的视觉/惯性组合导航算法结构如图 9-1-6 所示。

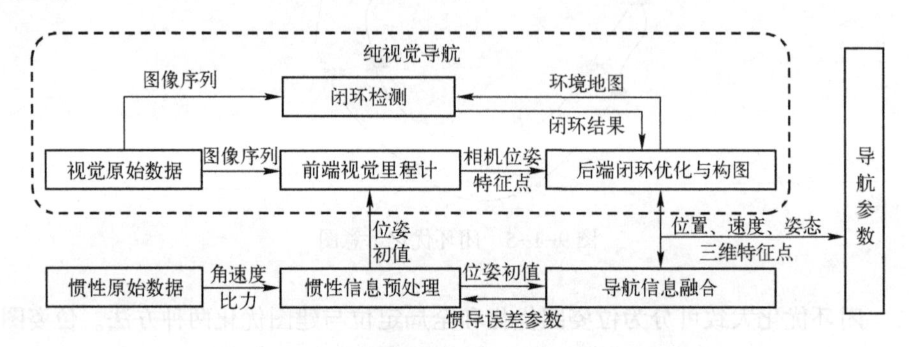

图 9-1-6 视觉/惯性组合导航算法结构示意图

1. 基于滤波技术的信息融合算法

基于滤波技术的信息融合算法主要考虑以下三方面问题:滤波器状态变量的选取、状态方程和观测方程的建立以及滤波算法的选取。

首先是滤波器状态变量的选取,常见的方式是将当前时刻的惯性导航参数以及邻近 n 帧图像对应时刻载体位姿参数以及这些图像所观测到的特征的空间位置参数加入到状态变量中。当前时刻惯性导航参数通常包含 IMU 的位置、姿态、速度和陀螺、加速度计的零偏等,其定义如下:

$$\boldsymbol{x}_{IMU}(t)=[(\boldsymbol{p}^{W})^{\mathrm{T}} \quad (\bar{\boldsymbol{q}}_{WI})^{\mathrm{T}} \quad (\boldsymbol{v}^{W})^{\mathrm{T}} \quad (\boldsymbol{b}_{g})^{\mathrm{T}} \quad (\boldsymbol{b}_{a})^{\mathrm{T}}]^{\mathrm{T}} \qquad (9-1-7)$$

式中:p^{W} 为 IMU 在世界系下的位置;四元数 $\bar{q}_{WI}$ 为 IMU 坐标系 $\{I\}$ 在世界系中的姿态,与旋转矩阵 $\boldsymbol{R}_{WI}$ 对应;v^{W} 为 IMU 在世界系下的速度;b_{g} 和 b_{a} 分别为陀螺和加速度计的零偏。组合导航系统的状态变量通常具有如下形式:

$$\boldsymbol{x}(t)=[\boldsymbol{x}_{\mathrm{IMU}}(t)^{\mathrm{T}} \quad \boldsymbol{x}_{\mathrm{cam}}^{1\ \mathrm{T}} \quad \cdots \quad \boldsymbol{x}_{\mathrm{cam}}^{n\ \mathrm{T}} \quad \boldsymbol{x}_{\mathrm{fea}}^{1\ \mathrm{T}} \quad \cdots \quad \boldsymbol{x}_{\mathrm{fea}}^{m\ \mathrm{T}}]^{\mathrm{T}} \qquad (9-1-8)$$

式中:x_{cam}^{n} 为第 n 帧图像对应相机位姿参数,x_{fea}^{m} 为第 m 个特征点对应的空间位置参数。不同算法中 n 的数值不尽相同。

其次是状态方程和观测方程的建立。由于通常假设场景是固定的,即特征点的空间位置变化率为零,因此系统的状态方程只与载体的运动参数有关。典型的系统状态微分方程组如式(9-1-9)所示:

$$\begin{cases}\dot{\boldsymbol{R}}_{WI}=\boldsymbol{R}_{WI}\boldsymbol{\omega}_{WI}^{I}\\ \dot{\boldsymbol{v}}^{W}=\boldsymbol{a}^{W}\\ \dot{\boldsymbol{p}}^{W}=\boldsymbol{v}^{W}\\ \dot{\boldsymbol{b}}_{g}=\boldsymbol{n}_{g}\\ \dot{\boldsymbol{b}}_{a}=\boldsymbol{n}_{a}\end{cases} \tag{9-1-9}$$

式中:$\boldsymbol{\omega}_{WI}^{I}$为转动角速度;$\boldsymbol{a}^{W}$ 为加速度;$\boldsymbol{n}_{g}$ 和 $\boldsymbol{n}_{a}$ 为陀螺和加速度计的测量噪声。系统的观测方程与具体采用的约束相关,是滤波算法设计的核心。如 9.1.1 节所述,通常采用的约束包括重投影误差约束、两视图对极几何约束以及三视图三焦张量约束等,而光度残差约束在基于滤波技术的视觉/惯性组合导航算法中比较罕见。

关于滤波器的选取,最常见的有 EKF 滤波器和 UKF 滤波器。二者都是在卡尔曼滤波器的基础上发展起来的。EKF 通过偏导数得到雅可比矩阵,将状态方程和观测方程线性化,从而解决视觉/惯性融合中的非线性问题。为了克服 EKF 中高阶导数省略问题和雅克比矩阵计算难的问题,UKF 按一定间隔和概率在状态空间中选取采样点的方式,代入状态方程和观测方程,预测和更新状态值及其对应的协方差矩阵。

由于计算量的限制,一般不会将全局地图中的特征空间位置参数加入滤波器状态变量中,因此基于滤波技术的视觉/惯性组合导航算法通常没有构建全局地图,不支持闭环检测与优化。

2. 基于优化技术的信息融合算法

为了实现迭代优化算法框架下的视觉/惯性导航信息融合,必须解决惯性约束和视觉约束的统一表述问题。对于视觉信息,关键帧之间的位置和姿态约束可以通过它们共同观测的图像特征之间的匹配关系来确立。对于惯性信息,两个时刻间的位置和姿态约束可以通过两个时刻间的陀螺和加速计测量信息来建立。在视觉/惯性组合导航系统中,当前时刻的关键帧位姿参数是在前一时刻关键帧的位姿参数基础上利用陀螺和加速度计测量值递推得到,如图 9-1-7 所示。由于关键帧的位姿参数属于迭代优化的状态变量,在优化过程中,每一次迭代都会改变,所以由前一时刻关键帧的位姿参数递推得到的当前帧的位姿参数需要重新利用两帧之间的陀螺和加速度计测量值推算,处理效率非常低下。为了避免该问题,需要设计一种不依赖于积分初值的惯性积分增量计算方法,使得在迭代优化过程中前一时刻关键帧位姿参数变化之后,可以根据积分增量快速更新当前时刻的关键帧位姿参数。

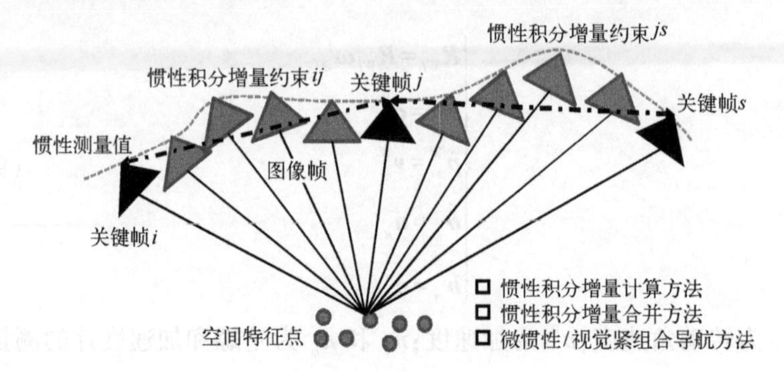

图 9-1-7 基于优化技术的视觉/惯性组合导航示意图

惯性预积分技术应运而生,其核心思想是定义位置、姿态和速度积分增量,使得积分增量与积分初值无关。从系统的运动学模型式(9-1-9)出发,可以得到关键帧$[t_i,t_j]$时刻间的位姿参数与惯性测量值之间的关系为

$$\begin{cases}\boldsymbol{R}_j=\boldsymbol{R}_i\prod_{k=i}^{j-1}\mathrm{Exp}(\boldsymbol{\omega}_k\Delta t)\\ \boldsymbol{v}_j=\boldsymbol{v}_i+\boldsymbol{g}n\Delta t+\sum_{k=i}^{j-1}\boldsymbol{R}_k(\boldsymbol{a}_k-\boldsymbol{b}_{ak}-\boldsymbol{\eta}_k)\Delta t\\ \boldsymbol{p}_j=\boldsymbol{p}_i+\boldsymbol{v}_i n\Delta t+\dfrac{\boldsymbol{g}(n\Delta t)^2}{2}+\Delta t^2\sum_{k=i}^{j-1}\left\{\sum_{m=i}^{k-1}\boldsymbol{R}_m(\boldsymbol{a}_m-\boldsymbol{b}_{am}-\boldsymbol{\eta}_m)+\dfrac{\boldsymbol{R}_k(\boldsymbol{a}_k-\boldsymbol{b}_{ak}-\boldsymbol{\eta}_k)}{2}\right\}\end{cases}\tag{9-1-10}$$

式中:$\boldsymbol{g}$ 为重力向量;$\boldsymbol{\eta}$ 为加速计测量噪声;n 为积分时段内惯性传感器的采样个数。从式(9-1-10)可以看出 t_j 时刻关键帧的位姿参数与 t_i 时刻关键帧的位姿参数以及$[t_i,t_j]$时刻间的惯性测量值有关。为了消除 t_i 时刻关键帧的位姿参数的影响,定义 t_i 和 t_j 时刻关键帧之间的状态变量增量计算公式如下:

$$\begin{cases}\Delta\boldsymbol{R}_{ij}=\boldsymbol{R}_i^T\boldsymbol{R}_j=\prod_{k=i}^{j-1}\mathrm{Exp}(\boldsymbol{\omega}_k\Delta t)\\ \Delta v_{ij}=R_i^T(\boldsymbol{v}_j-\boldsymbol{v}_i-\boldsymbol{g}\Delta t_{ij})=\sum_{k=i}^{j-1}\boldsymbol{R}_{ik}(\boldsymbol{a}_k-\boldsymbol{b}_{ak}-\boldsymbol{\eta}_k)\Delta t\\ \Delta p_{ij}=\boldsymbol{R}_i^T\left(\boldsymbol{p}_j-\boldsymbol{p}_i-\boldsymbol{v}_i\Delta t_{ij}-\dfrac{g\Delta t_{ij}^2}{2}\right)=t^2\sum_{k=i}^{j-1}\left\{\sum_{m=i}^{k-1}\boldsymbol{R}_{im}(\boldsymbol{a}_m-\boldsymbol{b}_{am}-\boldsymbol{\eta}_m)\right.\\ \left.+\dfrac{\boldsymbol{R}_{ik}(\boldsymbol{a}_k-\boldsymbol{b}_{ak}-\boldsymbol{\eta}_k)}{2}\right\}\end{cases}\tag{9-1-11}$$

式中:$\Delta t_{ij}=t_j-t_i$。从式(9-1-11)可以看出惯性积分增量 $\Delta\boldsymbol{R}_{ij}$、$\Delta\boldsymbol{v}_{ij}$、$\Delta\boldsymbol{p}_{ij}$ 仅与$[t_i,t_j]$时刻间的陀螺测量值 $\boldsymbol{\omega}$ 和加速度计测量值 $\boldsymbol{a}$ 有关,与积分的初值 $\boldsymbol{R}_i$、$\boldsymbol{v}_i$ 和 $\boldsymbol{p}_i$ 无关。

通过预积分对惯性信息进行预处理之后,就可以建立统一视觉约束和惯性约束的优化目标函数。一种典型的目标函数具有如下形式:

$$\min_{\boldsymbol{X}}\left\{\|r_p-H_p\boldsymbol{X}\|^2+\sum_{k\in B}\|r_B(\hat{z}_{b_{k+1}}^{b_k},\boldsymbol{X})\|_{P_{b_{k+1}}^{b_k}}^2+\sum_{(i,j)\in C}\|r_C(\hat{z}_l^{c_j},\boldsymbol{X})\|_{P_l^{c_j}}^2\right\} \tag{9-1-12}$$

其中,三个残差项依次是边缘化的先验信息、IMU 测量残差以及视觉的观测残差,$\boldsymbol{X}$ 为待优化的状态向量,包含关键帧的相机位姿、特征的空间位置、惯性器件的零偏等。

惯性/视觉组合导航技术是机器人、计算机视觉、导航等领域的研究热点,在国民经济和国防建设中得到了广泛的应用。国民经济领域,在无人机、无人车、机器人、现实增强、高精度地图等应用的推动下,视觉/惯性组合导航技术取得了快速发展。如 Google 的 Tango 项目和无人车项目、微软的 Hololens 项目、苹果的 ARKit 项目、百度无人车项目、大疆无人机项目、高德高精度地图项目等大型应用项目都成立了视觉/惯性组合导航技术相关的研究小组,极大地促进了视觉/惯性组合导航技术在国民经济中的应用。以 Google 的 Tango 项目为例,其导航定位核心算法是基于滤波框架的 MSCKF 算法。微软的 Hololens 项目则是以 Kinect Fusion 为基础的 SLAM 算法。

国防建设领域,由于视觉/惯性组合导航技术不依赖于外部人造实施,在卫星拒止环境中有着重要的应用价值。如美国陆军研发的一种新型“联合精确空投系统”采用惯性/视觉组合导航技术解决高精度定位问题。中国的“嫦娥”三号月面巡视器也采用了视觉与惯性组合实现定姿定位。

9.2 仿生智能导航技术

随着技术不断发展,国家 PNT(Positioning, Navigation and Timing)体系在军用和民用领域的应用越来越广泛。目前,卫星导航作为当前国家 PNT 体系的主要技术手段,发挥着不可获取的作用。众所周知,卫星导航信号容易受到干扰,在复杂环境中会面临失效的风险,因此怎样提高各类运动体(例如武器平台、无人平台等)在卫星导航信号拒止和受到干扰情况下的自主导航能力,构建稳定性更高、安全性更高的 PNT 体系是当前导航技术领域面临的重大挑战。仿生智能导航是一种多学科交叉融合的新型导航技术,主要涉及导航学、仿生学、人工智能、计算信息学和微机电学等学科,相关的研究成果也为仿生智能导航技术的发展提供了强有力手段。本节主要介绍仿生智能导航技术内涵、仿生智能导航传感器技术和仿生智能导航方法等内容。

9.2.1 仿生智能导航内涵

仿生智能导航,顾名思义是一种基于人工智能技术的"模仿+借鉴"动物导航本领的新型导航技术。大自然中许多动物具有惊人的导航本领,例如:北极燕鸥每年往返于南、北两极地区,旅程达5~6万千米,从不迷航;信鸽能够在距离饲养巢穴数百千米远的陌生地方,顺利返回巢穴;美洲的黑脉金斑蝶每年秋季从加拿大飞到墨西哥,行程4800多千米,却从不迷路。具体来讲,动物行为学家对信鸽返巢路线的研究发现:将同一信鸽在同一地点多次释放后,每次的返巢路线虽然都各不相同,但都经过某些相同的地标节点,其飞行返巢路线可以看成是将这些地标节点按某种方式连通的"拓扑导航路线图",如图9-2-1所示,某些候鸟的迁徙也大致遵循这一规律。据此,信鸽和候鸟的这种导航行为抽象为"航向约束+环境感知+学习推断"的导航模式,其中"航向约束+环境感知"是靠器官与大脑的联动来实现的,"学习推断"结果的正确与否是靠导航经验知识与智能决策机制的共同作用来保证的。

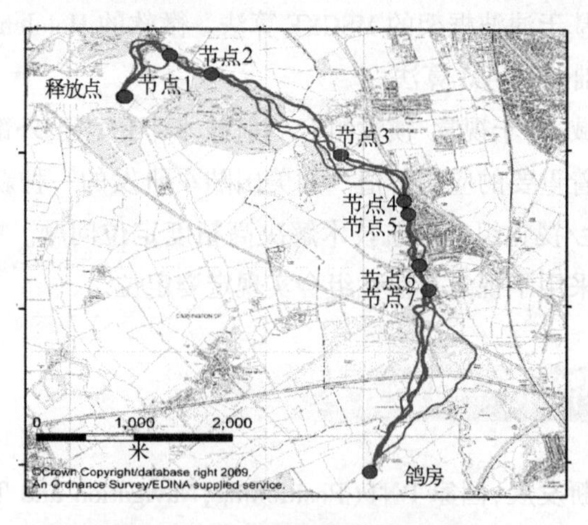

图9-2-1 信鸽回巢路线示意图

与传统的自主导航技术相比,仿生智能导航通常是在几何与拓扑空间内进行描述,其不仅关注于几何空间内对运动体位置、速度、姿态等运动参数测量,而且更侧重于对环境或者地标的认知与识别,关注地标与地标之间的连通关系,最终形成一张反映环境空间结构的拓扑连通图（即运动路线图），即在拓扑空间内进行导航。导航拓扑连通图中的节点代表运动体航行环境中的关键区域，而节点区域内可供导航使用的信息构成了节点经验知识。经验知识包括多源异质信息、信息之间的相互关系以及先验信息的可用性等要素。当运动体经过某个节点时，可以提取该节点处的经验知识用于修正导航误差，同时根据当前节点在导航拓扑图中的位置推理出将要经过的下一节点，从而实现混合空间中的自主导航。

如图 9-2-2 所示，仿生智能导航内容主要包括仿生智能导航传感器与原理方法两个方面，前者侧重于借鉴动物导航机理，模仿其导航器官研制仿生罗盘与仿生复眼，提供航向与运动感知信息；后者包含几何/拓扑混合空间内的导航信息处理和导航算法。其他导航系统（如惯性导航）和导航终端（如卫星接收机）在可用的条件下，也能够提供相应的运动导航参数。仿生智能导航的输出包括导航参数（位置、方向等）和导航决策（引导指令），从而为空中与地面无人平台、单兵/机器人等典型应用载体自主导航提供信息。

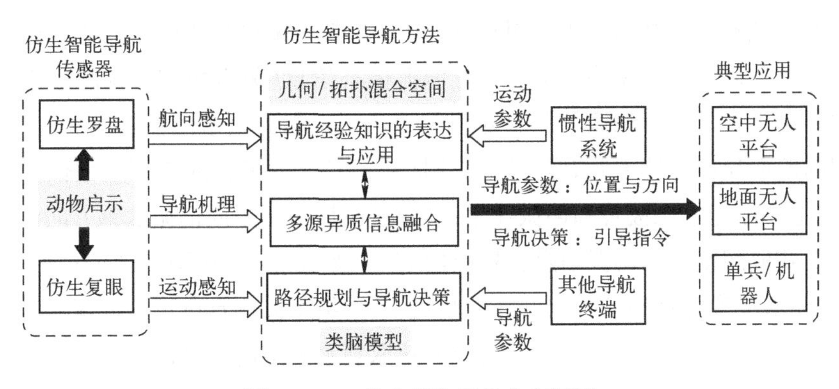

图 9-2-2 仿生智能导航内容框图

9.2.2 仿生导航传感器

1. 仿生光罗盘

仿生光罗盘是一种通过模拟动物视觉器官敏感大气偏振光信息而获得运动体方向信息的传感器。自然界中有许多生物能够利用大气偏振光进行定向，比较典型的例子是撒哈拉沙漠中的蚂蚁就能够利用偏振光定向觅食，如图 9-2-3 所示，在沙漠环境中既无地标参考，气味也很难存在，而这种蚂蚁可在距离巢穴数百米外觅食，发现合适猎物后沿直线准确返回巢穴。蜜蜂在采集花粉时可利用紫外偏振光进行定向，许多两栖动物、鱼类等可通过感知太阳光在水下散射所形成的偏振态进行定向与导航活动,乌龟甚至能够使用较弱的月光偏振光进行导航。

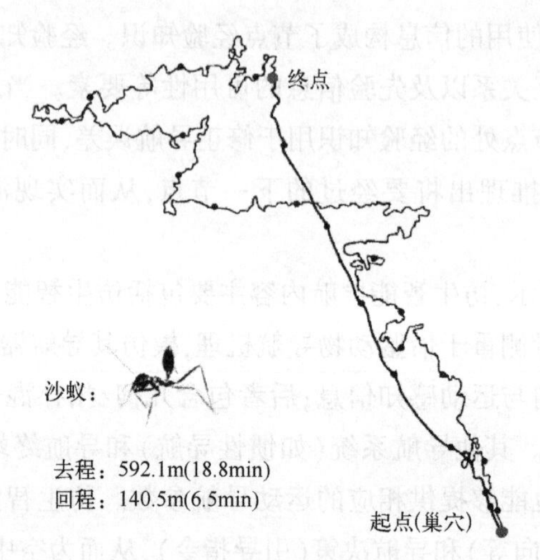

图 9-2-3 沙漠蚂蚁利用偏振光定向觅食

偏振光罗盘的基本构成如图 9-2-4 所示,其中偏振光传感器的主要作用是通过光电转换而测量观测天空中大气偏振模态信息(偏振角和偏振度),偏振光定向模块主要是进行偏振信息的处理与定向。根据光电敏感器件的类型不同,常用的偏振光传感器主要有两种:一种是基于光电二极管的点测量型偏振光传感器,主要由光电二极管和偏振片组成,通过设计多个不同偏振敏感方向的检测通道而获取测量点的偏振信息;另一种是基于像素阵列的面测量型偏振光传感器,主要由成像阵列和纳米光栅阵列组成,其中纳米光栅具有不同的偏振敏感方向,结合对应成像像素的光强信息,能够获取观测天空的整个偏振模态信息。

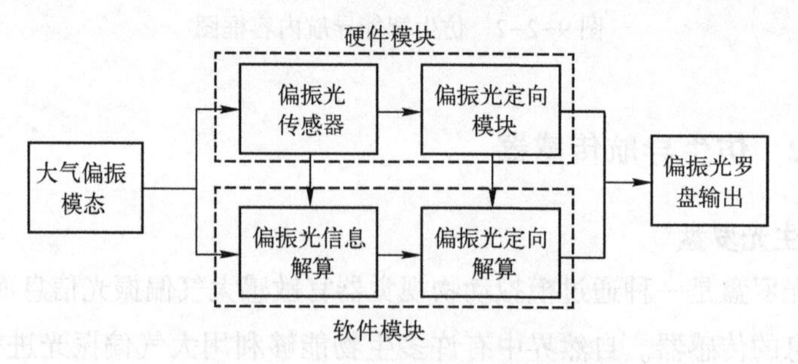

图 9-2-4 偏振光罗盘的基本构成

太阳光经大气散射而产生偏振光,可用偏振度和偏振角来描述,前者表示光波偏振程度,后者表示光波的电向量振动方向。在理想的大气偏振分布模型中,天空中任何一点占优势的向量方向都垂直于太阳、观察者和散射点这三点所在的平面,而偏振度与散射点距离太阳的远近有关,并且天空中偏振度和偏振角的分布关于太阳子午线对称。偏振光罗盘正是利用此种偏振模态的分布规律而实现定向,即通过偏振光传感器测量大气偏振模态信息,结合时空信息和太阳星历,根据大气观测点处偏振光的最大 $\boldsymbol{E}$ 向量振动方向垂直于由观测者、天空观测点以及太阳所构成的观测平面的特殊几何关系,或提取大气偏振模态分布的对称线,从而实现偏振光定向。

2. 仿生复眼

研究发现,昆虫复眼是由成千上万结构和功能相同的子眼构成的一种特殊成像系统。如图9-2-5所示,组成昆虫复眼的子眼以曲面阵列方式排列,每个子眼都有角膜、晶椎、色素细胞、视网膜细胞、视杆等结构,是一个独立的感光单元,轴突从视网膜细胞向后伸出,穿过基膜汇合成视神经。每个子眼通过色素细胞的延伸和收缩,可使得复眼能够敏感出不同强弱光线条件下的环境图像,并且复眼的曲面阵列结构使其视场角度能够达到全视场,这使得复眼在环境感知方面有着独特的优势。

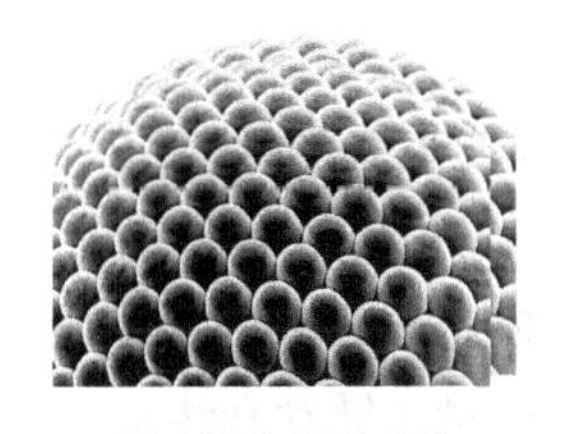

(a) 昆虫复眼与子眼

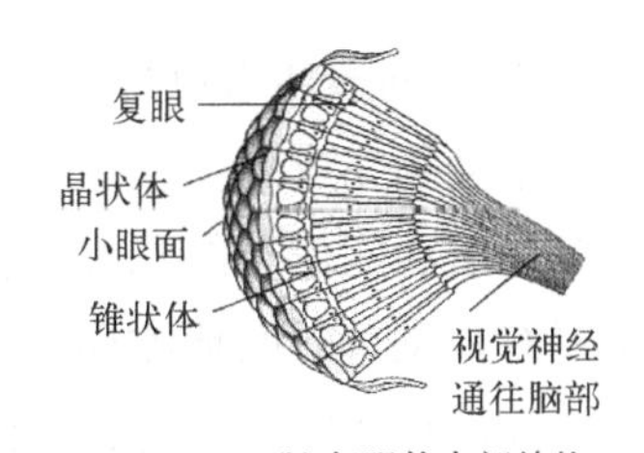

(b) 复眼的内部结构

图9-2-5　昆虫复眼结构示意图

仿生复眼是借鉴昆虫的视觉器官感知光流和环境特征信息的机理,测量载体姿态、速度和位置等导航参数的传感器,具有对运动目标快速判别能力、空间定位能力、大视场观察能力、偏振探测能力等优点。图9-2-6为研究者受蜜蜂复眼结构启发,设计的“复眼”数码相机,该相机呈半球状,排列了180个显微透镜,具有160°的视野,能够同时聚焦物体的不同深度。仿生复眼导航的基本工作原理是:通过多个面向不同方向的孔径,对大视场内的场景进行成像,集成到同一探测器上进行图像输出。在此基础上,通过仿生光流、场景识别等算法,获得载体的运动速度和在环境中的相对位置等信息。

近十几年国内外研制的仿生复眼传感器以重叠型复眼为主,重叠型复眼结构不仅可实现紧凑结构的设计,且成像视场大,临近子眼之间的视场有相当大比例的重叠,可构成立体视觉,从而实现对(相对)运动目标的探测。重叠型仿生复眼主要有微透镜阵列结构和分段传感器结构两类。前者采用微型透镜来代替复眼中的小眼,通过微透镜阵列实现成像,存在设计加工难度大的问题,而影响了应用推广。后者采用有限数目复眼和多个或单个探测器匹配,降低了复眼镜头的设计和制作难度,有利于后续图像处理,是较接近实用化的视场重叠复眼结构,成为未来仿生复眼传感器的研究发展趋势。

图 9-2-6 仿蜜蜂复眼的相机设计示意图

9.2.3 仿生智能导航方法

1. 导航经验知识的表达与应用

经验知识是指动物完成各项复杂导航任务的重要基础,是在进行运动活动中积累到的具有导航功能信息的总称。信息源是提炼经验知识的基础,常用的导航信息源主要有视觉、惯性、地磁场、天空偏振光和数字地图等,其中视觉主要用于获取运动空间的环境特征信息,惯性用于测量角转动和线运动信息,地磁场和天空偏振光可以获取运动方向,数字地图用于构建导航拓扑路线图。

导航经验知识的表达主要包括对单一经验知识的描述、多种经验知识的相关性描述以及导航经验信息的可用性判别准则。以视觉场景信息为例,可通过基于数学模型的方法获取图像全局特征,如灰度特征、GIST 特征等,其侧重于对环境整体信息的描述,不局限于局部特点,运算效率高,比较适用于地面近距离场景的描述,也可获取图像的局部特征,如 SIFT 特征、SURF 特征等,其侧重于对环境局部信息的描述,而且对图像的旋转、平移和尺度变化等具有一定的不变性,比较适用于空中远距离场景的描述。基于机器学习的视觉特征提取是近年来的研究热点,在季节、天气、光照等外部环境的剧烈变化下,也能够获取较好的特征表达,并且能够提取视觉场景的语义信息,有利于进行导航推断,但存在网络训练计算量大、特征适应性低等问题。多种经验知识的相关性描述是建立不同信息源的关联模型,在同一种度量空间下进行描述。导航经验信息的可用性是决定导航性能的关键,可用性判别是解决导航信息是否有效的关键。

在准确描述导航经验知识的基础上，通过对其进行有效组织，建立起用于自主导航的经验知识图谱。用于动物导航的认知地图中一般采用了拓扑图的形式对经验知识进行组织。如图 9-2-7 所示，导航拓扑图主要由节点和连通边组成，节点描述载体在运动环境中所经过的包含有效导航信息的空间区域，例如熟悉的地标、具有运动指示信息的区域等；连通边则表示节点之间照一定约束形成的运动连接关系。拓扑节点表达和描述的是整个运动环境，是导航经验信息的主要载体。载体在节点区域内完成对环境的认识和识别、获取导航经验信息、实现导航系统的误差修正从而保证顺利完成导航任务。

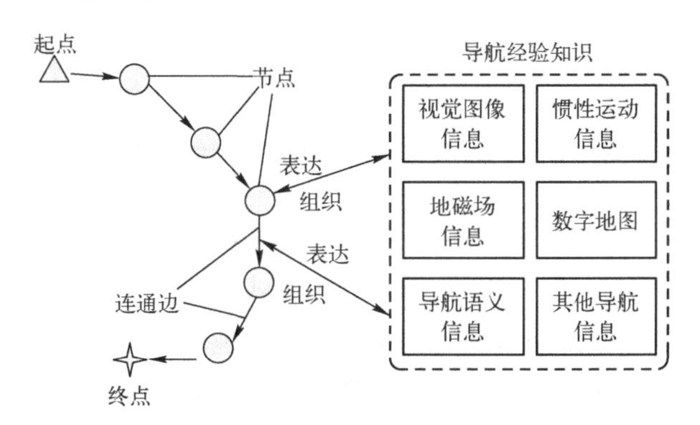

图 9-2-7　导航拓扑图的基本结构

2. 多源异质导航信息融合

无论是动物还是移动载体，在导航过程中都需要对自身的运动状态进行估计，稳健、准确的导航状态估计往往需要对多种导航信息进行融合。在传统导航系统中广泛使用的信息融合方法有卡尔曼滤波器、粒子滤波器等。这些方法具有较好的导航参数估计精度，但需要建立准确的数学模型，且对融合信息的时间同步关系、空间标定关系、噪声特性等要求较高。与此相比，许多动物虽然不具备精确估计导航参数的能力，但却展现出惊人的自主导航能力，这与它们优秀的多源异质导航信息融合能力紧密相关。

神经科学领域的研究成果部分揭示了动物的多源异质导航信息融合机制。研究者基于吸引子网络模型，模仿鼠类导航信息处理机制，设计了 RatSLAM 融合框架，实现了对路径积分信息和视觉重定位信息的有效融合。建立了基于位姿神经元网络模型的信息融合，如图 9-2-8 所示。通过使用 Continuous Attractor Networks(CANs)来建模老鼠海马区的行为，避免了基于概率技术的传统导航方法需要精确地描述环境、计算量大、难以适用于大范围环境等不足，在室外大范围试验中展现出了优异的建图与定位性能。与传统的滤波算法相比，此种基于导航神经细胞作用机制的融合算法的效率和导航精度,会随着对环境的熟悉(经验知识的增加)而提高。

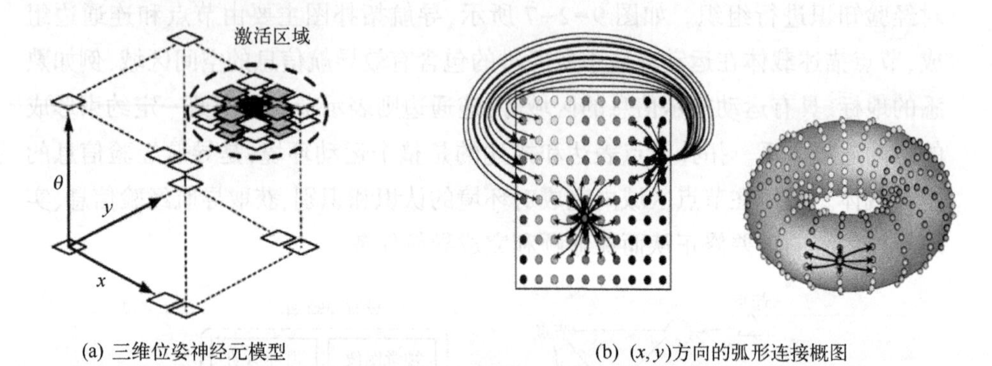

(a) 三维位姿神经元模型　(b) (x, y)方向的弧形连接概图

图 9-2-8　基于位姿神经元网络模型的信息融合

人工神经网络(Artificial Neural Network,ANN)具有与生物神经元类似的连接结构,因此也被认为是一种仿生信息处理方式。深度神经网络通过大量的神经元和复杂的连接关系,可以实现复杂的信息处理功能。在复杂环境和传感器噪声模型未知等条件下,基于神经网络的信息融合方法比传统组合方法展现出了更为优异的鲁棒性。然而,神经网络高度依赖于训练数据,当传感器特性或测量数据与训练数据有较大差异时,基于神经网络的组合导航精度也会随之下降。如何有效结合神经网络在信息融合鲁棒性方面的优势以及模型类方法在精度和模型解释性等方面的优势成为当前的研究热点之一。近年,也有研究者提出了多种与卡尔曼滤波器相似的信息融合神经网络结构,以发挥两类方法在多源异质信息融合中的优点。

3. 路径规划与导航决策

路径规划仿生导航研究的重要内容之一,是指在一定的约束条件下,根据载体当前状态和目标状态,寻找最优路径的过程。在传统导航方法中,常用的路径规划根据约束进行优化得到,对于大范围的运动环境,存在搜索优化的计算资源和时间成本较高的问题。与此相比,动物的导航行为能够根据特定导航任务快速规划出运动路径,具有明显的目标导向(goal-directed)特点。比较典型的例子是沙漠蚂蚁利用偏振光罗盘信息进行导航。研究认为沙漠蚂蚁在觅得食物后,之所以能够沿直线返回巢穴,是由于沙漠蚂蚁融合了从偏振光获取的航向信息和计步/光流中提取的距离信息进行路径积分,然后根据路径积分结果估计指向始终指向巢穴位置的全局向量,此向量能够记录它们从所处位置返回巢穴的方向和距离信息,以保证所规划的路径始终指向巢穴。

在几何与拓扑混合空间内，仿生智能导航一般按照节点递推的形式进行。节点递推的仿生智能导航方法过程如图 9-2-9 所示，在拓扑空间中，载体的运动轨迹可抽象为由若干节点组成的连通结构图，通过识别包含有熟悉地标或场景的节点，获取位置约束信息，节点之间通过连通关系进行航向约束，进而对导航系统的累积误差进行修正，并依据载体的当前运动状态与规划路径进行节点递推。与传统几何空间内通过路径积分而进行的自主导航方法不同，节点递推导航会随着运动次数的增加，不断熟悉节点所包含的地标或场景，识别也会越来越准确、精细，相应的导航精度和计算效率也会越来越高。

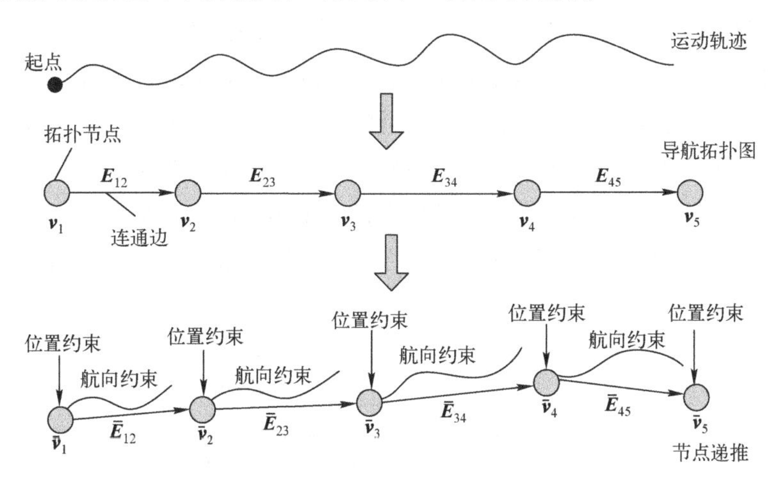

图 9-2-9 节点递推的仿生智能导航方法示意图

9.3 协同导航技术

人类社会自形成以来就存在分工与协作，许多任务需要多人合作才能够完成。人类制造出的各种具有运动能力的系统也往往需要协作才能高效完成复杂的任务。例如，在震后救援等紧急任务中，多机器人协同搜救有助于在震后 48 小时最佳救援期内救助尽可能多的幸存者。各运动体（人、机器人、武器系统等）的导航能力往往是多平台协同工作的基础。在多机器人协同搜救的例子中，只有确定各个机器人的位置，才能合理规划、分配搜救任务。多运动体的导航可以通过每个运动体各自独立进行导航来实现。当这种“各自为战”的导航方式不能满足任务要求时，协同导航可以提高整个系统的导航性能。协同导航是一种利用运动体之间的相对观测，通过一定的信息传递，实现运动体间导航资源共享的新型导航技术。运动体之间的相对观测，可以是直接相对观测,例如运动体之间的距离或相对方位,也可以是间接相对观测,例如不同运动体对相同地标的观测。如果运动体之间没有相对观测,但是存在空间约束,那么利用这种约束关系也可以融合两个运动体的导航资源,这种情况也可以看作是协同导航。

9.3.1 协同导航系统工作原理

协同导航通过融合各节点自身导航信息和节点间测量信息实现系统整体导航性能的提升,其信息流程如图9-3-1所示。节点自身可以提供惯性基多源导航信息,除惯性导航系统外,还包括视觉传感器、卫星接收机、里程计、多普勒测速仪、磁罗盘等。各节点的惯性基导航信息经过一定的本地融合后,提供运动预测。节点间测量信息对各节点的运动预测进行修正。如果有地图、锚节点等先验信息,也可以参与协同导航。协同导航结果可能需要反馈到各节点,修正惯性导航系统误差。可见,协同导航系统包含四个要素:①运动体具有自定位能力;②运动体之间具有相对观测;③运动体之间有通信网络;④完成信息融合的协同导航算法。

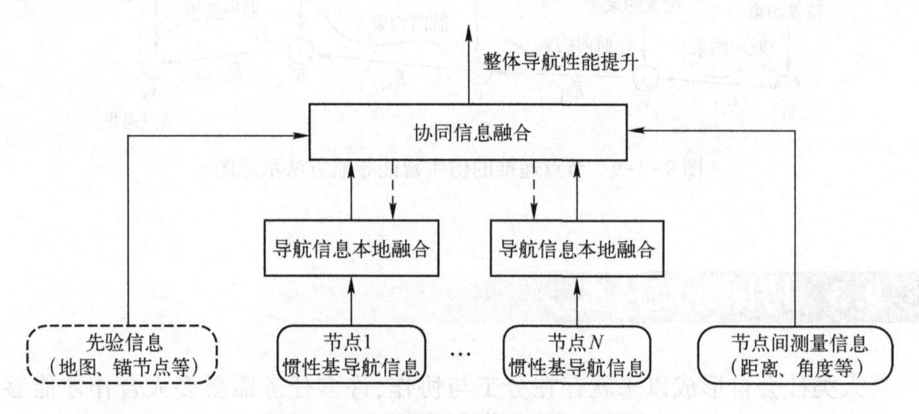

图9-3-1 协同导航信息流程示意图

从组织形式上,协同导航系统可以分为并行式和主从式两种方式。在并行式协同导航系统中,每个节点具有同等地位,通常要求每个节点与多个邻居节点通信,实现导航资源共享。在主从式协同导航系统中,主节点自定位精度高,作为领航者,从节点自定位精度低,作为跟随者。主从式协同导航系统通常仅要求主节点和从节点之间通信,通过协同提高从节点的定位精度,如图9-3-2所示。

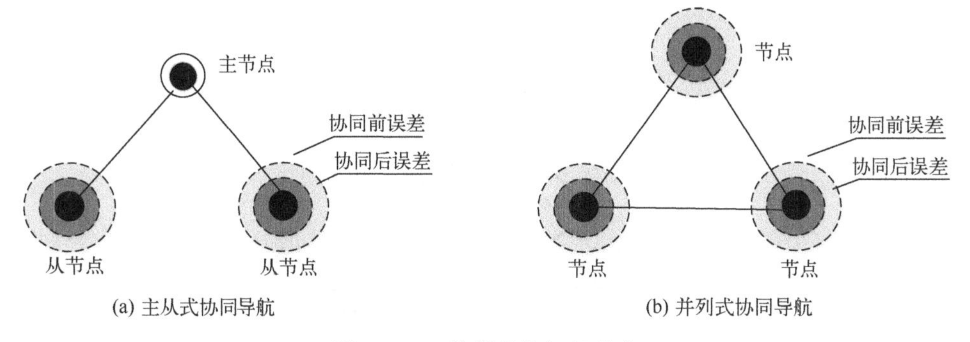

图 9-3-2　协同导航组织形式

9.3.2　协同导航算法结构

协同导航系统是分布式系统,协同导航算法需要的信息源分布在多个空间上分离的物理平台上,因此协同导航算法设计要充分考虑信息传输的工程实现。

从数据融合结构上分,协同导航算法可以分为集中式、分层式和分散式三种基本类型。以三个节点组成的系统为例,图 9-3-3、图 9-3-4 和图 9-3-5 分别示意了三种数据融合结构。

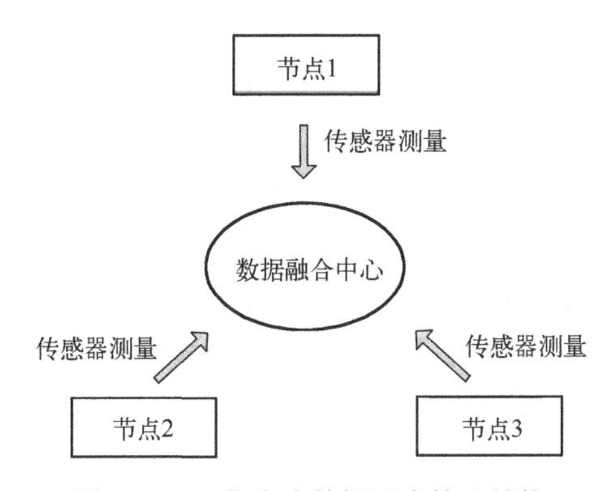

图 9-3-3　集中式数据融合算法结构

(1) 在集中式数据融合算法中,相关传感器的原始测量数据被传送到一个处理中心,由处理中心单独完成数据融合。这种融合算法结构简单、直观,但是当传感器的原始测量数据量很大(如测量频率高或者观测量为图像)时,传送原始测量数据的通信量将很高。此外,处理中心的故障会导致整个系统瘫痪。

(2) 在分层式数据融合算法中,传感器的原始测量数据在本地进行一定的处理,然后逐级上传,在每一级这些信息都进行一定的融合,最后在处理中心得到全局估计。分层式数据融合算法的典型代表有多传感器目标跟踪中的轨迹融

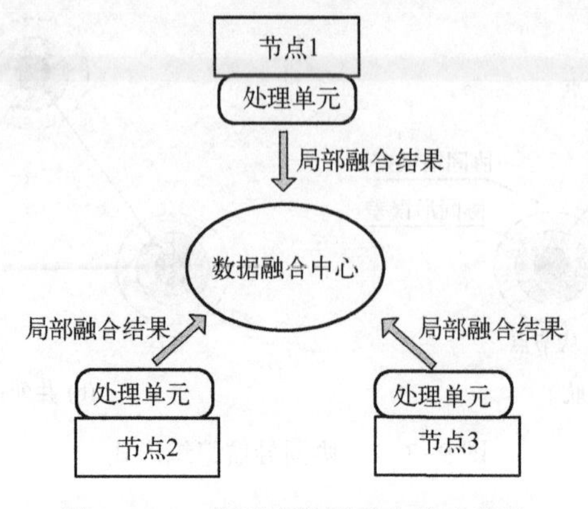

图 9-3-4　分层式数据融合算法结构

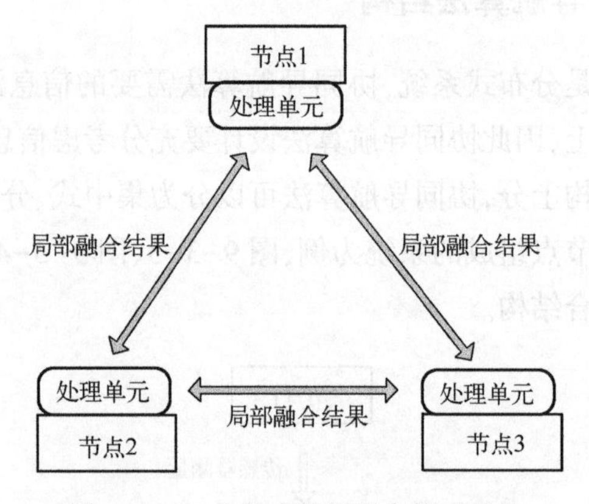

图 9-3-5　分散式数据融合算法结构

合和组合导航中的联邦滤波。分层数据融合算法具有通信量低、故障易隔离的优点,但处理中心的存在限制了系统的可扩展性并降低了系统的鲁棒性。

(3) 在分散式数据融合算法中,每个节点融合本地的传感器数据和从别的节点接收到的局部融合结果,节点之间没有等级之分,系统不依赖单一的处理中心。分散式算法在多传感器目标跟踪、传感器网络校准等领域得到了应用。

相关文献设计的行人协同导航算法采用了分层式数据融合结构,数据处理分三层(见图 9-3-6):底层是行人足部 MIMU 模块进行惯导解算,将每一步的位移增量 $\mathrm{d}\boldsymbol{p}$ 和航向增量 $\mathrm{d}\psi$ 发送给中间层;中间层是行人局部数据处理中心,根据底层发送的数据和顶层反馈的数据估计自身的位置$\hat{\boldsymbol{x}}$和航向 $\hat{\chi}$;顶层是系统的数据融合中心,根据中间层发送的位移增量 $\mathrm{d}\boldsymbol{p}$、航向增量 $\mathrm{d}\psi$ 和行人间距离测量值 $\tilde{r}$ 估计所有行人的状态$[\hat{\boldsymbol{x}},\hat{\chi}]_i$。顶层将估计结果分发到对应行人的中间层,使得每个人的局部估计结果与协同导航结果一致。

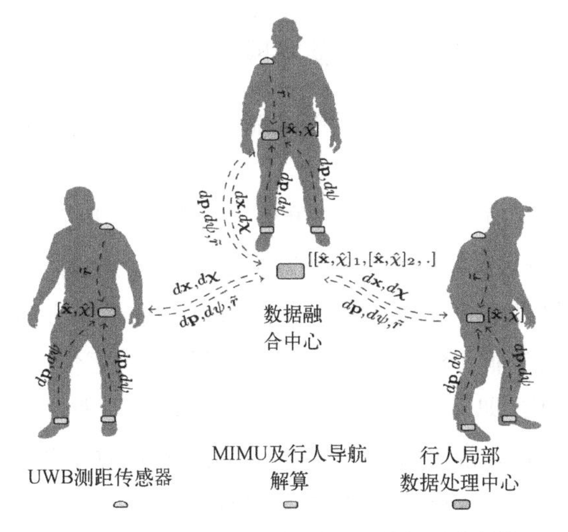

图 9-3-6 行人协同导航分层式数据融合结构

针对多机器人协同定位系统,相关学者设计了一种基于联合树推理的分散式协同导航算法。在这种算法结构中,机器人之间的相对观测数据在观测者或者被观测者本地融合,每个机器人都保持对全体机器人位置的一个局部估计,按照联合树推理规则在机器人之间传递局部估计结果,最终在某个机器人上获得全体机器人位置的全局估计。图 9-3-7 给出了一个针对三机器人协同定位的联合树结构,图中黑色箭头表示机器人之间的信息传递,简单箭头表示机器人本地的信息融合。

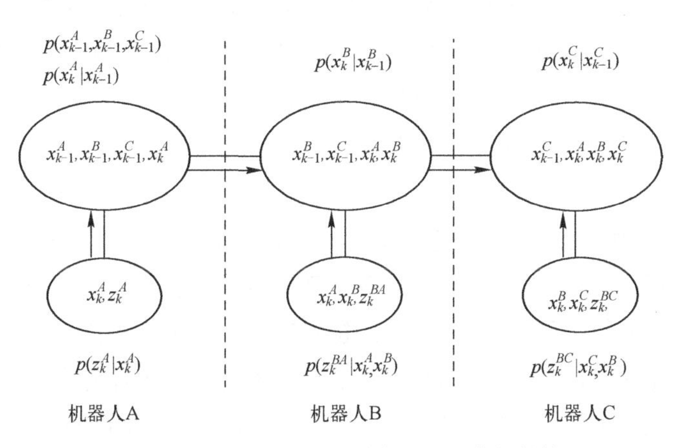

图 9-3-7 三机器人协同定位的联合树结构

9.3.3 协同导航技术应用及发展趋势

协同导航技术在陆、海、空、天等领域都已经或正在得到应用,下面介绍几种协同导航方案。

(1) 单兵协同导航。当前成熟的单兵导航装备采用以卫星导航为主、地图匹配为辅的方式,难以满足单兵在复杂环境下的自主、实时、稳定的导航定位需求。这是由于卫星导航一方面存在易受干扰的问题,另一方面在高楼林立的城市巷道、丛林、室内等非开阔环境因信号遮挡难以有效定位;地图匹配定位在无地图的场合(如室内)即无用武之地。单兵协同导航为满足单兵导航定位需求提供了一种技术途径。常用的协同导航方案是利用超宽带测距模块获取单兵之间的距离测量,利用军用电台在单兵之间传输数据。

(2) 潜航器协同导航。潜航器之间(包括潜航器与水面船只之间)可以通过水声通信机进行距离测量,带有超短基线(USBL)模块的通信机还可以对多个应答器进行方位测量。在进行协同导航的潜航器群中,某一个潜航器浮出水面进行卫星导航修正可以提高群中其他潜航器的定位精度,从而在减少机动能耗、增强隐蔽性的同时提高潜航器群的导航能力。

(3) 飞机机群协同导航。机群中有一架高空飞机,一架或多架低空飞机。高空飞机利用高精度惯导、卫星导航和相机进行导航,并建立所侦查区域的数字地图。低空飞机装备 MIMU、卫星导航和相机,由于地形遮挡难以获得有效的卫星导航信号。一方面通过机间数据链获取高空飞机与低空飞机之间的距离测量,另一方面通过机载相机对相同地面特征的观测在高空飞机和低空飞机之间建立位姿约束。试验表明,在卫星导航信息仅用于低空飞机 MIMU 初始对准的情况下,协同导航可以使低空飞机获得有界的位置和姿态误差。

(4) 卫星星座自主导航。美国的 GPS、俄罗斯的 GLONASS 和我国的北斗卫星导航系统,采用“星间链路”进行高精度测距和通信,降低对地面运控系统的依赖,实现卫星星座的高精度定轨。卫星高精度定轨传统上依靠地面监测站的观测和主控站的数据处理。利用“星间链路”进行卫星协同定轨,不但可以有效提高卫星可监测弧段,弥补地面监控站空间分布的局限性对定轨的不利影响,而且可以在与地面主控站失联后的一段时间内继续进行高精度自主定轨,增强系统运行稳定性。

当前,协同导航系统的发展呈现出集成化、智能化和集群化的趋势。集成化主要是指导航设备和通信设备一体化,例如水声超短基线设备实现距离测量、方位测量和水声通信的一体化以及基于无线电实现距离测量、方位测量和通信的一体化。智能化是指将人工智能技术应用于协同导航,解决运动节点不同网络结构的自适应切换、群体队形优化、节点导航资源智能调度等问题。集群化是指参与协同导航的个体数量越来越多。现有研究对象多是小规模运动体,当运动体规模增大到数以百计时(例如小型无人机集群),现有研究成果难以实现有效的协同导航,可能需要设计全新的协同导航算法。

未来,陆、海、空、天跨域多智能体协同有望成为在复杂场景中执行复杂任务的主流方案,因此面向跨域多智能体的协同导航技术也得到了研究人员的关注。

9.4 国家PNT体系

以卫星导航为核心的PNT(定位、导航、授时)体系在军事领域和人类活动的其他领域都得到了广泛的应用,发挥着不可或缺的作用。众所周知,在某些特殊的应用领域(例如武器装备、无人平台等)不能过度依赖卫星导航,因此,如何提高载体在卫星导航信号拒止或受到干扰情况下的自主导航能力,以及在复杂环境下的智能导航能力是目前导航技术领域面临的重大难题。国家PNT体系是国家的重要战略资源,也是国家核心竞争力之一。本节将简要介绍国家PNT体系的基本概念、体系构成和发展趋势等内容。

9.4.1 国家PNT体系的基本概念

国家PNT体系的概念最早源于美国。2008年,美国发布了《国家PNT体系结构研究最终报告》,并于2010年公布了《国家PNT体系实施计划》,标志着从国家层面体系化地发展PNT能力已经成为美国国策,如图9-4-1所示。

PNT体系是国家时空信息技术创新水平、体系架构、服务能力的总称。根据国家PNT体系构架、功能、演进、组织实施等方面的核心思路,可以将国家PNT体系的概念总结为:在国家层面统一组织协调下,服务于国民经济和国防军事,承担国家时空基准建立与维持、时空信息播发与获取、PNT服务与应用等任务的国家信息基础设施,主要包括以卫星导航系统为核心,多个协同工作的PNT系统以及支撑系统建设、运行、服务的组织管理体制和技术创新体系等。

国家PNT体系通过集成多个PNT系统,以体系化的手段应对用户需求,从而解决用户对PNT服务的供需矛盾。国家PNT体系是效费比最优的一种PNT服务供需矛盾解决途径。在缺乏国家PNT体系统筹发展的情况下,不同行业根据自身需求将多种PNT系统/技术进行简单叠加也能够满足需求,但这会造成资源浪费。而国家PNT体系则通过体系化方式来构建PNT能力供应系统,各种

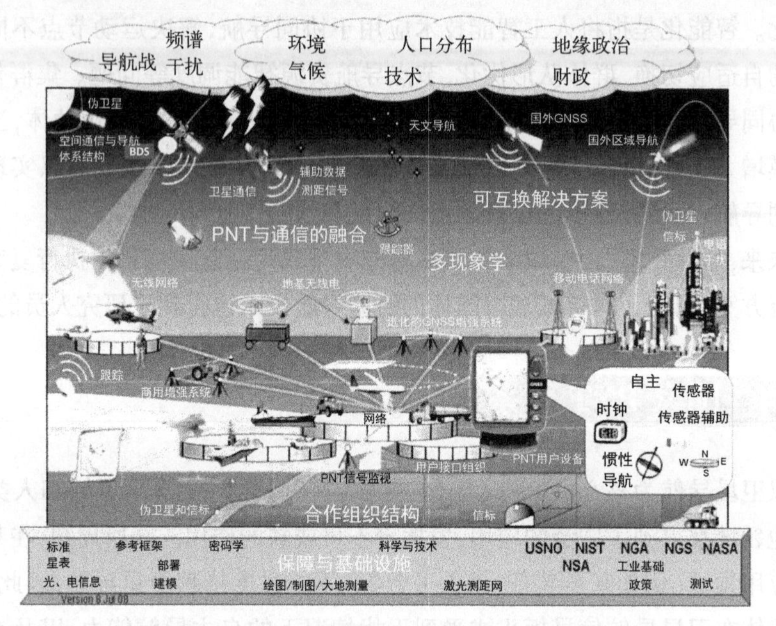

图 9-4-1 美国 2025 年 PNT 体系结构图

PNT 系统协同向用户提供服务,占用的总体资源少。在建设国家 PNT 体系过程中,通过继承、整合和发展现有 PNT 能力,可有力促进不同 PNT 体系之间的相互融合,提升综合应用效益。构建国家 PNT 体系也有利于快速响应新兴的 PNT 需求,及时对 PNT 系统进行更新升级,而淘汰落后 PNT 系统。

9.4.2 国家 PNT 体系的构成

国家 PNT 体系是在国家层面的统一规划下建立并持续改进的,由 PNT 系统、PNT 服务及相关支撑体系组成,如图 9-4-2 所示。

PNT 系统指特定 PNT 技术的物理实现,体现为设备、设施、基础数据、技术标准等形式。根据功能模块的不同,可以将 PNT 系统大致分为基准层、系统层、应用层和支撑层四个部分。基准层主要用于建立和维持统一时空基准,从而保障各类对象时空属性在体系内的一致性、准确性和多系统协同工作的有效性。系统层包括卫星导航及增强系统、地基导航授时系统和通信系统等用于播发和传递用户时空信息的设施和手段。应用层是为用户提供位置、时间信息及服务的终端,其中包括提供 PNT 终端服务的传感器(例如惯性单元、地磁传感器等)、软件算法(例如组合导航手段、信息融合技术等)和终端系统。支撑层是系统稳定运行和保障用户可靠使用的独立设施和手段,包括性能监测评估网络、电磁环境监测网络等。

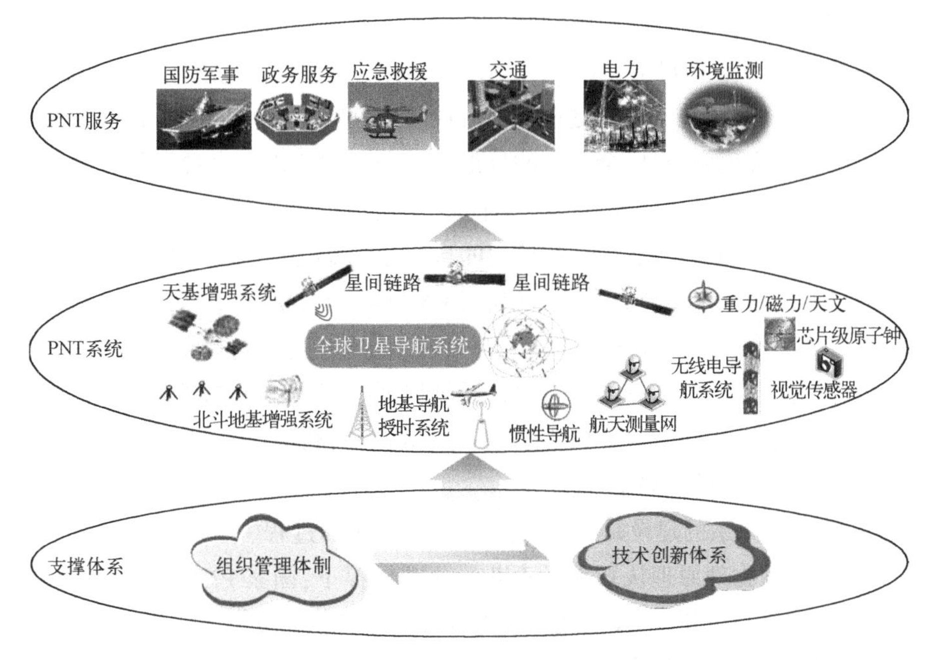

图 9-4-2 国家 PNT 体系构成示意图

PNT 服务指基于 PNT 信息,针对各行业具体需求所提供的导航、定位、授时及其他相关应用。目前,PNT 服务行业和用户主要包括:车辆定位与导航、抢险救灾、航空/航海、民用通信、室内/水下定位、能源勘探、电力传输等。

国家 PNT 体系的支撑体系包括组织管理体系和技术创新体系。组织管理体系负责统一管理、协调国家 PNT 体系的规划、建设与运行;技术创新体系主要对各种提供 PNT 服务的新技术进行探索,及时将新颖的 PNT 技术引入国家 PNT 体系,并将落后手段适时淘汰。支撑体系是国家 PNT 体系的神经和大脑,是国家 PNT 体系不可或缺的组成部分。

9.4.3 国家 PNT 体系的发展趋势

由于卫星导航系统具有覆盖范围广、全天候全天时、精度高、应用便捷等优点,目前的国家 PNT 体系通常都以卫星导航系统为核心。然而,现有国家 PNT 体系在强电磁干扰、物理遮蔽等环境下仍然难以提供鲁棒、高精度的 PNT 服务。因此,美国在 2013 年又发布了《战术可靠的 GPS 区域性能力替代方案分析》报告,对目前的 PNT 能力缺口进行了分析。解决无法使用卫星导航服务条件下的高精度 PNT 能力问题是国家 PNT 体系发展的趋势之一。为此,在 DARPA 的主导下,美国已启动了多个相关项目,主要包括:微 PNT 计划(Micro-PNT)、全源导航计划和对抗环境下空间、时间与方位信息项目等。

微PNT计划以微机电、微电子技术为基础,发展包括高精度微惯性系统、芯片级原子钟、微系统集成等关键技术,其目标是满足24小时以内的导航、定位与时间需求。以实现微小型、全自主的导航定位与授时需求。全源导航计划则主要用于开发新型导航融合滤波算法和抽象方法,以构建开放型、可重构、组合灵活、即插即用、协同增效的快速、高精度的自主导航系统。“多源”和“即插即用”是全源导航的两个重要特点,其可以利用PNT体系下的所有可用的导航信息为用户提供任意作战平台和任何环境下的强健无缝导航定位与授时解决方案。对抗环境中的空间、时间与方位信息项目计划以通信能力、高稳定战术时钟、多用户协同等为支撑,以通信与PNT的深度融合为途径,利用自主、随机信号等PNT源实现对抗环境下的PNT能力。

国家PNT体系的建设是一个持续更新和优化的过程。在用户需求发展刺激、人类对各种物理原理认知水平不断深化的支撑下,国家PNT体系将得到持续的充实、完善与更新,不仅涉及体系内既有PNT系统的更新和升级,也涉及基于新原理新方法的PNT系统的加入,还涉及落后PNT系统的退出。

参考文献

[1] Scaramuzza D, Fraundorfer F. Visual Odometry: Part I - The First 30 Years and Fundamentals[M]. IEEE Ro-botics and Automation Magazine, 2011, 18(4): 80-92.

[2] Fraundorfer F, Scaramuzza D. Visual Odometry: Part II - Matching, Robustness, and Applications[M]. IEEE Robotics and Automation Magazine, 2012, 19(2): 78-90.

[3] Lupton T, Sukkarieh S. Visual-Inertial-Aided Navigation for High-Dynamic Motion in Built Environments Without Initial Conditions[J]. IEEE Transactions on Robotics, 2012, 28(1): 61-76.

[4] Qin T, Li P, Shen S, et al. VINS-Mono: A Robust and Versatile Monocular Visual-Inertial State Estimator[J]. IEEE Transactions on Robotics, 2018, 34(4): 1004-1020.

[5] 高隽,范之国. 仿生偏振光导航方法[M]. 北京:科学出版社,2014.

[6] 穆华,等. 多运动平台协同导航的分散式算法研究[M]. 北京:国防工业出版社,2015.

[7] 刘明雍. 水下航行器协同导航技术[M]. 北京:国防工业出版社,2014.

[8] Nilsson J, Zachariah D, Skog I, et al. Cooperative localization by dual foot-mounted inertial sensors and inter-agent ranging[J], EURASIP Journal on Advances in Signal Processing, 2013, 1(1): 65-78.

[9] Mu Hua, Dai Mengyuan, et al. Fully Decentralized Cooperative Localization of a Robot Team: An Efficient and Centralized Equivalent Solution[C]. ICIRA 2013, pp. 520 - 531.

[10] 刘春保. 美国国家PNT体系与PNT新技术发展[J]. 卫星应用. 2016, 6: 34-39.